工业和信息化"十三五"人才培养规划教材

网络技术类

Linux Network Operating
System Project Tutorial

Linux 网络操作系统

项目式教程

CentOS 7.6 | 微课版

张运嵩 孙金霞 ◉ 主编

蒋建峰 ◉ 副主编

U0259062

人民邮电出版社

北京

图书在版编目（ＣＩＰ）数据

Linux网络操作系统项目式教程：CentOS 7.6：微课版 / 张运嵩，孙金霞主编. -- 北京：人民邮电出版社，2020.9（2023.7重印）
工业和信息化"十三五"人才培养规划教材. 网络技术类
ISBN 978-7-115-53582-5

Ⅰ. ①L… Ⅱ. ①张… ②孙… Ⅲ. ①Linux操作系统－高等学校－教材 Ⅳ. ①TP316.85

中国版本图书馆CIP数据核字(2020)第043351号

内 容 提 要

本书以 CentOS 7.6 操作系统为基础，系统、全面地介绍了 Linux 操作系统的基本概念和网络服务配置。全书共分为 5 个项目，内容包括 Linux 操作系统概述、Linux 基本概念与常用命令、Linux 操作系统基础配置与管理、网络与安全服务、网络服务器配置与管理。

本书可作为高职高专计算机网络技术、通信技术等相关专业的教材，也可以供广大计算机爱好者自学 Linux 操作系统时使用。

◆ 主　编　张运嵩　孙金霞

　　副 主 编　蒋建峰

　　责任编辑　郭　雯

　　责任印制　王　郁　马振武

◆ 人民邮电出版社出版发行　北京市丰台区成寿寺路 11 号

　　邮编　100164　电子邮件　315@ptpress.com.cn

　　网址　https://www.ptpress.com.cn

　　大厂回族自治县聚鑫印刷有限责任公司印刷

◆ 开本：787×1092　1/16

　　印张：14.75　　　　　　　2020 年 9 月第 1 版

　　字数：392 千字　　　　　2023 年 7 月河北第10次印刷

定价：49.80 元

读者服务热线：(010)81055256　印装质量热线：(010)81055316
反盗版热线：(010)81055315
广告经营许可证：京东市监广登字 20170147 号

前言 FOREWORD

Linux 操作系统自诞生以来，以其稳定性、安全性和开源性等诸多特性，已成为各中小企业搭建网络服务的首选。本书以培养学生在 Linux 操作系统中的实际应用技能为目标，以 CentOS 7.6 操作系统为平台，详细介绍了在虚拟机上安装 CentOS 7.6 操作系统的方法，演示了常用的 Linux 命令和 vim 编辑器的使用，通过具体的案例说明网络和防火墙的配置，以及网络服务器的搭建与管理，包括 Samba、DHCP、DNS、Apache 和 FTP 服务器。

本书从 Linux 初学者的视角出发，以"学中做、做中学"的理念为指导，采用项目式教学和情景式教学的方法组织内容。全书共分为 5 个项目，每个项目包括若干任务，每个项目都有引例描述，旨在让读者迅速进入学习情境，激发读者的学习兴趣。每个任务可以作为教学设计中的一个教学模块来实施，任务由任务陈述、知识准备、任务实施、知识拓展和任务实训 5 部分组成。任务陈述部分给出了明确的任务目标，展示了任务效果；知识准备部分通过丰富的示例和图表详细介绍了完成任务目标所需的知识与技能；任务实施部分通过精心设计的情景案例，带领读者逐步完成任务需求；知识拓展部分介绍了一些与任务相关的辅助知识，作为读者自我学习的补充材料；任务实训部分要求读者按照要求完成实训内容，以实现知识目标和技能目标。每个项目还附有适量的练习题，以方便读者检验学习效果。

本书的特点是理实结合、配套完备、情景引入。贯穿全书的小张同学是计算机网络专业的大一新生，积极、乐观、求知欲强。在自己的勤奋努力和孙老师的悉心指导下，小张同学从对 Linux 操作系统一无所知，到可以熟练使用各种 Linux 命令并进行网络服务器的搭建，完成了课程要求的知识目标和技能目标。通过对 5 个项目的学习和实训，相信读者也会像小张同学一样，能够理解 Linux 操作系统的基本概念，掌握 Linux 的常用命令和 vim 编辑器的使用方法，学会网络和防火墙的基本配置，以及常用网络服务器的配置与管理，达到初级网络管理员和运维人员的能力标准。

本书采用情景式方式设计实施案例，让读者在真实情景中提高应用理论知识解决实际问题的能力。书中部分实训练习取自全国职业院校技能大赛高职组计算机网络应用赛项试题库，具有一定的代表性。本书配套有微课视频、课程标准、教案、PPT、实训指导书及项目练习题答案解析等数字化学习资源，读者可登录人邮教育社区（www.ryjiaoyu.com）免费下载。书中重点难点部分都有对应的二维码，扫描二维码即可观看相关知识点的详细讲解。

本书的参考学时为 64～96 学时，建议采用理论实践一体化的教学模式，各项目的参考学时见学时分配表。

本书由张运嵩、孙金霞任主编，蒋建峰任副主编。张运嵩编写了项目 1～项目 4，孙金霞编写了项目 5，张运嵩统编全稿。在编写过程中，蒋建峰对全书的定位和编写思路提供了指导。本书是江苏省首批省级职业教育教师教学创新团队（计算机网络技术）的成果，也是校企合作的成果，得到了南京建策科技股份有限公司吉旭经理的直接参与和大力支持。

学时分配表

项目	课程内容	学时
项目 1	Linux 操作系统概述	2～4
项目 2	Linux 基本概念与常用命令	12～16
项目 3	Linux 操作系统基础配置与管理	16～24
项目 4	网络与安全服务	6～10
项目 5	网络服务器配置与管理	24～36
课程复习与考评		4～6
总计		64～96

由于编者水平有限，书中存在疏漏和不足之处在所难免，殷切希望广大读者批评指正。同时，恳请读者一旦发现问题，及时与编者联系，以便尽快更正，编者将不胜感激，编者邮箱为 zyunsong@qq.com。

编　者

2020 年 2 月

目录 CONTENTS

项目 1

Linux 操作系统概述 ·· 1

学习目标 ·· 1

引例描述 ·· 1

任务 1.1 认识 Linux 操作系统 ······························ 2

任务陈述 ·· 2

知识准备 ·· 2

1.1.1 操作系统概述 ······································ 2

1.1.2 Linux 的诞生与发展 ································ 3

1.1.3 Linux 的层次结构 ·································· 6

1.1.4 Linux 的版本 ······································ 6

任务实施 ·· 7

知识拓展 ·· 7

任务实训 ·· 8

任务 1.2 安装 CentOS 7.6 操作系统 ························ 8

任务陈述 ·· 8

知识准备 ·· 8

1.2.1 安装前的准备 ······································ 8

1.2.2 CentOS 7.6 操作系统的安装过程 ················ 9

任务实施 ·· 26

知识拓展 ·· 27

任务实训 ·· 29

项目小结 ·· 29

项目练习题 ·· 30

项目 2

Linux 基本概念与常用命令 ······························ 33

学习目标 ·· 33

引例描述 ·· 33

任务 2.1　Linux 常用命令 ⋯⋯⋯⋯⋯⋯⋯⋯⋯⋯⋯⋯⋯⋯⋯⋯⋯⋯⋯⋯⋯⋯⋯⋯⋯⋯ 34

　　任务陈述 ⋯⋯⋯⋯⋯⋯⋯⋯⋯⋯⋯⋯⋯⋯⋯⋯⋯⋯⋯⋯⋯⋯⋯⋯⋯⋯⋯⋯⋯⋯⋯⋯ 34

　　知识准备 ⋯⋯⋯⋯⋯⋯⋯⋯⋯⋯⋯⋯⋯⋯⋯⋯⋯⋯⋯⋯⋯⋯⋯⋯⋯⋯⋯⋯⋯⋯⋯⋯ 34

　　　2.1.1　打开 Linux 终端窗口 ⋯⋯⋯⋯⋯⋯⋯⋯⋯⋯⋯⋯⋯⋯⋯⋯⋯⋯⋯⋯⋯⋯ 34

　　　2.1.2　Linux 命令的结构 ⋯⋯⋯⋯⋯⋯⋯⋯⋯⋯⋯⋯⋯⋯⋯⋯⋯⋯⋯⋯⋯⋯⋯ 35

　　　2.1.3　文件和目录命令 ⋯⋯⋯⋯⋯⋯⋯⋯⋯⋯⋯⋯⋯⋯⋯⋯⋯⋯⋯⋯⋯⋯⋯⋯ 36

　　　2.1.4　进程管理类命令 ⋯⋯⋯⋯⋯⋯⋯⋯⋯⋯⋯⋯⋯⋯⋯⋯⋯⋯⋯⋯⋯⋯⋯⋯ 49

　　　2.1.5　重定向与管道命令 ⋯⋯⋯⋯⋯⋯⋯⋯⋯⋯⋯⋯⋯⋯⋯⋯⋯⋯⋯⋯⋯⋯⋯ 52

　　　2.1.6　其他常用命令 ⋯⋯⋯⋯⋯⋯⋯⋯⋯⋯⋯⋯⋯⋯⋯⋯⋯⋯⋯⋯⋯⋯⋯⋯⋯ 54

　　任务实施 ⋯⋯⋯⋯⋯⋯⋯⋯⋯⋯⋯⋯⋯⋯⋯⋯⋯⋯⋯⋯⋯⋯⋯⋯⋯⋯⋯⋯⋯⋯⋯⋯ 58

　　知识拓展 ⋯⋯⋯⋯⋯⋯⋯⋯⋯⋯⋯⋯⋯⋯⋯⋯⋯⋯⋯⋯⋯⋯⋯⋯⋯⋯⋯⋯⋯⋯⋯⋯ 60

　　任务实训 ⋯⋯⋯⋯⋯⋯⋯⋯⋯⋯⋯⋯⋯⋯⋯⋯⋯⋯⋯⋯⋯⋯⋯⋯⋯⋯⋯⋯⋯⋯⋯⋯ 62

任务 2.2　vim 编辑器 ⋯⋯⋯⋯⋯⋯⋯⋯⋯⋯⋯⋯⋯⋯⋯⋯⋯⋯⋯⋯⋯⋯⋯⋯⋯⋯⋯⋯ 62

　　任务陈述 ⋯⋯⋯⋯⋯⋯⋯⋯⋯⋯⋯⋯⋯⋯⋯⋯⋯⋯⋯⋯⋯⋯⋯⋯⋯⋯⋯⋯⋯⋯⋯⋯ 62

　　知识准备 ⋯⋯⋯⋯⋯⋯⋯⋯⋯⋯⋯⋯⋯⋯⋯⋯⋯⋯⋯⋯⋯⋯⋯⋯⋯⋯⋯⋯⋯⋯⋯⋯ 63

　　　2.2.1　启动与退出 vim ⋯⋯⋯⋯⋯⋯⋯⋯⋯⋯⋯⋯⋯⋯⋯⋯⋯⋯⋯⋯⋯⋯⋯⋯ 63

　　　2.2.2　vim 的 3 种工作模式 ⋯⋯⋯⋯⋯⋯⋯⋯⋯⋯⋯⋯⋯⋯⋯⋯⋯⋯⋯⋯⋯ 64

　　任务实施 ⋯⋯⋯⋯⋯⋯⋯⋯⋯⋯⋯⋯⋯⋯⋯⋯⋯⋯⋯⋯⋯⋯⋯⋯⋯⋯⋯⋯⋯⋯⋯⋯ 67

　　知识拓展 ⋯⋯⋯⋯⋯⋯⋯⋯⋯⋯⋯⋯⋯⋯⋯⋯⋯⋯⋯⋯⋯⋯⋯⋯⋯⋯⋯⋯⋯⋯⋯⋯ 69

　　任务实训 ⋯⋯⋯⋯⋯⋯⋯⋯⋯⋯⋯⋯⋯⋯⋯⋯⋯⋯⋯⋯⋯⋯⋯⋯⋯⋯⋯⋯⋯⋯⋯⋯ 70

项目小结 ⋯⋯⋯⋯⋯⋯⋯⋯⋯⋯⋯⋯⋯⋯⋯⋯⋯⋯⋯⋯⋯⋯⋯⋯⋯⋯⋯⋯⋯⋯⋯⋯⋯⋯ 71

项目练习题 ⋯⋯⋯⋯⋯⋯⋯⋯⋯⋯⋯⋯⋯⋯⋯⋯⋯⋯⋯⋯⋯⋯⋯⋯⋯⋯⋯⋯⋯⋯⋯⋯⋯ 71

项目 3

Linux 操作系统基础配置与管理 ⋯⋯⋯⋯⋯⋯⋯⋯⋯⋯⋯⋯⋯⋯ 75

　　学习目标 ⋯⋯⋯⋯⋯⋯⋯⋯⋯⋯⋯⋯⋯⋯⋯⋯⋯⋯⋯⋯⋯⋯⋯⋯⋯⋯⋯⋯⋯⋯⋯⋯ 75

　　引例描述 ⋯⋯⋯⋯⋯⋯⋯⋯⋯⋯⋯⋯⋯⋯⋯⋯⋯⋯⋯⋯⋯⋯⋯⋯⋯⋯⋯⋯⋯⋯⋯⋯ 75

任务 3.1　理解磁盘分区管理 ⋯⋯⋯⋯⋯⋯⋯⋯⋯⋯⋯⋯⋯⋯⋯⋯⋯⋯⋯⋯⋯⋯⋯⋯⋯ 76

　　任务陈述 ⋯⋯⋯⋯⋯⋯⋯⋯⋯⋯⋯⋯⋯⋯⋯⋯⋯⋯⋯⋯⋯⋯⋯⋯⋯⋯⋯⋯⋯⋯⋯⋯ 76

　　知识准备 ⋯⋯⋯⋯⋯⋯⋯⋯⋯⋯⋯⋯⋯⋯⋯⋯⋯⋯⋯⋯⋯⋯⋯⋯⋯⋯⋯⋯⋯⋯⋯⋯ 76

　　　3.1.1　磁盘的物理组成与分区 ⋯⋯⋯⋯⋯⋯⋯⋯⋯⋯⋯⋯⋯⋯⋯⋯⋯⋯⋯⋯⋯ 76

　　　3.1.2　文件系统的基本概念 ⋯⋯⋯⋯⋯⋯⋯⋯⋯⋯⋯⋯⋯⋯⋯⋯⋯⋯⋯⋯⋯⋯ 78

　　　3.1.3　磁盘分区管理 ⋯⋯⋯⋯⋯⋯⋯⋯⋯⋯⋯⋯⋯⋯⋯⋯⋯⋯⋯⋯⋯⋯⋯⋯⋯ 79

　　　3.1.4　其他磁盘操作 ⋯⋯⋯⋯⋯⋯⋯⋯⋯⋯⋯⋯⋯⋯⋯⋯⋯⋯⋯⋯⋯⋯⋯⋯⋯ 85

　　任务实施 ⋯⋯⋯⋯⋯⋯⋯⋯⋯⋯⋯⋯⋯⋯⋯⋯⋯⋯⋯⋯⋯⋯⋯⋯⋯⋯⋯⋯⋯⋯⋯⋯ 88

　　知识拓展 ⋯⋯⋯⋯⋯⋯⋯⋯⋯⋯⋯⋯⋯⋯⋯⋯⋯⋯⋯⋯⋯⋯⋯⋯⋯⋯⋯⋯⋯⋯⋯⋯ 89

　　任务实训 ⋯⋯⋯⋯⋯⋯⋯⋯⋯⋯⋯⋯⋯⋯⋯⋯⋯⋯⋯⋯⋯⋯⋯⋯⋯⋯⋯⋯⋯⋯⋯⋯ 92

任务 3.2　用户与用户组管理 ·· 92
　任务陈述 ··· 92
　知识准备 ··· 93
　　3.2.1　用户和用户组的基本概念 ·······························93
　　3.2.2　用户和用户组的配置文件 ·······························93
　　3.2.3　用户和用户组的常规管理 ·······························95
　任务实施 ··102
　知识拓展 ··103
　任务实训 ··104
任务 3.3　管理文件权限 ··104
　任务陈述 ··104
　知识准备 ··104
　　3.3.1　文件的用户和用户组 ···································104
　　3.3.2　修改文件的所有者和属组 ·······························105
　　3.3.3　文件权限的分类 ···106
　　3.3.4　修改文件权限 ···107
　　3.3.5　修改文件默认权限 ·······································109
　任务实施 ··110
　知识拓展 ··111
　任务实训 ··112
项目小结 ··113
项目练习题 ··113

项目 4

网络与安全服务 ·· 117

学习目标 ··117
引例描述 ··117
任务 4.1　配置网络 ···118
　任务陈述 ··118
　知识准备 ··118
　　4.1.1　使用图形界面配置网络 ·······························119
　　4.1.2　使用网卡文件配置网络 ·······························121
　　4.1.3　使用 nmtui 工具配置网络 ·······························122
　　4.1.4　使用 nmcli 命令配置网络 ·······························123
　任务实施 ··125
　知识拓展 ··125
　任务实训 ··127

任务 4.2　配置防火墙 ··· 128

　　任务陈述 ·· 128

　　知识准备 ·· 128

　　　4.2.1　firewalld 的基本概念 ·· 128

　　　4.2.2　firewalld 的安装和启停 ·· 129

　　　4.2.3　firewalld 的基本配置与管理 ·· 129

　　任务实施 ·· 136

　　知识拓展 ·· 137

　　任务实训 ·· 138

项目小结 ·· 139

项目练习题 ·· 139

项目 5

网络服务器配置与管理 ·· 141

　学习目标 ·· 141

　引例描述 ·· 141

任务 5.1　Samba 服务器配置与管理 ··· 142

　　任务陈述 ·· 142

　　知识准备 ·· 142

　　　5.1.1　Samba 服务概述 ··· 142

　　　5.1.2　Samba 服务的安装与启停 ··· 145

　　　5.1.3　Samba 服务端配置 ··· 147

　　任务实施 ·· 151

　　知识拓展 ·· 156

　　任务实训 ·· 157

任务 5.2　DHCP 服务器配置与管理 ··· 158

　　任务陈述 ·· 158

　　知识准备 ·· 158

　　　5.2.1　DHCP 服务概述 ·· 158

　　　5.2.2　DHCP 服务的安装与启停 ·· 160

　　　5.2.3　DHCP 服务端配置 ·· 161

　　任务实施 ·· 163

　　知识拓展 ·· 166

　　任务实训 ·· 167

任务 5.3　DNS 服务器配置与管理 ··· 168

　　任务陈述 ·· 168

知识准备 ··· 168
  5.3.1　DNS 服务概述 ·· 168
  5.3.2　DNS 的工作原理 ··· 170
  5.3.3　DNS 服务的安装与启停 ·· 172
  5.3.4　DNS 服务端配置 ·· 173
  5.3.5　DNS 客户端配置 ·· 177
任务实施 ··· 178
知识拓展 ··· 182
任务实训 ··· 183
任务 5.4　Apache 服务器配置与管理 ·· 184
任务陈述 ··· 184
知识准备 ··· 184
  5.4.1　Web 服务概述 ·· 184
  5.4.2　Apache 服务的安装与启停 ··· 185
  5.4.3　Apache 服务端配置 ·· 187
  5.4.4　配置 Apache 虚拟主机 ·· 192
任务实施 ··· 196
知识拓展 ··· 197
任务实训 ··· 200
任务 5.5　FTP 服务器配置与管理 ··· 200
任务陈述 ··· 200
知识准备 ··· 201
  5.5.1　FTP 服务概述 ··· 201
  5.5.2　FTP 服务的安装与启停 ·· 203
  5.5.3　FTP 服务端配置 ·· 204
任务实施 ··· 215
知识拓展 ··· 217
任务实训 ··· 218
项目小结 ··· 219
项目练习题 ·· 219
一、Samba 练习题 ·· 219
二、DHCP 练习题 ··· 220
三、DNS 练习题 ··· 222
四、Apache 练习题 ··· 223
五、FTP 练习题 ··· 224

项目1
Linux操作系统概述

01

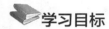学习目标

【知识目标】

（1）了解 Linux 的发展历史。

（2）了解 Linux 的开源特征。

（3）熟悉 Linux 的层次结构。

（4）理解 Linux 的版本构成。

【技能目标】

（1）能够安装 VMware Workstation 虚拟化工具并创建虚拟机。

（2）能够在 VMware Workstation 中创建虚拟机并安装 CentOS 7.6 操作系统。

引例描述

　　小张同学是一名 SISO 外包学院（以下简称"SISO 学院"）计算机网络专业的大一新生。作为"计算机控"的小张对计算机非常着迷，不仅比同龄人掌握了更多的计算机操作技能，还迫切期望多学一些计算机方面的理论知识。这学期他要学习一门专业课"Linux 操作系统管理"，这是他第一次接触到"Linux 操作系统"这个概念。在此之前，他天真地以为 Windows 操作系统就是计算机的全部！那么，Linux 到底是什么？为什么要学习 Linux 操作系统？应该怎么学习？小张带着众多疑问，来到了任课教师孙老师的办公室，向她请教这些问题，如图 1-1 所示。

图 1-1　小张向孙老师请教 Linux 的问题

孙老师告诉小张，Linux 操作系统相比于 Windows 操作系统有巨大的优势，目前在企业中正得到越来越广泛的应用。但 Linux 操作系统包含的内容非常多，要想成为一名专业的 Linux 操作系统管理员，必须花费大量的时间和精力去学习和实践。在正式学习 Linux 之前，先来了解一下 Linux 的历史吧。

 **任务 1.1** 认识 Linux 操作系统

**任务陈述**

本书的第一个任务是了解 Linux 操作系统的发展历史，以及 Linux 的相关概念。Linux 在很大程度上借鉴了 UNIX 操作系统的成功经验，继承并发展了 UNIX 的优良传统。由于 Linux 具有开源特性，因此一经推出便得到了广大操作系统开发爱好者的积极响应和支持，这也是 Linux 得以迅速发展壮大的关键因素之一。

本任务主要讲述 Linux 的诞生与发展、Linux 的体系结构及 Linux 的版本构成。另外，由于本书采用 CentOS 7.6 操作系统作为理论讲授与实训学习的操作平台，而 CentOS 源于 Red Hat 操作系统，因此在本任务的最后讲述了 CentOS 与 Red Hat 操作系统的关系。

知识准备

1.1.1 操作系统概述

计算机系统由硬件和软件两大部分组成，操作系统是软件家族中最重要的基础软件。一方面，操作系统直接向各种硬件设备下发指令，控制硬件的运行；另一方面，所有的应用软件运行在操作系统之上。操作系统为计算机用户提供了良好的操作界面，使用户可以方便地使用各种应用程序完成不同的任务。因此，操作系统是计算机用户或应用程序与硬件之间交互的"桥梁"，控制着整个计算机系统的硬件和软件资源。它不仅提高了硬件的利用效率，还极大地方便了普通用户使用计算机。

图 1-2 所示为计算机系统的层次结构，从中可看出操作系统所处的位置。狭义地说，操作系统只是覆盖硬件设备的内核，具有设备管理、作业管理、进程管理、文件管理和存储管理五大核心功能。由于操作系统内核与硬件设备直接交互，而不同硬件设备的架构设计有很大差别，因此，在一种硬件设备上运行良好的操作系统很可能无法运行于另一种硬件设备上，这就是操作系统的移植性问题。广义地说，操作系统还包括一套系统调用，用于为高层应用程序提供各种接口以方便应用程序的开发。

图 1-2 计算机系统的层次结构

Linux 作为一种操作系统，既有一个稳定、性能优异的内核，又包括丰富的系统调用接口。下面简单介绍 Linux 操作系统的诞生与发展。

V1-1 计算机系统
的组成

1.1.2　Linux 的诞生与发展

回顾 Linux 的历史，可以说它是"踩着巨人的肩膀"逐步发展起来的。在 Linux 之前已经出现了一些非常成功的操作系统，Linux 在设计上借鉴了这些操作系统的成功之处，并且充分利用了自由软件所带来的巨大便利。下面简单介绍在 Linux 的发展过程中具有代表性的重要人物和事件。

1. Linux 的前身

（1）UNIX

谈到 Linux，就不得不提 UNIX。最早的 UNIX 原型是贝尔实验室的 Ken Thompson（中译名肯·汤普森）于 1969 年 9 月使用汇编语言开发的，取名为"Unics"。当时 Ken Thompson 开发 Unics 的目的仅仅是为了将一款名为"星际旅行"的游戏移植到一台 PDP-7 机器上，没想到 Unics 发布后受到了贝尔实验室其他同事的喜爱，之后又陆续进行了一些改进和升级。但 Unics 是用汇编语言开发的，和硬件联系紧密，为了提高 Unics 的可移植性，Ken Thompson 和 Dennis Ritchie（中译名丹尼斯·里奇）决定用一种高级程序设计语言改写 Unics，这在当时是非常大胆前卫的想法。他们最终成功地用 C 语言实现了 Unics 的第 3 版内核，并将其更名为"UNIX"，于 1973 年正式对外发布。UNIX 和 C 语言作为计算机领域两颗闪耀的新星，从此开始了一段光辉的旅程。

在 UNIX 诞生的早期，Ken Thompson 和 Dennis Ritchie 并没有将其视为"私有财产"严格保密。相反，他们把 UNIX 源代码免费提供给各大科研机构研究学习，研究者还可以根据自己的实际需要对 UNIX 进行改写。因此，在 UNIX 的发展历程中，有多达上百种的 UNIX 版本陆续出现。在众多的 UNIX 版本中，有些版本的生命周期很短，早已淹没在历史的浪潮中，但有两个重要的 UNIX 分支对 UNIX 的发展产生了深远的影响。

① System V 家族。UNIX 在正式诞生之后的一段时间内，一直由贝尔实验室的工程师负责维护。从 1971 年 11 月至 1975 年 5 月不到 4 年的时间里，UNIX 从第 1 版发展到了第 6 版。由于贝尔实验室是 AT&T 公司下属的研究部门，所以 AT&T 对 UNIX 的未来有最终的决定权。在此期间，AT&T 对 UNIX 采取了开放的政策，允许其他人获得并改写 UNIX 的源码。后来，AT&T 逐渐意识到 UNIX 的潜在商业价值，从 1979 年 UNIX 第 7 版推出开始，AT&T 收回了 UNIX 的版权，并明确禁止大学把 UNIX 源码提供给学生在课堂中学习。从此，AT&T 把 UNIX 推向了商业化道路。之后几年，AT&T 推出了一个具有巨大影响力的操作系统——UNIX System V，IBM 的 AIX 和 HP 的 HP-UX 正是基于这个操作系统发展起来的。

② BSD UNIX。在 AT&T 收回 UNIX 的版权之前，与大学合作是 UNIX 得以快速发展的重要原因。其中，与加州大学伯克利分校（University of California，Berkeley）的合作产生了 UNIX 的另一个重要分支——BSD（Berkeley Software Distribution）。1978 年，由 AT&T 维护的 UNIX 已经发展到了第 6 版，Bill Joy（中译名比尔·乔伊）以 UNIX 的源码为基础，再加上其他工具软件和编译程序，于 1978 年 3 月发布了第 1 版 BSD。历史上，BSD UNIX 对其他现代操作系统产生了深远的影响。实际上，Bill Joy 所创建的 Sun Microsystems 公司也正是基于 BSD 才开发了商业版的 SunOS（后更名为 Solaris）。另外，BSD UNIX 还率先实现了 TCP/IP，把 UNIX 与计算机网络组合在一起，使计算机网络借助 UNIX 实现了高速发展。

（2）Minix

AT&T 从 1979 年开始改变了 UNIX 的开源政策，将 UNIX 源码私有化，使大学教师无法继续使用 UNIX 源码进行授课。为了能在学校继续讲授 UNIX 操作系统相关课程，1984 年，荷兰阿姆斯特丹自由大学的 Andrew Tanenbaum（中译名安德鲁·特南鲍姆）教授在不参考 UNIX 核心代码的情况下，完成了 Minix 的开发。Minix 取 Mini UNIX 之意，即迷你版的 UNIX。Minix 与 UNIX 兼容，主要用于教学与研究，用户支付很少的授权费即可获得 Minix 的源码。由于 Minix 的维护主要依靠 Andrew Tanenbaum 教授，无法及时响应众多使用者的改进诉求，因此 Minix 最终未能成功发展为一款被广泛使用的操作系统。但是，Minix 在学校的应用培养了一批对操作系统内核有浓厚兴趣和深刻理解的学生，其中最有名的莫过于 Linux 的发明人——Linus Torvalds（中译名林纳斯·托瓦兹）。

V1-2 UNIX 操作系统家族

2. Linux 的诞生与发展

Torvalds 于 1988 年进入芬兰赫尔辛基大学计算机科学系，在那里他接触到了 UNIX 操作系统。由于学校当时的实验环境无法满足 Torvalds 的需求，因此他萌生了自己开发一套操作系统的想法。上文说过，Andrew Tanenbaum 教授开发的 Minix 用于教学，因此 Torvalds 就把 Minix 安装到自己贷款购买的一台 Intel 386 计算机上，并从 Minix 的源码中学习有关操作系统内核的设计理念。

Torvalds 编写新内核所用的开发环境基本上完全依赖于 GNU 计划所推出的自由软件，如 BASH Shell 和 GCC（GNU C Compiler）。Torvalds 还将这个粗糙的内核针对 Intel 386 做了性能优化，使它能在 Intel 386 上顺利运行。但 Torvalds 并不满足于此，他又对新内核做了一些修改，使其能够兼容于 UNIX。Torvalds 把它发布到网络上供他人下载，同时在 BBS 上发布了一则消息，宣布他实现的成果，并面向大家征求对新内核的意见。由于 Torvalds 将当时放置内核代码的 FTP 目录取名为 Linux，因此大家把这个操作系统内核称为 Linux。

Torvalds 最初发布的 Linux 内核版本号为 0.02。此后，Torvalds 并没有选择和 Andrew Tanenbaum 教授相同的方式维护自己的作品。相反，Torvalds 在网络上积极寻找一些志同道合的伙伴，组成一个虚拟团队共同完善 Linux。1994 年，在 Torvalds 和众多志愿者的通力协作下，Linux 内核1.0 版正式对外发布，1996 年又完成了 2.0 版的开发。随 2.0 版一同发布的还有 Linux 操作系统的吉祥物—— 一只可爱的坐在地上的企鹅，如图 1-3 所示。

图 1-3 Linux 操作系统的吉祥物

3. Linux 与 GNU 计划

前文提到，Torvalds 在最开始开发 Linux 的时候，所使用的开发环境和编译软件是 BASH Shell

和 GCC。其实，这些都是 GNU 计划的产物。在 1983 年至 1984 年间，由于工作环境中硬件的更换，来自人工智能实验室（AI Lab）的 Richard Stallman（中译名理查德·斯托曼）无法在原来的环境中继续开展工作。Richard Stallman 原本使用的操作系统是 Lisp，它的专利属于麻省理工学院。后来他接触到 UNIX 操作系统，并且发现 UNIX 具有很强的可移植性，因此，Richard Stallman 决定转向 UNIX 操作系统，把原来为 Lisp 开发的软件移植到 UNIX 上。

1984 年，Richard Stallman 开始实施 GNU 计划，旨在"建立一个自由、开放的 UNIX 操作系统（Free UNIX）"。GNU 是"GNU's Not UNIX"的递归首字母缩写，在定义中又包含了 GNU 本身，因此 GNU 真正的含义永远也说不清楚。GNU 计划的任务量太大，Richard Stallman 根本无法只靠个人的力量完成它。他决定先把 UNIX 上的常用软件以"开放源代码"的方式重新实现，以提高 GNU 计划的知名度。同时，Richard Stallman 成立了自由软件基金会（Free Software Foundation，FSF），招募其他志愿者参与 GNU 计划。他们所开发的所有软件都会对外公布源代码，因此也被称为"自由软件"。在这些软件中，最成功的当属 C 语言编译器 GCC 及操作系统外壳程序 BASH Shell。

随着自由软件队伍的不断壮大，Richard Stallman 意识到有必要采取行动以防止有人利用这些自由软件开发专利软件。1989 年 1 月，在 Richard Stallman 的牵头下，GNU 通用公共许可证（General Public License，GPL）应运而生。GNU GPL 赋予自由软件的使用者以下"四项基本自由"。

（1）自由之零：无论用户出于何种目的，都可以按照自己的意愿自由地运行该软件。

（2）自由之一：用户可以自由地学习并根据需要修改该软件。

（3）自由之二：用户可以自由地分发该软件的副本以帮助其他人。

（4）自由之三：用户可以自由地分发修改后的软件，以使其他人从改进后的软件中受益。

Linux 的发展正是得益于这些自由软件，而且 Linux 本身也采用了 GPL 授权，因此我们现在才可以顺利地获得它的源代码并自由使用，且不用考虑是用于学习研究，还是其他商业用途。

4. Linux 的主要特征

说起 Linux，人们首先想到的就是它的开源、免费、安全、稳定。确实，自诞生以来，Linux 凭借这些优秀的特征，迅速征服了大量的使用者，在企业服务器市场获得了巨大的成功。总而言之，Linux 的主要特征可以总结为以下几点。

（1）开源免费：Linux 基于 GPL 授权，使用者可以免费获取 Linux 的源代码并根据自己的实际需要进行修改。有许多商业公司利用 Linux 的这一特点推出了自己的 Linux 套件。

（2）硬件需求低：使用过 Linux 的用户都知道，Linux 对计算机硬件配置要求不高，甚至可以在一些看似十分"老旧"的硬件设备上流畅地运行，这使用户不必花费过多资金购买昂贵的硬件设备，节省了开支。

（3）安全稳定：Linux 的这个特性主要来源于它有众多热心的、默默无闻的维护者。每当 Linux 爆出一个安全问题，这些人就会立即行动起来，迅速推出更新补丁。经常听到系统运维人员提到运行 Linux 的服务器已经有一年甚至更长时间没有重启了，这也充分证明了 Linux 是一个安全稳定的操作系统。

（4）多用户多任务：Linux 是一个支持多用户和多任务的操作系统，它为每个用户设置了不同的安全策略，以保证不同用户之间不会相互影响。另外，Linux 可以在多个进程之间进行高效切换，既可以提高资源的利用率，又可以提升用户的使用体验。

（5）多平台支持：Linux 可以运行在多种架构的硬件平台上，如 x86 或 SPARC 等。小到单片机、手机，大到大型工作站，都可以运行 Linux。当今最流行的智能手机操作系统 Android 也是基于 Linux 内核开发的。

1.1.3　Linux 的层次结构

1.1.1 节中提到了计算机系统的层次结构。下面参考图 1-2 详细说明 Linux 操作系统的层次结构。

按照从内到外的顺序来看，Linux 操作系统分为内核、命令解释层和高层应用程序三大部分。内核是整个操作系统的"心脏"，与硬件设备直接交互，在硬件和其他应用程序之间提供了一层接口。内核包括进程管理、内存管理、虚拟文件系统、系统调用接口、网络接口和设备驱动程序等几个主要模块。内核是否稳定、高效直接决定了整个操作系统的性能表现。

Linux 内核的外面一层是命令解释层。这一层为用户提供了一个与内核进行交互的操作环境，用户的各种输入经由命令解释层转交至内核进行处理。外壳程序（Shell）、桌面（Desktop）及窗口管理器（Window Manager）是 Linux 中几种常见的操作环境。这里要特别说明的是 Shell，它类似于 Windows 操作系统中的命令提示符界面，用户可以在这里直接输入命令，由 Shell 负责解释执行。Shell 还有自己的解释型编程语言，允许用户编写大型的脚本文件来执行复杂的管理任务。

V1-3　各种不同的
Shell

Linux 内核的最外层是高层应用程序。对于普通用户来说，Shell 的工作界面不太友好，通过 Shell 完成工作在技术上也不现实。用户接触更多的是各种各样的高层应用程序。这些高层应用程序为用户提供了友好的图形化操作界面，帮助用户完成各种工作。

1.1.4　Linux 的版本

虽然在普通用户看来，Linux 操作系统是以一个整体出现的，但其实 Linux 的版本由内核版本和发行版本两部分组成，每一部分都有不同的含义和相关规定。

1. Linux 的内核版本

Linux 的内核版本一直由其创始人 Linus Torvalds 领导的开发小组控制。内核版本的格式是"主版本号.次版本号.修订版本号"。主版本号和次版本号对应内核的重大变更，而修订版本号则表示某些小的功能改动或优化，一般是把若干优化整合在一起统一对外发布。在 3.0 版本之前，次版本号有特殊的含义。当次版本号是偶数时，表示这是一个可以正常使用的稳定版本；当次版本号是奇数时，表示这是一个不稳定的测试版本；例如，2.6.2 是稳定版本，而 2.3.12 是不稳定版本。但在 3.0 版本之后没有继续使用这个命名约定，所以，3.7.5 表示的也是稳定版本。

V1-4　Linux 内核
版本演化

2. Linux 的发行版本

显然，如果没有高层应用软件的支持，只有内核的操作系统是无法供用户使用的。由于 Linux 的内核是开源的，任何人都可以对内核进行修改，有一些商业公司以 Linux 内核为基础，开发了配套的应用程序，并将其组合在一起以发行版本（Linux Distribution）的形式对外发行，又称 Linux 套件。现在我们提到的 Linux 操作系统其实一般指的是这些发行版本，而不是 Linux 内核。常

V1-5　几种主要的
Linux 发行版

见的 Linux 发行版有 Red Hat、CentOS、Ubuntu、openSUSE 及国产的红旗 Linux 等。

3．CentOS 与 Red Hat 的关系

本书的所有内容以 CentOS 7.6 为实验平台。这里简要说一下 CentOS 与 Red Hat 的关系。Red Hat 公司针对企业发行的 Linux 套件名为 RHEL（Red Hat Enterprise Linux），由于它是基于 GPL 的方式发行的，所以其源代码也一同对外发布，并且其他人可以自由地修改并发行。CentOS 基本上可以说是 RHEL 的"克隆"，但是在编译其源代码时删除了所有的 Red Hat 商标。以这种方式发行的 CentOS 完全符合 GPL 定义的"自由"规范，不会有任何的法律问题。同时，CentOS 不用对用户承担任何法律责任和义务。尽管如此，CentOS 还是以其稳定易用的特性在众多 RHEL 克隆版中脱颖而出，受到了广大用户的喜爱和欢迎。

任务实施

Linux 的诞生离不开 UNIX。Linux 继承了 UNIX 的许多优点，并凭借开源的特性迅速发展壮大。读者可参阅相关计算机书籍或在互联网上查阅相关资料，了解 Linux 与 UNIX 的区别与联系。

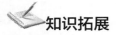

知识拓展

下面介绍一些关于 Linux 发明人 Linus Torvalds 的奇闻轶事。

（1）Linux 的内核是 Torvalds 在芬兰赫尔辛基大学读硕士期间开发的。他在读硕士时担任过助教，当时他给学生布置了一个作业，让学生给他发一封邮件。大多数学生的邮件内容很随意，但其中有一位女生发邮件邀请他出去约会。就这样，他结识了日后成为他妻子的女生 Tove（中译名托弗）。Tove 还曾获得过芬兰空手道冠军。

（2）"Linux"这个名称的由来也很偶然。Torvalds 最初将开发好的内核放到 FTP 服务器上供他人下载，那个 FTP 目录的名称就是 Linux，后来这个名称就传播开了。而代表 Linux 的那只可爱的企鹅则是他的妻子想到的，因为 Torvalds 曾经在澳大利亚被一只企鹅咬过一口。

（3）Linux 是基于 GPL 授权的开源软件，所有人都可以免费使用，因此 Torvalds 并不能利用 Linux 直接获益。但 Torvalds 的赚钱之道也很多，他除了从 Linux 基金会获得收入外，还来自其他公司的捐赠（Red Hat 在上市时就主动赠予他价值几百万美元的原始股）。

（4）2014 年，IEEE 计算机学会将计算机先驱奖授予 Torvalds，以表彰他"开创性地通过开源方式开发 Linux 内核的工作"。这是计算机先驱奖第一次授予芬兰人，也是该奖项第一次授予一位"60 后"。

（5）Linux 内核的开发和管理最初使用的版本控制工具是 BitKeeper。后来因为 BitKeeper 的授权被收回，Linux 面临没有合适的版本控制工具可用的境地。Torvalds"被迫"接受了这个挑战，用了一周的时间开发出了一个新的版本控制工具——Git。如今，有上万个项目使用 Git 作为版本控制工具，如 Google、Facebook、Microsoft 这样的顶级 IT 公司每天都在使用 Git。

（6）Torvalds 被称为"Linux 之父""终生仁慈的独裁者"，但他对其他 Linux 内核开发维护人员的态度却一点也不仁慈。事实上，他经常在 Linux 内核开发者邮件列表上发表咄咄逼人的激进言论，甚至是带有侮辱性的人身攻击。令人意外的是，Torvalds 于 2018 年 9 月突然宣布暂时休假，以获得"如何更好地理解他人的感情"方面的帮助。

任务实训

Linux 操作系统包含内核、命令解释层和高层应用程序三大部分，深刻理解 Linux 操作系统的层次结构对于之后的学习有很大的帮助。

【实训目的】

（1）了解 Linux 层次结构的组成及相互关系。

（2）了解 Linux 内核的角色和功能。

【实训内容】

（1）研究 Linux 层次结构的组成及相互关系。

（2）学习 Linux 内核的角色和功能。

（3）学习命令解释层的角色和功能。

（4）学习高层应用程序的特点和分类。

任务 1.2　安装 CentOS 7.6 操作系统

任务陈述

在进一步学习 Linux 之前，先要学习如何安装配置 Linux 操作系统。Linux 操作系统的安装过程与 Windows 操作系统有很大不同，且不同的 Linux 发行版的安装方法也有一些差异。Linux 支持光盘安装、系统镜像文件安装及网络安装等多种安装方式。本任务的主要目的是向大家演示如何使用 VMware Workstation 虚拟化工具创建虚拟机，并使用系统镜像文件安装 CentOS 7.6 操作系统。

知识准备

1.2.1　安装前的准备

为了让整个安装过程更加顺利，有必要在开始安装之前了解一下安装所需的软件、硬件环境。另外，由于在安装过程中有非常关键的磁盘分区操作，所以需要对磁盘分区有基本的了解。

1.　CentOS 7.6 的硬件需求

（1）硬件兼容性：CentOS 7.6 能够在大多数硬件上安装运行，除非是一些特别老旧的或是定制化程度很高的专用设备。对于普通用户而言，目前所买到的计算机基本上可以正常安装 CentOS 7.6。但如果对自己的计算机没有十足的把握，则可以参考红帽硬件兼容性列表（Red Hat Hardware Compatibility List）。

（2）硬盘需求：安装 CentOS 7.6 至少需要 10GB 的硬盘空间。这部分空间可以来自硬盘未分区的部分，也可删除已有的分区以满足需求。

（3）内存需求：根据不同的安装类型，CentOS 7.6 所需的内存空间也是不一样的。例如，通过安装光盘或 NFS 网络安装时，至少需要 768MB 的内存空

V1-6　CentOS 操作系统的兼容性

间；而通过 HTTP 或 FTP 安装时，至少需要 1.5GB 的内存空间。当然，实际所需的内存空间还要看具体的系统环境及发行版本。

2. 规划磁盘分区

下面来了解几个与磁盘分区有关的基本概念，详细的磁盘分区管理内容会在项目 3 中进一步讲解。

磁盘在计算机硬件系统中属于存储设备，可存储大量的用户数据，断电后也不会丢失。磁盘的基本读写单元是扇区，每个扇区的容量通常是 512 字节。一般来说，我们无法直接使用一个刚出厂的硬盘，需要对其进行分区（Partition）操作，即把硬盘分割成若干逻辑上相互独立的区域。分区可以将系统数据和用户数据隔离，既增强了数据的安全性，又使管理和使用硬盘变得更为简单。

把磁盘分隔为若干分区后，还要对每个分区进行格式化，即为每个分区创建文件系统。文件系统确定了磁盘或分区上文件的物理结构、逻辑结构及存储和访问方式。Linux 中常见的文件系统有 ext2、ext3、ext4 及 xfs 等。

最后，要把创建好的分区与一个具体的文件路径绑定在一起，即创建一个挂载点（Mount Point），通过这个挂载点可以访问相应分区中的文件。例如，为分区*/dev/sda1* 设置挂载点*/home* 后，*/home* 目录下的所有子目录和文件就存储在分区*/dev/sda1* 中。

1.2.2　CentOS 7.6 操作系统的安装过程

在计算机中安装 CentOS 7.6 操作系统有多种方法。其中一种方法是在硬盘上划出一块单独的空间，然后在该空间中安装 CentOS 7.6 操作系统。采用这种安装方法时，计算机就成为一个"多启动系统"，因为新安装的 CentOS 7.6 操作系统和原有的操作系统（可能有多个）是相互独立的，用户在计算机启动时需要选择使用哪个操作系统。这种安装方法的缺点是计算机同一时刻只能运行一个系统，不利于后面验证各种 Linux 网络服务。本节采用的安装方法是在 VMware Workstation 平 台 上 安 装 CentOS 7.6 虚 拟 机 。VMware Workstation 是 VMware 公司推出的一款虚拟计算机软件，通过它可以在一台计算机上同时运行多个不同的操作系统（称为"虚拟机"），而且可以在虚拟机上开发、测试和部署新的应用程序。VMware Workstation 平台所在的计算机称为物理主机或宿主机，不同虚拟机之间的切换就像在应用程序间切换一样方便快捷，非常适用于本书内容的学习和实践。

V1-7　为什么
使用虚拟机

1. 创建虚拟机

本书采用的 VMware Workstation 版本是 12.5.1 专业版，安装好的 VMware Workstation 工作界面如图 1-4 所示。

选择【文件】→【新建虚拟机】选项，或单击图 1-4 右侧主工作区中的【创建新的虚拟机】按钮，弹出图 1-5 所示的【新建虚拟机向导】对话框。

在图 1-5 所示的界面中选择默认的【典型（推荐）】安装方式，直接单击【下一步】按钮，弹出【安装客户机操作系统】对话框，选择虚拟机安装来源，如图 1-6 所示。

在图 1-6 所示的界面中可以选择通过光盘还是光盘映像文件来安装操作系统。由于要在虚拟的空白硬盘中安装光盘映像文件，并且要自定义一些安装策略，所以这里一定要选中【稍后安装操作系统】单选按钮。单击【下一步】按钮，弹出【选择客户机操作系统】对话框，选择操作系统类型及版本，如图 1-7 所示。

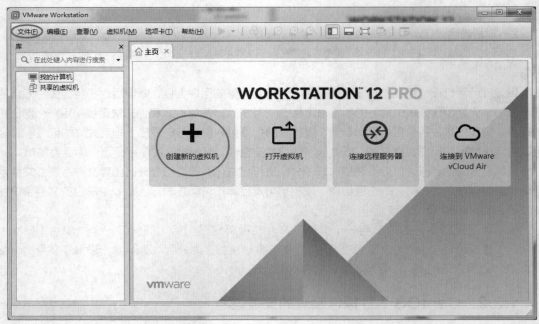

图 1-4　安装好的 VMware Workstation 工作界面

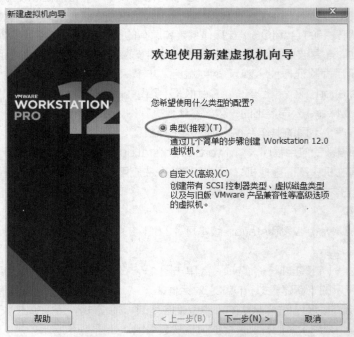

图 1-5　【新建虚拟机向导】对话框

这里选择【Linux】操作系统的【CentOS 64 位】版本。单击【下一步】按钮，弹出【命名虚拟机】对话框，如图 1-8 所示。

图 1-6　选择虚拟机安装来源

图 1-7　选择操作系统类型及版本

在图 1-8 所示的界面中给新建的虚拟机命名，并选择虚拟机在物理主机中的安装路径。单击【下一步】按钮，弹出【指定磁盘容量】对话框，如图 1-9 所示。

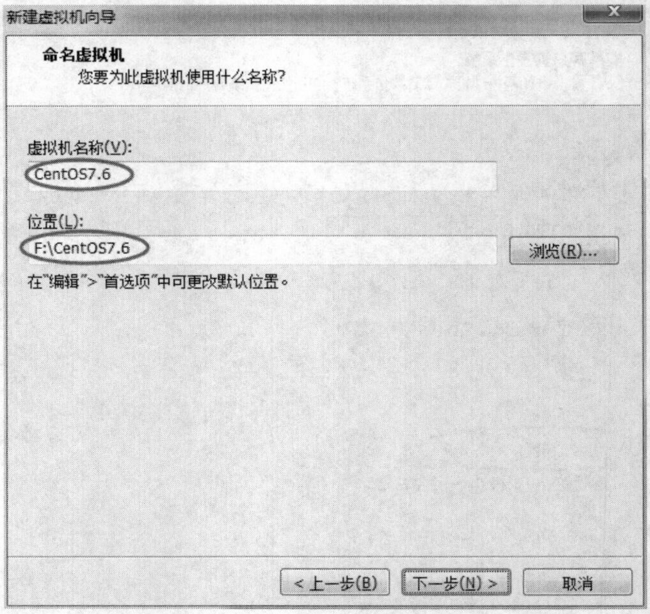

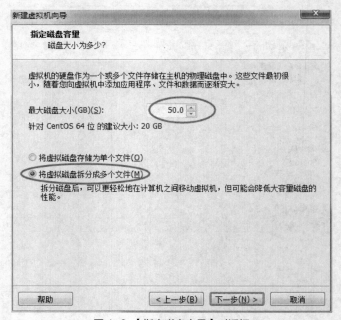

图 1-8 【命名虚拟机】对话框

图 1-9 【指定磁盘容量】对话框

在图 1-9 所示的界面中为新建的虚拟机指定虚拟磁盘的最大容量。这里指定的容量是虚拟机的文件在物理硬盘中可以使用的最大容量，本次安装将其设为 50GB。

将虚拟磁盘存储为单个文件还是拆分成多个文件主要取决于物理主机的文件系统。如果文件系统是 FAT32，则由于 FAT32 支持的单个文件最大是 4GB，因此为虚拟机指定的虚拟磁盘的最大容量不能大于这个数字；如果文件系统是 NTFS，则没有这个限制，因为 NTFS 支持的单个文件达到了 2TB，完全可以满足学习测试的需要。现在的计算机文件系统基本上都是 NTFS。

单击【下一步】按钮，弹出【已准备好创建虚拟机】对话框，显示虚拟机配置信息摘要，如图 1-10 所示。单击【完成】按钮，即可完成虚拟机的创建，如图 1-11 所示。

图 1-10　虚拟机配置信息摘要

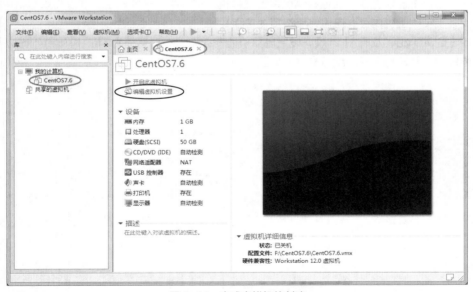

图 1-11　完成虚拟机的创建

2. 编辑虚拟机设置

虚拟机和物理主机一样，也需要硬件资源才能运行。下面介绍如何为虚拟机分配硬件资源。

在图 1-11 所示的界面中，单击【编辑虚拟机设置】按钮，弹出【虚拟机设置】对话框，如图 1-12 所示。在这个对话框的左侧可以选择不同类型的硬件并进行相应设置，如内存、处理器、硬盘（SCSI）、显示器等。下面简要说明内存、CD/DVD 及网络适配器的设置。

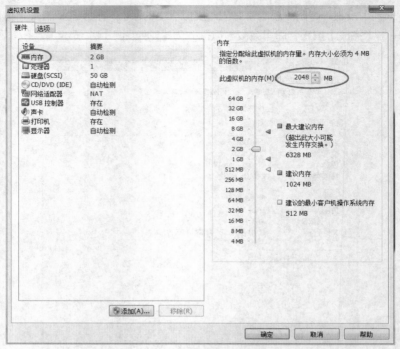

图 1-12 【虚拟机设置】对话框

　　选择【内存】选项，在对话框右侧可设置虚拟机内存大小。一般来说，建议将虚拟机内存设置为小于或等于物理主机内存。这里将其设置为 2GB。

　　选择【CD/DVD（IDE）】选项，设置虚拟机的安装源，在对话框右侧选中【使用 ISO 映像文件】单选按钮，并选择实际的镜像文件，如图 1-13 所示。

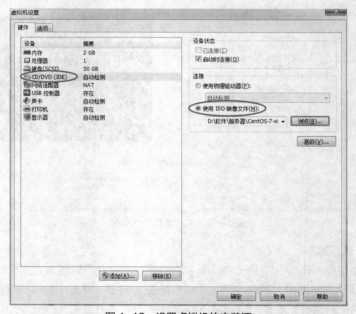

图 1-13 设置虚拟机的安装源

选择【网络适配器】选项，设置虚拟机的网络连接，如图 1-14 所示，可通过 3 种方式配置虚拟机的网络连接，分别是桥接模式、NAT 模式和仅主机模式。

图 1-14　设置虚拟机的网络连接

（1）桥接模式：在这种模式下，物理主机变成一台虚拟交换机，物理主机网卡与虚拟机的虚拟网卡利用虚拟交换机进行通信，物理主机与虚拟主机在同一网段中，虚拟主机可直接利用物理网络访问外网。

（2）NAT 模式：NAT 的全称是 Network Address Translation，即网络地址转换。在 NAT 模式下，物理主机更像是一台路由器，同时兼具 NAT 与 DHCP 服务器的功能。物理主机为虚拟机分配不同于自己网段的 IP 地址，虚拟机必须通过物理主机才能访问外网。

（3）仅主机模式：这种模式阻断了虚拟机与外网的连接，虚拟机只能与物理主机相互通信。

由于这里的配置不影响后续的安装过程，因此暂时保留为默认的 NAT 模式。

单击【确定】按钮，返回图 1-11 所示的虚拟机界面。

注意　以上操作只是在 **VMware Workstation** 上创建了一个新的虚拟机条目并完成了安装前的基本配置，并不是真正安装了 **CentOS 7.6** 操作系统。

3. 开始安装 CentOS 7.6 操作系统

在图1-11 所示的界面中单击【开启此虚拟机】按钮，开始安装 CentOS 7.6 操作系统。首先进入的是 CentOS 7.6 安装引导界面，如图 1-15 所示。安装引导界面中有 3 个选项：【Install CentOS 7】、【Test this media & install CentOS 7】和【Troubleshooting】，分别表示直接安装

CentOS 7 操作系统、检测安装源并安装 CentOS 7 操作系统、故障排除。这里通过上、下方向键选择【Install CentOS 7】选项并按 Enter 键，进入 CentOS 7 操作系统安装程序。

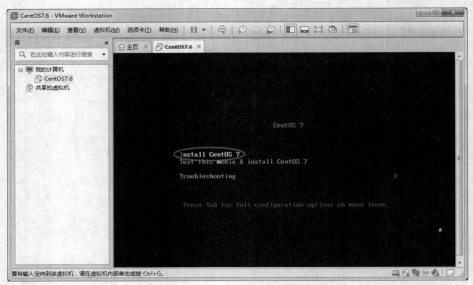

图 1-15　CentOS 7.6 安装引导界面

　　安装程序会先加载系统镜像文件，再进入欢迎界面，在欢迎界面中可以选择安装过程中使用的语言。CentOS 7.6 提供了多种语言供用户选择，要注意这里选择的语言也是系统安装后的默认语言。本次安装选择的语言是简体中文。选择好安装语言后，单击【继续】按钮进入【安装信息摘要】界面，如图 1-16 所示。

图 1-16　【安装信息摘要】界面

【安装信息摘要】界面是整个安装过程的入口，分为"本地化""软件""系统"三大部分，每一部分又包括两到三个设置项目。可以按顺序或随机地对各个项目进行设置，只要单击相应的图标就可以进入相应的设置界面。若有些项目图标带有黄色警告标志，则表示该项目的设置是必需的，也就是说，只有完成这些设置才能继续安装。其他不带警告标志的部分则是可选的，表示可以使用默认设置也可以自行设置。本地化部分的设置比较简单，下面重点介绍软件和系统两部分的设置。

在图 1-16 所示的界面中选择【软件选择】选项，进入【软件选择】界面，选择要安装的软件包，如图 1-17 所示。

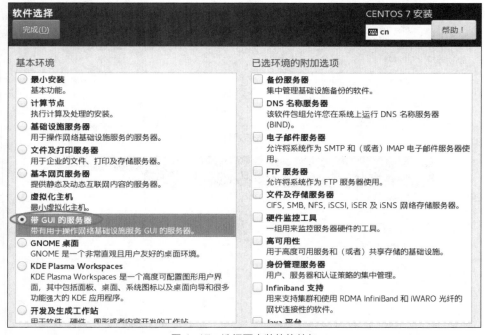

图 1-17　选择要安装的软件包

安装源镜像文件中包含许多以"基本环境"分组的软件包，每一种基本环境都由一些预先定义好的软件包组成。根据实际所要搭建的软件环境，在图 1-17 所示界面的左侧选择合适的基本环境，基本环境只能选择一个。选择基本环境后，会在界面右侧显示所选基本环境下可用的附加软件包。附加软件包又分为两大类，用横线分隔开。横线下方的附加软件包适用于所有的基本环境，而横线上方的附加软件包只适用于所选的基本环境。每种基本环境下可以同时选择多个附加软件包。

本次安装选择的基本环境是【带 GUI 的服务器】，也就是带图形用户界面的操作系统，这对初学者学习 Linux 是非常必要的。单击【完成】按钮，返回安装主界面。

在图 1-16 所示的界面中选择【安装位置】选项，进入【安装目标位置】界面，选择要在其中安装系统的硬盘并指定分区方式，如图 1-18 所示。

在【安装目标位置】界面中选中【我要配置分区】单选按钮，单击界面左上角的【完成】按钮，进入【手动分区】界面，如图 1-19 所示。

在【手动分区】界面中可以配置磁盘分区与挂载点。在【新挂载点将使用以下分区方案】下拉列表中选择【标准分区】选项，单击【+】按钮，添加新的挂载点，如图 1-20 所示。

图 1-18 【安装目标位置】界面

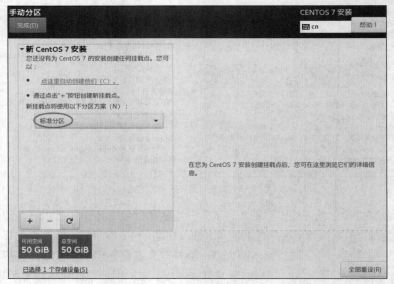

图 1-19 【手动分区】界面

图 1-20 添加新的挂载点

以新建启动分区的挂载点为例，在图 1-20 中输入挂载点路径*/boot*，并指定分区容量为500MB，容量的单位可以是 KB、MB 或 GB。单击【添加挂载点】按钮，返回【手动分区】界面，此时新建的挂载点就会出现在分区界面的左侧，如图 1-21 所示。

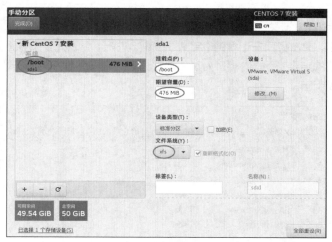

图 1-21　新建的挂载点

根据不同的应用需求，可以选择不同的分区方案。一种推荐的分区方案如表 1-1 所示。

表 1-1　推荐的分区方案

分区	挂载点	容量	备注
启动分区	*/boot*	至少 500MB	包含 Linux 内核及系统引导过程中所需的文件
root 分区	/	至少 10GB	根目录所在的分区，默认情况下，所有的数据都写入这个分区，除非子目录挂载了其他分区
用户数据分区	*/home*	至少 4GB	保存本地用户数据，根据实际需求确定容量
交换分区	*swap*	至少 1GB	虚拟内存分区，物理内存容量不足时启用虚拟内存保存系统正在处理的数据，建议大小为 4GB

根据表 1-1 添加另外 3 个分区，如图 1-22 所示。

图 1-22　添加另外 3 个分区

在【手动分区】界面中还可以进一步设置分区的其他属性，如设备类型、文件系统、分区是否加密等。需要强调的是，*swap* 交换分区的文件系统必须选择【swap】选项，其他几个分区的文件系统可以选择【ext4】或【xfs】。

手动分区完成后，单击界面左上角的【完成】按钮。进入【更改摘要】界面，其中会显示手动分区的结果，同时说明了为了使手动分区生效安装程序将执行哪些操作，如图 1-23 所示。

V1-8　Linux 系统
分区的推荐设置

图 1-23　【更改摘要】界面

单击【接受更改】按钮，返回安装主界面。可以看到，设置完成后主界面中的黄色警告标志自动消失，如图 1-24 所示。

图 1-24　设置完成后黄色警告标志自动消失

单击【开始安装】按钮，安装程序开始按照之前的设置安装操作系统，并实时显示系统安装进度，如图 1-25 所示。

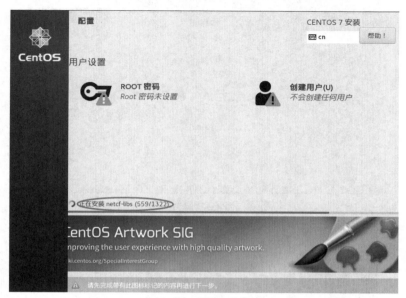

图 1-25　系统安装进度

在安装软件包的同时，在图 1-25 所示的界面中选择【ROOT 密码】选项，为 root 用户设置密码，如图 1-26 所示。root 用户是系统的超级用户，具有操作系统的所有权限。root 用户的密码一旦泄露，将会给操作系统带来巨大的安全风险，必须为其设置一个复杂的密码并妥善保管。还可选择【创建用户】选项来创建新用户，这里创建了一个名称为"siso"的新用户，如图 1-27 所示。

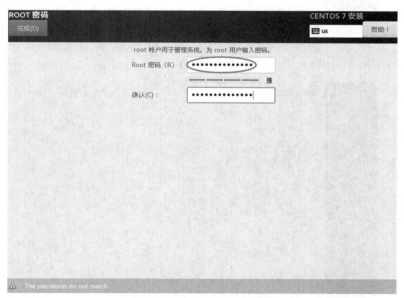

图 1-26　为 root 用户设置密码

根据选择的基本环境、附加软件包及物理机的硬件配置，整个安装过程可能会持续 20～30 分钟。安装成功后进入图 1-28 所示的界面，单击【重启】按钮，重新启动计算机。

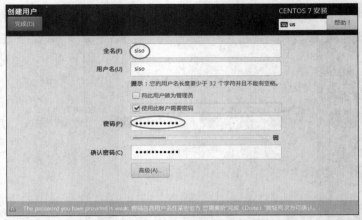

图 1-27　创建新用户

图 1-28　安装成功后的界面

系统重启后先要进行初始设置，如图 1-29 所示。

图 1-29　初始设置

选择【LICENSE INFORMATION】选项，在【许可信息】界面中选中左下角的【我同意许可协议】复选框，如图 1-30 所示。

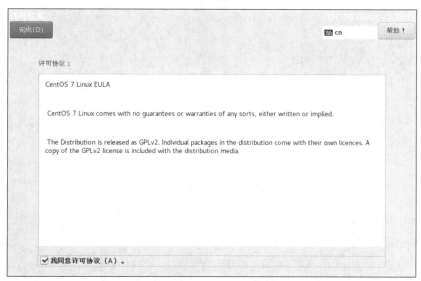

图 1-30 【许可信息】界面

单击【完成】按钮，返回初始设置界面。这里暂时不设置网络和主机名，直接单击【完成配置】按钮结束初始设置。系统再次重启后进入登录界面，如图 1-31 所示。在登录界面中会显示当前已经存在的用户。选择之前创建的 siso 用户，输入密码后单击【登录】按钮或直接按 Enter 键即可进入系统。

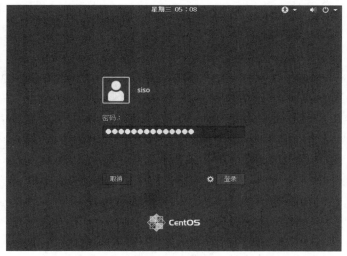

图 1-31 登录界面

由于是第一次登录系统，因此还需要完成几步简单的设置。首先，在【欢迎】界面中选择语言，如图 1-32 所示。

单击【前进】按钮，在【输入】界面中选择键盘布局，如图 1-33 所示。

图1-32　选择语言

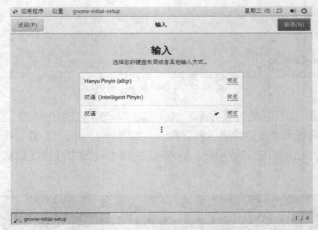

图1-33　选择键盘布局

单击【前进】按钮，在【隐私】界面中设置隐私条款，如图 1-34 所示。由于本次安装只用于学习 Linux 操作系统，因此这里选择关闭位置服务。

图1-34　设置隐私条款

单击【前进】按钮，在【连接您的在线账号】界面中选择在线账号，如图 1-35 所示。

图 1-35　选择在线账号

直接单击【跳过】按钮，完成首次登录设置，如图 1-36 所示。单击【开始使用 CentOS Linux】按钮，进入 CentOS 7.6 操作系统的桌面，如图 1-37 所示。

图 1-36　完成首次登录设置

至此，完成了 CentOS 7.6 操作系统的安装及所有初始设置。可以看到，CentOS 7.6 操作系统的安装过程是在图形用户界面中进行的。整个安装过程中最复杂的一步是新建分区和挂载点。

下面就让我们开始 Linux 的学习之旅吧！

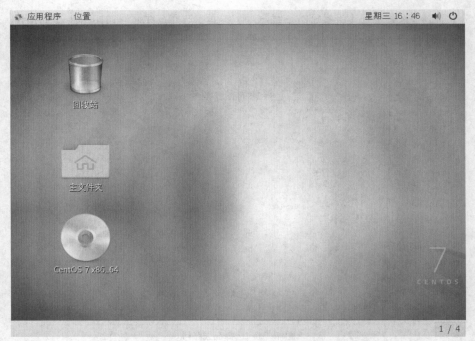

图 1-37　CentOS 7.6 操作系统的桌面

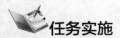任务实施

虽然 SISO 学院的每个电子教室都配备了台式计算机，但是孙老师经常使用自己的计算机给学生上课。最近，孙老师购买了一台崭新的笔记本电脑，除了预装的 Windows 10 操作系统外，她需要安装上课所需的 Linux 虚拟机。她决定把这个任务交给一直向她请教问题的小张同学，给他一个锻炼的机会，顺便检查一下小张同学的学习效果。

孙老师把小张同学叫到办公室，告诉他这次安装的要求如下。

（1）安装 CentOS 7.6 操作系统。

（2）将虚拟机硬盘空间设置为 60GB，内存设置为 4GB。

（3）要安装"带 GUI 的服务器"。

（4）为系统设置 4 个分区，/boot、/、/home 和 swap，分区容量分别为 500MB、15GB、10GB 和 2GB。前 3 个分区的文件系统类型设置为 xfs，swap 交换分区的文件系统类型必须使用 swap。

（5）为 root 用户设置密码"Siso@7211"；创建"siso"用户，将其密码设置为"siso#1001"。

小张接到这个任务后感到非常兴奋，告诉自己一定要把这个任务圆满完成。其实，在这之前小张已经在自己的笔记本电脑上"折腾"了好几回，对他来说这并没有什么困难。下面，小张根据孙老师上课所讲的方法和自己的经验按部就班地开始操作。

第 1 步，小张先安装了 VMware Workstation。这是最简单的一步，可以说是"傻瓜"式安装。

第 2 步，小张要创建一台虚拟机并完成相应配置。需要选择或设置的信息包括虚拟机安装来源、操作系统类型及版本、虚拟机名称、磁盘容量、内存容量、系统镜像文件等，具体过程如图 1-5～图 1-15 所示。

第 3 步，小张开始安装 CentOS 7.6 操作系统。他本来以为这个过程会很顺利，没想到才刚开始，VMware Workstation 就弹出了一个错误窗口，其中显示了虚拟机安装错误信息，如图 1-38 所示。

> 已将该虚拟机配置为使用 64 位客户机操作系统。但是，无法执行 64 位操作。
>
> 此主机支持 Intel VT-x，但 Intel VT-x 处于禁用状态。
>
> 如果已在 BIOS/固件设置中禁用 Intel VT-x，或主机自更改此设置后从未重新启动，则 Intel VT-x 可能被禁用。
>
> (1) 确认 BIOS/固件设置中启用了 Intel VT-x 并禁用了"可信执行"。
>
> (2) 如果这两项 BIOS/固件设置有一项已更改，请重新启动主机。
>
> (3) 如果您在安装 VMware Workstation 之后从未重新启动主机，请重新启动。
>
> (4) 将主机的 BIOS/固件更新至最新版本。
>
> 有关更多详细信息，请参见 http://vmware.com/info?id=152。

图 1-38　虚拟机安装错误信息

小张之前从未遇到过这个问题，他只好自己上网寻找答案。还好，这个问题是非常普遍的，很多网友遇到过这个问题。原来，Intel VT-x 是美国英特尔（Intel）公司为解决纯软件虚拟化技术在可靠性、安全性和性能上的不足，在其硬件产品上引入的虚拟化技术，其可以让单个 CPU 模拟多 CPU 并行运行。这个错误提示的意思是当前主机支持 Intel VT-x，但是处于禁用状态，因此需要启用 Intel VT-x。解决方法一般是在计算机启动时进入系统的基本输入/输出系统（Basic Input Output System，BIOS），在其中选择相应的选项即可。至于进入系统 BIOS 的方法，则取决于要看具体的计算机生产商及相应的型号。

第 4 步，在解决这个问题后，小张终于可以继续安装系统了。后面的安装过程和之前的操作并没有什么不同，只是要根据孙老师的具体要求进行相应的设置。他按照要求进行磁盘分区、创建用户并设置密码，最终顺利地完成了这次安装。

当小张把笔记本电脑交到孙老师手上并汇报安装时出现的问题时，孙老师称赞小张善于利用网络资源解决问题，在以后的学习过程中要继续保持这种积极主动的学习态度。

知识拓展

1. CentOS 7.6 操作系统的安装源

在图 1-17 所示的【安装信息摘要】界面中选择【安装源】选项，进入【安装源】界面，选择安装源，如图 1-39 所示。

CentOS 7.6 操作系统支持几种不同类型的安装源。从图 1-39 中可以看出，安装程序检测到了之前在编辑虚拟机设置时指定的操作系统镜像文件。单击【验证】按钮可以验证安装源的完整性，如图 1-40 所示。如果在图 1-15 所示的 CentOS 7.6 安装引导界面中选择【Test this media & install CentOS 7】选项，则安装程序会执行相同的安装源验证操作。

除了从安装光盘或镜像文件安装 CentOS 7.6 操作系统外，还可以选择通过网络安装 CentOS 7.6 操作系统，可选的网络协议包括 HTTP、HTTPS、FTP 和 NFS。如果采用网络安装的方式，则需要指明安装源的具体网络位置。

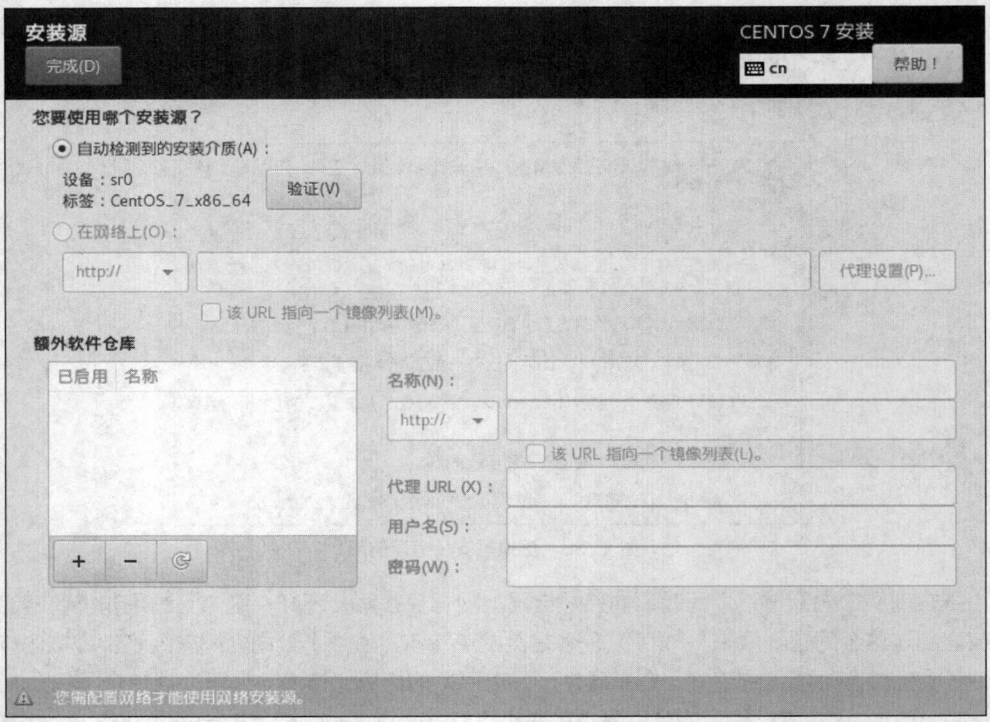

图 1-39 【安装源】界面

介质效验

正在效验介质，请等待...

完成(D)

图 1-40 验证安装源的完整性

在【安装源】界面中还可以手动添加额外的安装软件包。单击【＋】按钮，可添加软件包，输入软件包的名称和网络位置。如果使用了代理服务器并且代理服务器要求认证，则需要输入代理服务器的用户名和密码。

2. 硬盘容量单位的转换

细心的读者可能已经注意到，在图 1-20 所示的界面中创建启动分区的挂载点时输入的容量是 500MB，但是在图 1-21 中显示的结果是 476MiB。其实，MB 和 MiB 是两种不同的单位，MB 是十进制单位，以 10 为底数；而 MiB 是二进制单位，以 2 为底数。二者的具体对应关系如表 1-2 所示。

表 1-2 二进制单位与十进制单位的具体对应关系

二进制单位			十进制单位		
名称	缩写	字节数	名称	缩写	字节数
Kibibyte	KiB	$1024 \ (2^{10})$	Kilobyte	KB	$1000 \ (10^3)$
Mebibyte	MiB	$1024^2 \ (2^{20})$	Megabyte	MB	$1000^2 \ (10^6)$
Gibibyte	GiB	$1024^3 \ (2^{30})$	Gigabyte	GB	$1000^3 \ (10^9)$
Tebibyte	TiB	$1024^4 \ (2^{40})$	Terabyte	TB	$1000^4 \ (10^{12})$
Pebibyte	PiB	$1024^5 \ (2^{50})$	Petabyte	PB	$1000^5 \ (10^{15})$
Exbibyte	EiB	$1024^6 \ (2^{60})$	Exabyte	EB	$1000^6 \ (10^{18})$
Zebibyte	ZiB	$1024^7 \ (2^{70})$	Zettabyte	ZB	$1000^7 \ (10^{21})$
Yobibyte	YiB	$1024^8 \ (2^{80})$	Yottabyte	YB	$1000^8 \ (10^{24})$

硬盘生产厂家采用十进制单位标注硬盘容量,而操作系统使用的是二进制单位。这也是为什么一块盘面上标明容量为 500GB 的硬盘在操作系统中显示只有 465GB 左右（$500 \times 1000^3 / 1024^3 \approx 465.67$）。

任务实训

如果每学习一种操作系统,都要在物理主机上进行这种操作系统的安装,把物理主机当作"多启动系统",那么这将对物理主机的硬件配置提出很高的要求,提高了学习成本。现在最普遍的做法是先在物理机上安装 VMware Workstation,通过这款软件为要安装的操作系统创建一个虚拟环境,并在虚拟环境中安装操作系统,这就是通常所说的"虚拟机"。这个虚拟环境可以共享物理主机的硬件资源,包括磁盘、网卡等。对于用户来说,使用虚拟机就像是使用物理主机一样,可以完成在物理主机中所能执行的几乎所有任务。

安装好 VMware Workstation 后先要为待安装的操作系统创建一个虚拟环境,即新建一台虚拟机。参照 1.2.2 节中给出的步骤,依次指定虚拟机的操作系统类型及版本、磁盘空间、虚拟机名称及安装路径等属性。在图 1-13 所示的界面中选择作为安装源的操作系统镜像文件,即可开始安装操作系统。

本实训的任务是在 Windows 物理主机上安装 VMware Workstation,并在其中安装 CentOS 7.6 操作系统。

【实训目的】

（1）了解采用虚拟机方式安装操作系统的基本原理。

（2）掌握修改虚拟机设置的方法。

（3）掌握安装 CentOS 7.6 操作系统的具体步骤。

【实训内容】

（1）在 Windows 物理主机上安装 VMware Workstation。

（2）在 VMware Workstation 中新建 CentOS 7.6 虚拟机。

（3）修改 CentOS 7.6 虚拟机的设置。

（4）使用镜像文件安装 CentOS 7.6 操作系统。

项目小结

本项目包括两个任务。任务 1.1 从操作系统的基本概念讲起,内容包括 Linux 的发展历史、Linux

操作系统的体系结构及版本。作为学习 Linux 操作系统的背景知识，这部分内容可以帮助读者从整体上了解 Linux 操作系统的概貌。尤其是关于 Linux 操作系统的层次结构和版本两个知识点，最好能够熟练掌握。任务 1.2 主要讲述如何在 VMware Workstation 中安装 CentOS 7.6 虚拟机。对于初学者来说，这是学习 Linux 操作系统的第一步，必须熟练掌握。

项目练习题

1. 选择题

（1）Linux 最早是由芬兰赫尔辛基大学的学生（　　　）开发的。

    A. Richard Petersen   B. Linus Torvalds

    C. Rob Pick   D. Linux Sarwar

（2）在计算机系统的层次结构中，位于硬件和系统调用之间的一层是（　　　）。

    A. 内核   B. 库函数   C. 外壳程序   D. 应用程序

（3）下列选项中，（　　　）是自由软件。

    A. Windows XP   B. UNIX   C. Linux   D. Windows 2008

（4）下列选项中，（　　　）不是常用的操作系统。

    A. Windows 7   B. UNIX

    C. Linux   D. Microsoft Office

（5）Linux 操作系统基于（　　　）发行。

    A. GPL   B. LGPL   C. BSD   D. NPL

（6）下列选项中，（　　　）不是 Linux 的特点。

    A. 开源免费   B. 硬件需求低   C. 支持单一平台   D. 多用户、多任务

（7）安装 Linux 操作系统时，swap 分区一般设置为（　　　）。

    A. 物理内存的两倍   B. 1GB

    C. 2GB   D. 4GB

（8）采用虚拟化工具安装 Linux 操作系统的一个突出优点是（　　　）。

    A. 系统稳定性大幅提高   B. 安装过程非常简单

    C. 获得更多的商业支持   D. 节省软硬件成本

（9）根据 Linux 的内核版本命名规则，2.6.18 是（　　　）的版本。

    A. 第三次修订   B. 第二次修订   C. 稳定   D. 不稳定的

（10）下列关于 Linux 操作系统的说法中，错误的一项是（　　　）。

    A. Linux 操作系统不限制应用程序可用内存的大小

    B. Linux 操作系统是免费软件，可以通过网络下载

    C. Linux 是一个类 UNIX 的操作系统

    D. Linux 操作系统支持多用户，在同一时间可以有多个用户使用主机

（11）Linux 操作系统是一种（　　　）的操作系统。

    A. 单用户、单任务   B. 单用户、多任务

    C. 多用户、单任务   D. 多用户、多任务

（12）安装 Linux 操作系统时，/root 分区的作用是（　　　）。

    A. 包含 Linux 内核及系统引导过程中所需的文件

B. 根目录所在的分区

C. 虚拟内存分区

D. 保存本地用户数据

（13）安装 Linux 操作系统时，可选择的分区系统类型是（　　　）。

    A. FAT16　　　　　B. FAT32　　　　　C. ext4　　　　　　D. NTFS

（14）CentOS 是基于（　　）的源码重新编译而发展起来的一个 Linux 版本。

    A. Ubuntu　　　　B. Red Hat　　　　C. openSUSE　　　D. Debian

（15）以下（　　）不是安装 Linux 操作系统必须设置的分区。

    A. /boot　　　　　B. swap　　　　　C. /tmp　　　　　　D. /

（16）严格地说，原始的 Linux 只是（　　　）。

    A. 简单的操作系统内核　　　　　　B. Linux 发行版

    C. UNIX 操作系统的复制　　　　　D. 具有大量的应用程序

（17）多任务操作系统可以让用户完成的操作是（　　　）。

    A. 共享文件资源　　　　　　　　　B. 共享网络资源

    C. 同时运行多个应用程序　　　　　D. 通过网络进行相互通信

（18）Linux 内核版本分为稳定版和开发版，下列（　　　）是稳定版。

    A. 2.3.12　　　　　B. 2.4.33　　　　　C. 2.5.15　　　　　D. 2.7.18

（19）下列对 Linux 内核版本的说法中，不正确的一项是（　　　）。

    A. 内核有两种版本：开发版本和稳定版本

    B. 次版本号为偶数，说明该版本为开发版本

    C. 稳定版本只修改错误，开发版本继续增加新的功能

    D. 2.5.75 是开发版本

（20）以下属于 GNU 计划推出的"自由软件"的是（　　　）。

    A. GCC　　　　　　　　　　　　　B. Microsoft Office

    C. Red Hat　　　　　　　　　　　D. Oracle Database

2. 填空题

（1）计算机系统由_____和_____两大部分组成。

（2）一个完整的 Linux 操作系统包括_____、_____和_____3 个主要部分。

（3）在 Linux 的组成部分中，_____和硬件直接交互。

（4）UNIX 在发展过程中有两个主要分支，分别是_____和_____。

（5）Linux 是基于_____软件授权模式发行的。

（6）GNU 是_____的缩写。

（7）Linux 的版本由_____和_____构成。

（8）将 Linux 内核和配套的应用程序组合在一起对外发行，这被称为_____。

（9）CentOS 是基于_____"克隆"而来的 Linux 操作系统。

（10）虚拟机的网络连接方式有_____、_____和_____3 种。

（11）安装 Linux 操作系统时必须要设置_____和_____两个分区。

（12）Linux 操作系统中用于实现虚拟内存功能的分区是_____分区。

（13）按照 Linux 内核版本传统的命令方式，当次版本号是偶数时，表示这是一个_____的版本。

（14）Linux 操作系统是一种_____用户_____任务的操作系统。

（15）使用者可以免费地获取 Linux 的源代码并根据自己的实际需要进行修改，这体现了 Linux 的_____特点。

3. 简答题

（1）计算机层次结构包括哪几部分？每一部分的功能是什么？

（2）Linux 操作系统由哪三部分组成？每一部分的功能是什么？

（3）简述 GNU 计划的通用公共许可证的主要精神。

（4）简述 Linux 操作系统的主要特点。

（5）VMware Workstation 中的虚拟机有几种网络连接方式？每种方式各具有什么特点？

（6）安装 Linux 操作系统时，一般要设置哪几个分区？每个分区的作用分别是什么？

项目2
Linux基本概念与常用命令

02

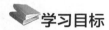 学习目标

【知识目标】

（1）熟悉 Linux 命令的结构和特点。

（2）熟悉 Linux 常用的文件和目录类命令及用法。

（3）熟悉 Linux 的进程管理类命令及用法。

（4）理解 Linux 重定向与管道命令的基本概念及用法。

【技能目标】

（1）熟练掌握常见的文件和目录类 Linux 命令的使用方法。

（2）掌握进程管理类 Linux 命令的使用方法。

（3）熟练掌握重定向与管道命令的使用方法。

（4）熟练掌握 vim 编辑器的常用操作。

引例描述

　　经过一番周折，小张同学终于在自己的计算机上通过 VMware Workstation 创建并安装了一个 CentOS 7.6 虚拟机。通过这次安装，小张了解了一些之前从未接触或知之甚少的概念，如虚拟机、

磁盘分区、格式化等。同时，小张也认识到安装 CentOS 操作系统与之前安装 Windows 操作系统确实有一些不同之处，但在克服了诸多困难之后，总算安装成功了。就在小张洋洋得意之时，孙老师告诉他，安装 CentOS 虚拟机只能算是迈出了"万里长征"的第一步，真正的 Linux 学习之旅才刚刚开始。孙老师告诉小张，如果他有志于成为 Linux 高手，就必须熟练掌握 Linux 的各种命令以完成各项工作……

　　下面，就让我们从 Linux 的常用命令开始漫长而又充满挑战和乐趣的 Linux 学习之旅吧，如图 2-1 所示。

图 2-1　开始 Linux 学习之旅

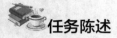

任务 2.1　Linux 常用命令

任务陈述

本项目的第一个任务将带领大家认识 Linux 操作系统中的常用命令。通过这些命令的学习，大家不仅要掌握常用命令的基本用法，还要理解 Linux 命令行界面的基本操作，体会命令行界面与图形用户界面的不同。

知识准备

2.1.1　打开 Linux 终端窗口

和 Windows 操作系统一样，Linux 也提供了优秀的图形用户界面，用户可以通过图形用户界面非常方便地执行各种操作。但是对于大多数 Linux 系统管理员来说，最常用的操作环境还是 Linux 的终端窗口，又称为命令行窗口、字符界面或 Shell 界面，也就是 1.1.3 节中提到的外壳程序（Shell）。用户在终端窗口中输入 Linux 命令，外壳程序进行解释后交由内核执行，并将命令的执行结果输出在终端窗口中。下面以 CentOS 7.6 操作系统为例，说明如何打开终端窗口。

登录 CentOS 7.6 之后，在图 2-2 所示的界面中依次选择【应用程序】→【系统工具】→【终端】选项，或者直接在桌面空白处右击，在弹出的快捷菜单中选择【打开终端】选项，即可打开 Linux 终端窗口。

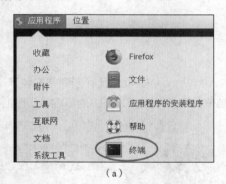
（a）

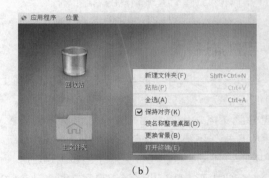
（b）

图 2-2　打开 Linux 终端窗口

在默认配置下，CentOS 7.6 的终端窗口如图 2-3 所示。在终端窗口的最上方是标题栏，在标题栏的位置 1 处显示了当前登录终端窗口的用户名及主机名；在标题栏的位置 2 处有 3 个按钮，从左至右分别表示最小化、最大化及关闭终端窗口；在标题栏的位置 3 处，从左至右共有 6 个菜单，用户可以选择相应的菜单及子菜单中的选项完成相应的操作；在标题栏的位置 4 处显示的是 Linux 命令提示符，用户在命令提示符右侧输入命令，按 Enter 键即可将命令提交给外壳程序进行解释执行。

这里重点说明命令提示符的组成及含义。以"[siso@localhost~]$"为例，"[ ]"是命令提示符的边界；在其内部，"siso"表示当前的登录用户名，"localhost"是系统主机名，二者用"@"符号分隔；系统主机名右侧的"～"表示用户当前的工作目录。打开终端窗口后默认的工作目录是登录用户的主目录，用"～"表示。如果用户的工作目录发生改变，则命令提示符的这一部分也会随之改变。可以注意到"[ ]"右侧还有一个"$"符号，它是当前登录用户的身份级别指示符。如果是普通用户，则用"$"字符表示；如果是超级用户，则用"#"字符表示。

V2-1　关于 Linux
命令提示符

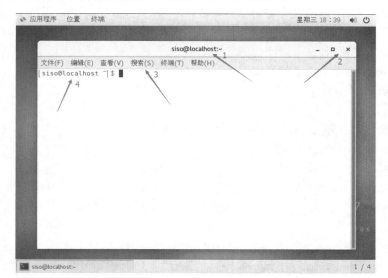

图 2-3　CentOS 7.6 的终端窗口

2.1.2　Linux 命令的结构

在学习具体的 Linux 命令之前，先来了解一下 Linux 命令的基本结构。Linux 命令一般包括命令名、选项和参数 3 部分，其基本格式如下。其中，选项和参数对命令来说不是必需的，因此在下面的命令格式中用一对"[ ]"括起来。

命令名　　[*选项*]　[*参数*]

1. 命令名

命令名可以是 Linux 操作系统自带的工具软件、源程序编译后生成的可执行程序，或者是包含 Shell 脚本的文件名。命令名严格区分英文字母大小写。在输入命令名时，可以利用系统的"自动补全"功能提高输入效率并减少错误。"自动补全"是指在输入命令的开头几个字符后直接按 Tab 键，如果系统中只有一个命令以当前已输入的字符开头，那么这个命令的完整命令名会被自动补全；如果连续按两次 Tab 键，则系统会把所有以当前已输入字符开头的命令名显示在窗口中，如例 2-1 所示。

例 2-1：Linux 命令行窗口的"自动补全"功能

```
[siso@localhost ~]$ log                // 输入 log 后按两次 Tab 键

logger      loginctl     logout      logsave

login       logname      logrotate    logview

[siso@localhost ~]$ logname            // 输入 logn 后按 Tab 键
```

Linux网络操作系统项目式教程
（CentOS 7.6）（微课版）

2. 选项

如果只输入命令名，则命令只会执行最基本的功能。若要通过命令执行更高级、更复杂的功能，就必须为命令提供相应的选项。下面以 Linux 中最常用的 ls 命令为例，说明命令选项的作用。ls 命令的基本功能是列出某个目录下"可显示"的内容，即非隐藏的文件和子目录。如果想把隐藏的文件和子目录也显示出来，则必须指明-a 或--all 选项。其中，-a 是短格式选项，即在减号后跟一个字符；--all 是长格式选项，即在两个减号后跟一个完整的单词。可以在一条命令中同时使用多个短格式选项和长格式选项，选项之间用空格分隔。另外，多个短格式选项可以组合在一起使用。例如，-a、-l 两个选项组合后变成-al。注意，多个短格式选项组合后只保留一个减号。Linux 命令中选项的基本用法如例 2-2 所示。

例 2-2：Linux 命令中选项的基本用法

```
[siso@localhost tmp]$ ls              // 只输入命令名
dir1   file1
[siso@localhost tmp]$ ls  -a          // 命令后跟短格式选项
.  ..  dir1  file1  .hiddenfile
[siso@localhost tmp]$ ls  --all       // 命令后跟长格式选项
.  ..  dir1  file1  .hiddenfile
[siso@localhost tmp]$ ls  -al         // 命令后组合使用两个短格式选项
总用量 8
 drwxrwxr-x.   3   siso      siso   50      6 月   19 03:43      .
 drwx------.  18   siso      siso  4096     6 月   19 03:35      ..
 drwxrwxr-x.   2   siso      siso   6       6 月   17 03:10      dir1
 -rw-rw-r--.   1   siso      siso   32      6 月   17 04:29      file1
 -rw-rw-r--.   1   siso      siso   0       6 月   19 03:43      .hiddenfile
```

可以注意到在使用 ls -al 命令的输出中，第一行显示了当前目录下所有文件和子目录的总用量。为了缩短篇幅，在后面的示例中，如无特殊需要，均省略这一行输出。

3. 参数

参数表示命令作用的对象或目标。有些命令不需要使用参数，但有些命令必须使用参数才能正确执行。例如，若想使用 useradd 命令创建新用户，就必须为它提供一个合法的用户名作为参数，如例 2-3 所示。

例 2-3：Linux 命令中参数的基本用法

```
[root@localhost ~]# useradd  user1        // user1 是 useradd 命令的参数
```

如果同时使用多个参数，则各个参数之间必须用空格分隔。命令、选项和参数之间也必须用空格分隔。另外，选项和参数没有严格的先后顺序关系，甚至可以交替出现，但命令名必须始终在最前面。

2.1.3 文件和目录命令

不管是普通的 Linux 用户还是专业的 Linux 系统管理员，基本上无时无刻不在和文件打交道。在 Linux 操作系统中，文件的概念被大大延伸了。除了常规意义上的文件，目录也是一种特殊类型的文件，甚至鼠标、键盘、打印机等硬件设备也是以文件的

V2-2 选项和参数

形式保存和管理的。本书提到的"文件",有时专指常规意义上的文件,有时是常规意义上的文件和目录的统称,还可能泛指 Linux 系统中的所有内容。在学习具体的文件和目录相关命令前,有必要先了解一下 Linux 文件系统的层次结构。

1. Linux 文件系统的层次结构

请读者回想一下在 Windows 操作系统中管理文件的方式。一般来说,人们会把文件和目录按照不同的用途存放在 C 盘、D 盘等以不同盘符表示的分区中。而在 Linux 文件系统中,所有的文件和目录都被组织在一个被称为"根目录"的节点中,用"/"表示。在根目录中可以创建子目录和文件,子目录中还可以继续创建子目录和文件。所有目录和文件形成一棵以根目录为根节点的倒置的目录树,目录树的每个节点都代表一个目录或文件。Linux 文件系统的层次结构如图 2-4 所示。

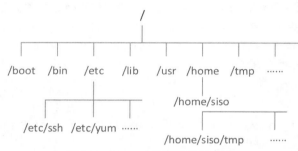

图 2-4　Linux 文件系统的层次结构

对于任何一个节点,不管是文件还是目录,只要从根目录开始依次向下展开搜索,就能得到一条到达这个节点的路径。表示路径的方式有两种:绝对路径和相对路径。绝对路径是从根目录写起,把路径上的所有中间节点用"/"连接,后跟目标文件或目录名。例如,对于文件 *index.html*,它的绝对路径是*/home/siso/www/index.html*,这意味着当用户想找到 *index.html* 文件时,可以先进入根目录的 *home* 子目录,再进入 *siso* 子目录,最后进入 *www* 子目录,在 *www* 子目录中就可以找到 *index.html* 文件。每个文件都只有一个绝对路径,通过绝对路径总能找到这个文件。

绝对路径的搜索起点是根目录,因此它总是以"/"开头。和绝对路径不同,相对路径的搜索起点是当前工作目录,因此不必以"/"开头。相对路径表示文件相对于当前工作目录的"相对位置",使用相对路径查找文件时,直接从当前工作目录开始向下搜索。这里仍以 *index.html* 文件为例,如果当前工作目录是*/home/siso*,那么 *www/index.html* 就足以表示 *index.html* 的具体位置。因为在 */home/siso/* 目录中,进入 *www* 子目录就可以找到 *index.html* 文件。这里,*www/index.html* 使用的就是相对路径。同理,如果当前工作目录是 */home*,那么使用相对路径 *siso/www/index.html* 也能表示 *index.html* 的准确位置。

V2-3　绝对路径和相对路径

介绍完这些关于 Linux 文件系统层次结构的基本概念,下面来学习一些具体的文件类命令。

2. 文件和目录浏览类命令

(1) pwd 命令

Linux 中有许多命令需要把一个具体的目录或路径作为参数,如果没有为这类命令明确地指定目录参数,那么 Linux 默认把当前的工作目录设为参数,或者在当前工作目录中寻找命令所需的其他参数。如果要查看当前所在的工作目录,则可以使用 pwd 命令。pwd 命令用于显示用户当前的工作目录，它本身并不需要指定任何选项或参数，如例 2-4 所示。

例 2-4：pwd 命令的基本用法

```
[siso@localhost ~]$ pwd
/home/siso
```

用户打开终端窗口登录系统后，默认的工作目录是登录用户的主目录。例如，例 2-4 显示了使用 siso 用户登录系统后的工作目录是 /home/siso。

（2）cd 命令

cd 命令可以让用户在不同的目录间进行切换，其基本语法如下。

```
cd  [目标路径]
```

cd 命令后面的参数表示将要切换到的目标路径，可以使用绝对路径或相对路径。如果 cd 命令后面没有任何参数，则表示切换到当前登录用户的主目录。例 2-5 演示了 cd 命令的基本用法，先从 /home/siso 目录切换到下一级子目录，再返回到 siso 用户的主目录。

例 2-5：cd 命令的基本用法

```
[siso@localhost ~]$ pwd
/home/siso
[siso@localhost ~]$ cd  www          // 也可以使用绝对路径 /home/siso/www
[siso@localhost www]$ pwd
/home/siso/www
[siso@localhost www]$ cd             // 不加参数，返回到 siso 用户的主目录
/home/siso
```

除了使用绝对路径或相对路径表示目标路径外，还可以使用一些特殊符号表示目标路径，以简化命令的输入。可以和 cd 命令配合使用的特殊符号如表 2-1 所示。

表 2-1　可以和 cd 命令配合使用的特殊符号

特殊符号	说明	在 cd 命令中的含义
.	句点	切换至当前目录
..	两个句点	切换至当前目录的上一级目录
–	减号	切换至上次所在的目录，即最近一次 cd 命令执行前的工作目录
~	波浪线	切换至当前登录用户的主目录
~用户名	波浪线后跟用户名	切换至指定用户的主目录

cd 命令特殊符号的用法如例 2-6 所示。

例 2-6：cd 命令特殊符号的用法

```
[siso@localhost www]$ pwd
/home/siso/www
[siso@localhost www]$ cd  .           // 进入当前目录，实际工作目录并未改变
[siso@localhost www]$ pwd
/home/siso/www
[siso@localhost www]$ cd  ..          // 进入上一级目录
[siso@localhost ~]$ pwd
```

```
/home/siso
[siso@localhost ~]$ cd  -              // 进入上次所在的目录,此处指 /home/siso/www
/home/siso/www
[siso@localhost www]$ pwd
/home/siso/www
[siso@localhost www]$ cd   ~           // 进入当前登录用户的主目录
[siso@localhost ~]$ pwd
/home/siso
[siso@localhost ~]$ cd   ~root         // 进入 root 用户的主目录
[siso@localhost root]$ pwd
/root                                  <== /root 是 root 用户的主目录
```

（3）ls 命令

ls 命令的主要作用是显示某个目录下的内容，经常和 cd 命令配合使用。一般来说，通过 cd
命令切换到新的目录后，通过 ls 命令可以查看该目录中有哪些文件和子目录。ls 命令的基本语法
如下。

ls   [-CFRacdilqrtu1]   [*目录名称*]

其中，参数"目录名称"表示要查看具体内容的目标目录，如果省略，则表示查看当前工作目
录下的内容。ls 命令有许多选项，使 ls 命令的显示结果形式多样。ls 命令的常用选项及其功能如表
2-2 所示。

表 2-2　ls 命令的常用选项及其功能

选项	功能说明
-a	列出所有文件，包括以 "." 开头的隐藏文件
-d	将目录如其他普通文件一样列出，而不是列出它们的内容
-f	将文件按磁盘存储顺序列出，而不是按文件名顺序输出
-i	显示文件的 inode 编号
-l	显示文件的详细信息，且一行只显示一个文件
-u	将文件按其最近访问时间排序
-t	将文件按其最近修改时间排序
-c	将文件按其状态修改时间排序
-r	将输出结果逆序排列，和-t、-S 等选项配合使用
-R	将目录及其所有子目录的内容全部显示出来
-S	按文件大小排序，默认大文件在前

默认情况下，ls 命令按文件名的顺序列出所有的非隐藏文件。ls 命令用颜色区分不同类型的文
件，其中，蓝色表示目录，黑色表示普通文件。可以使用一些选项改变 ls 命令的默认行为。在表 2-2
中，-u、-t 和-c 三个选项表示按照文件的相应时间戳排序，分别是最近访问时间（Access Time，
ATime）、最近修改时间（Modify Time，MTime）及状态修改时间（Change Time，CTime）。

使用-a 选项可以显示隐藏文件。在 Linux 中，文件名以 "." 开头的文件默认是隐藏的，使用
-a 选项可以方便地显示这些隐藏文件。

ls 命令中最常被使用的选项应该是-l，通过它可以在每一行中显示每个文件的详细信息。文件的详细信息包含 7 列，每一列的含义如表 2-3 所示。

表 2-3　文件的详细信息中每一列的含义

列数	功能说明
第 1 列	文件类型及权限（具体含义在项目 3 中说明）
第 2 列	引用计数（具体含义在项目 3 中说明）
第 3 列	文件所有者（具体含义在项目 3 中说明）
第 4 列	文件所属用户组（具体含义在项目 3 中说明）
第 5 列	文件大小，默认以字节为单位
第 6 列	文件时间戳（具体取决于-u、-t 或-c 选项）
第 7 列	文件名

ls 命令的基本用法如例 2-7 所示。

例 2-7：ls 命令的基本用法

```
[siso@localhost tmp]$ ls                         // 默认按文件名排序，只显示非隐藏文件
dir1    file1
[siso@localhost tmp]$ ls  -a                      // 显示隐藏文件
.   ..   dir1   file1   .hiddenfile
[siso@localhost tmp]$ ls  -l                      //显示文件的详细信息
drwxrwxr-x. 2  siso  siso   6  6月   17 03:10   dir1
-rw-rw-r--. 1  siso  siso  29  6月   17 02:46   file1
[siso@localhost tmp]$ ls  -l  -d  dir1            // 显示目录本身的详细信息
drwxrwxr-x. 2  siso  siso  6   6月    17 03:10   dir1
```

需要说明的是，当使用-l 选项时，第 1 列输出的第一个字符表示文件类型，如"d"表示目录文件，"-"表示普通文件，"l"表示符号链接文件等。

（4）cat 命令

cat 命令的作用是把文件内容显示在标准输出设备（通常是显示器）上。cat 命令的基本语法如下。

```
cat   [-AbeEnstTuv]   [文件列表]
```

cat 命令的常用选项及其功能如表 2-4 所示。

表 2-4　cat 命令的常用选项及其功能

选项	功能说明
-b	只显示非空行的行号
-E	在每行结尾处显示"$"符号
-n	显示所有行的行号
-s	将连续的多个空行替换为一个空行
-T	把制表符显示为"^I"

例 2-8 显示了 cat 命令的基本用法，示例中的文件 *file1* 有 3 行，其中第 2 行是空行。

例 2-8：cat 命令的基本用法

```
[siso@localhost tmp]$ cat    file1           // 显示文件内容
line 1

                                             <== 注意，这里有空行
line 3
[siso@localhost tmp]$ cat  -b  file1         // 只显示非空行的行号
      1      line 1

                                             <== 注意，这里有空行

      2      line 3
[siso@localhost tmp]$ cat  -n  file1         // 显示所有行的行号
      1      line 1
      2                                       <== 注意，这里有空行
      3      line 3
[siso@localhost tmp]$ cat  -E  file1         // 在每行结尾处显示"$"符号
line 1$
$                                             <== 注意，这里有空行
line 3$
```

cat 命令还可以同时打开并显示多个文件，如例 2-9 所示。

例 2-9：cat 命令的基本用法——同时打开并显示多个文件

```
[siso@localhost tmp]$ cat  -n  file1
      1      line 1 in file1
      2      line 2 in file1
[siso@localhost tmp]$ cat  -n  file2
      1      line 1 in file2
      2      line 2 in file2
[siso@localhost tmp]$ cat  -n  file1  file2    // 同时打开并显示两个文件
      1      line 1 in file1
      2      line 2 in file1
      3      line 1 in file2
      4      line 2 in file2
```

（5）head 命令

cat 命令会一次性地把文件的所有内容全部显示出来。但有时候用户只想查看文件的开头部分而不是文件的全部内容，此时，使用 head 命令可以方便地实现这个功能。head 命令的基本语法如下所示。

head   [-cnqv]   *文件列表*

默认情况下，head 命令只显示文件的前 10 行。head 命令的常用选项及其功能如表 2-5 所示。

表 2-5　head 命令的常用选项及其功能

选项	功能说明
-c *size*	显示文件的前 *size* 字节
-n *number*	显示文件的前 *number* 行

head 命令的基本用法如例 2-10 所示。

例 2-10：head 命令的基本用法

```
[siso@localhost tmp]$ cat   file1
line 1
line 2
line 3
line 4
[siso@localhost tmp]$ head   -c  8   file1        // 显示 file1 的前 8 字节
line 1     <== 注意，下一行命令提示符前的字符"l"也是本条命令的输出
l[siso@localhost tmp]$ head   -n  2   file1        // 显示 file1 的前 2 行
line 1
line 2
```

在这个例子中，文件 file1 有 4 行文本内容。需要注意的是，在显示前 8 字节时，第 1 行连同第 2 行的第 1 个字符会一同显示出来。这是因为在 Linux 中，每一行末尾的换行符占用一个字节，也就是说，在这个文件中，每一行实际上有 7 个字符（包括一个空格符和一个换行符），这一点是和 Windows 不同的。

（6）tail 命令

和 head 命令相反，tail 命令只显示文件的末尾部分。-c 和-n 选项对 tail 命令也同样适用。tail 命令的基本用法如例 2-11 所示。

例 2-11：tail 命令的基本用法

```
[siso@localhost tmp]$ cat file1
line 1
line 2
line 3
line 4
[siso@localhost tmp]$ tail   -c  9   file1        // 显示 file1 的后 9 字节
3
line 4
[siso@localhost tmp]$ tail -n 3 file1             // 显示 file1 的后 3 行
line 2
line 3
line 4
```

tail 命令的强大之处在于，当使用-f 选项时可以动态刷新指定文件的内容。这个功能在调试或检查日志文件时尤其有用。例如，在一个终端窗口中使用 systemctl restart dhcp 命令重启 DHCP 服务，在另一个终端窗口中可以查看日志文件的动态变化，如例 2-12 所示。

例 2-12：tail 命令的基本用法——动态刷新文件内容

```
[root@localhost log]# tail   -f   /var/log/messages
Jun 17 14:22:54 localhost systemd: Stopping DHCPv4 Server Daemon...
Jun 17 14:22:54 localhost systemd: Starting DHCPv4 Server Daemon...
Jun 17 14:22:54 localhost dhcpd: Internet Systems Consortium DHCP Server 4.2.5
```

Jun 17 14:22:54 localhost dhcpd: Copyright 2004-2013 Internet Systems Consortium.

Jun 17 14:22:54 localhost dhcpd: All rights reserved.

Jun 17 14:22:54 localhost dhcpd: For info, please visit https://www.isc.org/software/dhcp/

Jun 17 14:22:54 localhost dhcpd: Not searching LDAP since ldap-server, ldap-port and ldap-base-dn were not specified in the config file

（7）wc 命令

wc 命令用于统计并输出一个文件的行数、单词数和字节数。wc 命令的基本语法如下。

wc　　[-clLw]　　[*文件列表*]

wc 命令的常用选项及其功能如表 2-6 所示。

表 2-6　wc 命令的常用选项及其功能

选项	功能说明
-c	输出文件字节数
-l	输出文件行数
-L	输出文件最长的行的长度
-w	输出文件单词数

wc 命令的基本用法如例 2-13 所示。

例 2-13：wc 命令的基本用法

```
[siso@localhost tmp]$ cat    file1
hello world                             <== 注意，每一行的换行符占用 1 字节
12345
[siso@localhost tmp]$ wc    file1        // 输出文件行数、单词数和字节数
 2   3   18   file1
[siso@localhost tmp]$ wc   -c   file1    // 输出文件字节数
18   file1
[siso@localhost tmp]$ wc   -l   file1    // 输出文件行数
2   file1
[siso@localhost tmp]$ wc   -L   file1    // 输出文件最长的行的长度
11   file1
[siso@localhost tmp]$ wc   -w   file1    // 输出文件单词数
3   file1
```

如果在文件列表中同时指定了多个文件，那么 wc 命令会汇总各个文件的统计信息并显示在最后一行，如例 2-14 所示。

例 2-14：wc 命令的基本用法——统计多个文件

```
[siso@localhost tmp]$ cat    file1
hello world
12345
[siso@localhost tmp]$ cat    file2
I like Linux
```

```
6789
[siso@localhost tmp]$ wc    file1    file2
  2   3   18   file1                    <== 这是 file1 的统计信息
  2   4   18   file2                    <== 这是 file2 的统计信息
  4   7   36   总用量                   <== 这是 file1 和 file2 的汇总统计信息
```

（8）more 命令

使用 cat 命令显示文件内容时，如果文件太长，则终端窗口中只能显示文件的最后一页（或最后一屏），必须使用终端窗口的垂直滚动条才能看到前面的内容。more 命令可以分页显示文件，即一次显示一页内容。more 命令的基本语法如下。

> more   [*选项*]   *文件名*

使用 more 命令时一般不加任何选项。当使用 more 命令打开文件后，可以按 F 键或空格键向下翻一页，按 D 键或 Ctrl+D 组合键向下翻半页，按 B 键或 Ctrl+B 组合键向上翻一页，按 Enter 键向下移动一行，按 Q 键退出。more 命令经常和管道功能组合使用，即将一条命令的输出作为 more 命令的输入。管道命令将在 2.1.5 节中详细介绍。

（9）less 命令

less 命令是 more 命令的增强版，除了具有 more 命令的功能外，还可以按 U 键或 Ctrl+U 组合键向上翻半页，或按方向键改变显示窗口。

3. 文件和目录操作类命令

（1）touch 命令

touch 命令的基本语法如下。

> touch   [-acmt]   *文件名*

touch 命令的第一个主要作用是创建一个新文件。当指定的文件不存在时，touch 命令会在当前的目录下用指定的文件名创建一个新文件。

touch 命令的第二个主要作用是修改已有文件的时间戳。touch 命令的常用选项及其功能如表 2-7 所示。

表 2-7   touch 命令的常用选项及其功能

选项	功能说明
-a	修改文件访问时间
-m	修改文件修改时间
-c	修改 3 个时间戳。但当文件不存在时，不会自动创建文件
-t *time*	使用指定的时间值 *time* 作为文件相应时间戳的新值，格式为[[CC]YY]MMDDhhmm[.SS]，其中，CC 和 YY 分别表示年份的前两位和后两位

如果不使用-t 选项，则-a 和-m 选项默认使用系统当前时间作为相应时间戳的新值。touch 命令的基本用法如例 2-15 所示。

例 2-15：touch 命令的基本用法

```
[siso@localhost tmp]$ touch    file1
[siso@localhost tmp]$ ls    -l    file1
-rw-rw-r--.   1  siso   siso   0   6月   10 16:43   file1
[siso@localhost tmp]$ touch    -a   -t   1906111643   file1
```

```
[siso@localhost tmp]$ ls  -l  --time=atime  file1
-rw-rw-r--.  1  siso  siso  0  6月  11 2019  file1
[siso@localhost tmp]$ touch  -m  -t  1906121643  file1
[siso@localhost tmp]$ ls  -l  file1
-rw-rw-r--.  1  siso  siso  0  6月  12 2019  file1
```

（2）mkdir 命令

mkdir 命令可以创建一个新目录，其基本语法如下。

mkdir [-pm] *目录名*

mkdir 命令的常用选项及其功能如表 2-8 所示。

表 2-8 mkdir 命令的常用选项及其功能

选项	功能说明
-p	递归创建所有子目录
-m *mode*	为新建的目录设置指定的 *mode* 权限

默认情况下，mkdir 命令只能直接创建下一级目录。如果在目录名参数中指定了多级目录，则必须使用-p 选项。例如，想要在当前目录下创建目录 *dir1* 并为其创建子目录 *dir2*，正常情况下可使用两次 mkdir 命令分别创建 *dir1* 和 *dir2*。如果将目录名指定为 *dir1/dir2* 并且使用了-p 选项，那么 mkdir 命令会先创建 *dir1* 并且在 *dir1* 下创建子目录 *dir2*。mkdir 命令的基本用法如例 2-16 所示。

例 2-16：mkdir 命令的基本用法

```
[siso@localhost tmp]$ mkdir  dir1                    // 创建一个新目录
[siso@localhost tmp]$ mkdir  dir2/subdir             // 不带-p 选项连续创建两级目录
mkdir: 无法创建目录"dir2/subdir": 没有那个文件或目录
[siso@localhost tmp]$
[siso@localhost tmp]$ mkdir  -p  dir2/subdir          // 带-p 选项连续创建两级目录
[siso@localhost tmp]$ ls  -l
drwxrwxr-x.  2  siso  siso  6  6月  19 04:55  dir1
drwxrwxr-x.  3  siso  siso  20  6月  19 04:56  dir2  <== dir2 目录被自动创建
[siso@localhost tmp]$ ls  -l  dir2
drwxrwxr-x.  2  siso  siso  6  6月  19 04:56  subdir
```

另外，mkdir 命令会为新创建的目录设置默认的权限，除非使用-m 选项手动指定其他权限（权限的具体含义会在 3.3.3 节中详细介绍），如例 2-17 所示。

例 2-17：mkdir 命令的基本用法——为新创建的目录设置权限

```
[siso@localhost tmp]$ mkdir  dir1              // 使用默认权限创建目录
[siso@localhost tmp]$ mkdir  -m  755  dir2 // 手动指定新目录的权限
[siso@localhost tmp]$ ls  -l                   <== 注意输出中第一列的不同
drwxrwxr-x.  2  siso  siso  6  6月  19 05:15  dir1
drwxr-xr-x.  2  siso  siso  6  6月  19 05:16  dir2
```

（3）rmdir 命令

rmdir 命令的作用是删除一个空目录。如果要删除的目录中有文件，则使用 rmdir 命令就会报错。如果使用-p 选项，则 rmdir 命令可以递归地删除多级目录，但它要求各级子目录都是空目录。rmdir

命令的基本用法如例 2-18 所示。

例 2-18：rmdir 命令的基本用法

```
[siso@localhost tmp]$ ls  -l
drwxrwxr-x.  2  siso  siso  6  6月   19 05:28  dir1
drwxrwxr-x.  2  siso  siso  19  6月   19 05:29  dir2
drwxrwxr-x.  3  siso  siso  20  6月   19 05:29  dir3
[siso@localhost tmp]$ rmdir  dir1             <== dir1 目录是空的
[siso@localhost tmp]$ rmdir  dir2             <== dir2 目录中有文件
rmdir: 删除 "dir2" 失败: 目录非空
[siso@localhost tmp]$ rmdir  -p  dir3/subdir  <== 递归删除各级子目录
```

（4）cp 命令

cp 命令的主要作用是复制文件或目录，其基本语法如下。

cp [-abdfilprsuvxPR] *源文件或源目录 目标文件或目标目录*

cp 命令的功能非常强大，通过使用不同的选项，可以实现不同的复制功能。cp 命令的常用选项及其功能如表 2-9 所示。

表 2-9　cp 命令的常用选项及其功能

选项	功能说明
-d	如果源文件为软链接，则复制软链接，而不是复制源文件
-i	如果目标文件已经存在，则提示是否覆盖现有目标文件
-l	建立源文件的硬链接文件而不是复制源文件
-s	建立源文件的软链接文件而不是复制源文件
-p	保留源文件的所有者、组、权限和时间信息
-r	递归复制目录
-u	如果目标文件有相同或更新的修改时间，则不复制源文件
-a	相当于-d、-p 和-r 三个选项的组合，即-dpr

使用 cp 命令可以把一个或多个源文件或目录复制到指定的目标文件或目录中。如果第一个参数是一个普通文件，第二个参数是一个已经存在的目录，则 cp 命令会将源文件复制到已存在的那个目录中，而且保持文件名不变；如果两个参数都是普通文件，则第一个文件代表源文件，第二个文件代表目标文件，cp 命令会把源文件复制为目标文件；如果目标文件参数没有路径信息，则默认把目标文件保存在当前目录中，否则按照目标文件指明的路径存放。cp 命令的基本用法如例 2-19所示。

例 2-19：cp 命令的基本用法

```
[siso@localhost tmp]$ ls  -l
drwxrwxr-x.  2  siso  siso  6  6月   19 06:35  dir1
-rw-rw-r--.  1  siso  siso  0  6月   19 06:35  file1
-rw-rw-r--.  1  siso  siso  0  6月   19 06:35  file2
[siso@localhost tmp]$ cp  file1  file2  dir1     // 复制 file1 和 file2 至 dir1 目录中
[siso@localhost tmp]$ ls  -l  dir1
```

```
-rw-rw-r--. 1 siso siso 0 6月 19 06:36 file1
-rw-rw-r--. 1 siso siso 0 6月 19 06:36 file2
[siso@localhost tmp]$ cp file1 file3        // 复制 file1 为 file3，保存在当前目录中
[siso@localhost tmp]$ cp file2 ~/file4       // 复制 file2 为 file4，保存在用户主目录中
```

使用-r 选项时，cp 命令还可以用来复制目录。如果第二个参数是一个不存在的目录，则 cp 命令会把源目录复制为目标目录，并将源目录内的所有内容复制到目标目录中，如例 2-20 所示。

例 2-20：cp 命令的基本用法——复制目录（目标目录不存在时）

```
[siso@localhost tmp]$ ls -l
drwxrwxr-x. 2 siso siso 19 6月 19 17:38 dir1
[siso@localhost tmp]$ cp -r dir1 dir2             // 目标目录 dir2 不存在
[siso@localhost tmp]$ ls -l
drwxrwxr-x. 2 siso siso 19 6月 19 17:38 dir1
drwxrwxr-x. 2 siso siso 19 6月 19 18:41 dir2   <== 创建目标目录 dir2
[siso@localhost tmp]$ ls -l dir1 dir2
dir1:
-rw-rw-r--. 1 siso siso 0 6月 19 16:57 file1
dir2:
-rw-rw-r--. 1 siso siso 0 6月 19 18:41 file1   <== 将源目录内容一并复制
```

如果第二个参数是一个已经存在的目录，则 cp 命令会把源目录及其所有内容作为一个整体复制到目标目录中。在例 2-20 的基础上继续执行 cp -r dir1 dir2 命令，如例 2-21 所示。

例 2-21：cp 命令的基本用法——复制目录（目标目录已存在时）

```
[siso@localhost tmp]$ cp -r dir1 dir2     // 目标目录 dir2 已存在
// 上一行命令使源目录 dir1 被整体复制到目标目录 dir2 下
[siso@localhost tmp]$ ls -l dir2
drwxrwxr-x. 2 siso siso 19 6月 19 18:46 dir1
-rw-rw-r--. 1 siso siso 0 6月 19 18:41 file1
```

（5）mv 命令

mv 命令类似于 Windows 操作系统中常用的"剪切"操作，用于移动或重命名文件/目录。mv 命令的基本语法如下。

mv [-fiuv] *源文件或源目录 目标文件或目标目录*

mv 命令的常用选项及其功能如表 2-10 所示。

表 2-10 mv 命令的常用选项及其功能

选项	功能说明
-f	如果目标文件已存在，则强制覆盖目标文件而且不给出提示
-i	如果目标文件已存在，则提示是否覆盖目标文件
-u	如果源文件的修改时间更新，则移动源文件
-v	显示移动过程

在移动文件时，如果第二个参数是一个和源文件同名的文件，则源文件会覆盖目标文件；如果

使用-i 选项，则覆盖前会有提示；如果源文件和目标文件在相同的目录下，则 mv 的作用相当于为源文件重命名。mv 命令的基本用法如例 2-22 所示。

例 2-22：mv 命令的基本用法——移动文件

```
[siso@localhost tmp]$ ls  -l
drwxrwxr-x. 2  siso  siso  32  6月  19 23:40   dir1
-rw-rw-r--.  1  siso  siso   0  6月  19 23:49   file1
-rw-rw-r--.  1  siso  siso   0  6月  19 23:39   file2
[siso@localhost tmp]$ mv  file1  dir1          // 把文件 file1 移动到 dir1 目录中
[siso@localhost tmp]$ touch  file1             // 在当前目录中重新创建文件 file1
[siso@localhost tmp]$ mv  -i  file1  dir1/file1  // 此时 dir1 目录中已经有文件 file1
mv：是否覆盖"dir1/file1"?  y                    <== 使用-i 选项会有提示
[siso@localhost tmp]$ mv  file2  file3         // 把文件 file2 重命名为 file3
[siso@localhost tmp]$ ls  -l
drwxrwxr-x. 2  siso  siso  45  6月  19 23:51   dir1
-rw-rw-r--.  1  siso  siso   0  6月  19 23:39   file3
```

如果 mv 命令的两个参数都是已经存在的目录，则 mv 命令会把第一个目录（源目录）及其所有内容作为一个整体移动到第二个目录（目标目录）中，如例 2-23 所示。

例 2-23：mv 命令的基本用法——移动目录

```
[siso@localhost tmp]$ ls  -lR
drwxrwxr-x. 2  siso  siso  19  6月  20 00:00   dir1
drwxrwxr-x. 2  siso  siso  19  6月  20 00:00   dir2
./dir1:
-rw-rw-r--. 1  siso  siso   0  6月  20 00:00   file1   <== dir1 中有 file1
./dir2:
-rw-rw-r--. 1  siso  siso   0  6月  20 00:00   file2   <== dir2 中有 file2
[siso@localhost tmp]$ mv  dir1  dir2
[siso@localhost tmp]$ ls  -lR
drwxrwxr-x. 3  siso  siso  31  6月  20 00:00   dir2
./dir2:
drwxrwxr-x. 2  siso  siso  19  6月  20 00:00   dir1     <== dir1 被整体移动到 dir2 中
-rw-rw-r--. 1  siso  siso   0  6月  20 00:00   file2
./dir2/dir1:
-rw-rw-r--. 1  siso  siso   0  6月  20 00:00   file1
```

（6）rm 命令

rm 命令用来永久性地删除文件或目录，其基本语法如下。

```
rm  [-dfirvR]  文件或目录
```

rm 命令的常用选项及其功能如表 2-11 所示。

使用 rm 命令删除文件或目录时，如果使用了-i 选项，则删除前会有提示；如果使用-f 选项，则删除前不会有任何提示，因此使用-f 选项时一定要谨慎。rm 命令的基本用法如例 2-24 所示。

表 2-11 rm 命令的常用选项及其功能

选项	功能说明
-f	删除文件和目录前不给出提示，即使文件和目录不存在
-i	和 -f 选项相反，删除文件和目录前有提示
-r	递归删除目录及其所有内容
-v	删除文件前打印文件名

例 2-24：rm 命令的基本用法——删除文件

```
[siso@localhost tmp]$ ls
file1    file2
[siso@localhost tmp]$ rm   -i   file1
rm: 是否删除普通文件 "file1"? y          <== 使用-i 选项时会有提示
[siso@localhost tmp]$ rm   -f   file2    <== 使用-f 选项时没有提示
[siso@localhost tmp]$ ls
[siso@localhost tmp]$
```

另外，不能用 rm 命令直接删除目录，必须加上-r 选项。如果-r 和-i 选项组合使用，则在删除目录的每一个子目录和文件前都会有提示。rm 命令的基本用法如例 2-25 所示。

例 2-25：rm 命令的基本用法——删除目录

```
[siso@localhost tmp]$ ls
dir1
[siso@localhost tmp]$ ls   dir1
file1    file2                          <== dir1 是一个目录，其中包含 file1 和 file2 两个文件
[siso@localhost tmp]$ rm   dir1
rm: 无法删除"dir1": 是一个目录            <== rm 不能直接删除目录
[siso@localhost tmp]$ rm   -ir   dir1
rm: 是否进入目录"dir1"? y
rm: 是否删除普通文件 "dir1/file1"? y      <== 每删除一个文件前都会有提示
rm: 是否删除普通文件 "dir1/file2"? y
rm: 是否删除目录 "dir1"? y                <== 删除目录自身也会有提示
[siso@localhost tmp]$ ls
[siso@localhost tmp]$
```

2.1.4 进程管理类命令

Linux 中有许多命令可用于查看、管理系统进程，下面介绍几个常用的进程管理类命令。

（1）ps 命令

ps 命令用于查看系统进程，其基本语法如下。

```
ps  [选项]
```

ps 命令选项众多，通过这些选项可查看满足指定条件的进程，或者控制 ps 命令的输出结果。ps 命令的常用选项及其功能如表 2-12 所示。

V2-4 Linux 进程
管理基本概念

表 2-12　ps 命令的常用选项及其功能

选项	功能说明
-A -e	显示所有的进程
-p *pidlist* -q *pidlist*	显示进程 ID 列表 *pidlist* 对应的进程
-C *cmdlist*	显示命令名列表 *cmdlist* 对应的进程
-U *userlist*	显示进程用户列表 *userlist*（即创建进程的用户）对应的进程
-G *grplist*	显示进程组列表 *grplist*（即创建进程的用户所属的组）对应的进程
-t *ttylist*	显示终端列表 *ttylist* 对应的进程
-f	按完整格式显示进程信息
-l	按长格式显示进程信息
-w	按宽格式显示进程信息

ps 命令的基本用法如例 2-26 所示。

例 2-26：ps 命令的基本用法

```
[siso@localhost ~]$ ps  -f  -u  siso
UID        PID    PPID   C  STIME  TTY        TIME      CMD
siso       8852   8845   0  21:24  pts/0      00:00:00  bash
siso       10012  9961   0  22:10  pts/2      00:00:00  man  ls
siso       10026  10012  0  22:10  pts/2      00:00:00  less  -s
siso       10080  9084   0  22:11  pts/1      00:00:00  vim  file1
siso       10292  8852   0  22:16  pts/0      00:00:00  ps  -f  -u  siso
```

（2）top 命令

ps 命令只能显示系统进程的静态信息，如果需要实时查看进程信息的动态变化，则可以使用 top 命令。top 命令的基本语法如下。

```
top  [-bcHiOSs]
```

top 命令默认每 3 秒刷新一次进程信息。除了显示每个进程的详细信息外，top 命令还可显示系统硬件资源的占用情况，这些信息对于系统管理员跟踪系统运行状况或系统故障分析非常有用。top 命令的常用选项及其功能如表 2-13 所示。

表 2-13　top 命令的常用选项及其功能

选项	功能说明
-d *secs*	指定 top 命令每次刷新的间隔为 *secs* 秒，默认为 3 秒
-n *max*	指定 top 命令结束前刷新的最大次数为 max
-u *user*	只监视指定用户的进程信息
-p *pid*	只监视指定进程 ID 的进程，最多可指定 20 个进程 ID
-o *fld*	按指定的列名进行排序

top 命令的基本用法如图 2-5 所示。

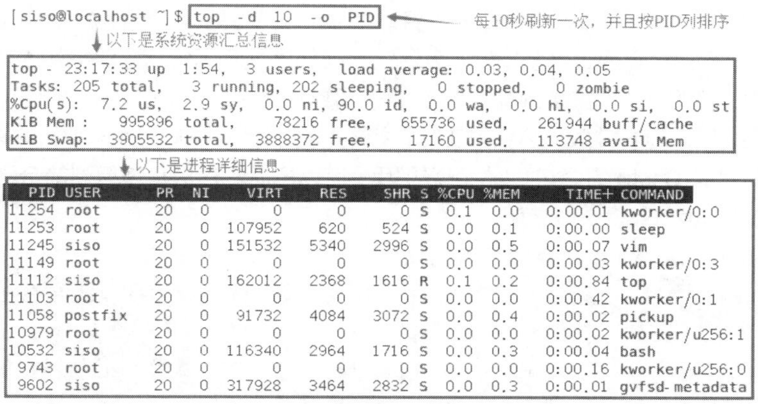

图 2-5 top 命令的基本用法

（3）kill 命令

kill 命令通过操作系统内核向进程发送信号以执行某些特殊的操作，如挂起进程、正常退出进程或杀死进程等。kill 命令的基本语法如下。

kill [*选项*] *pid*

信号可以通过信号名或编号的方式指定。使用-l 选项可以查看信号名及编号。kill 命令的基本用法如例 2-27 所示。

例 2-27：kill 命令的基本用法

```
[siso@localhost tmp]$ ps  -f  -C  vim,bash,ps
UID      PID     PPID  C  STIME   TTY    TIME      CMD
siso    10532    8845  0  6月20   pts/1   00:00:00   bash
siso    12413    8845  0  00:26   pts/0   00:00:00   bash
siso    12550   10532  0  00:27   pts/1   00:00:00   ps –f -C vim,bash,ps
[siso@localhost tmp]$ kill  -9  12413      // 编号 9 即信号 SIGKILL
[siso@localhost tmp]$ kill  -l             // 显示信号列表
 1) SIGHUP     2) SIGINT     3) SIGQUIT    4) SIGILL      5) SIGTRAP
 6) SIGABRT    7) SIGBUS     8) SIGFPE     9) SIGKILL    10) SIGUSR1
11) SIGSEGV   12) SIGUSR2   13) SIGPIPE   14) SIGALRM   15) SIGTERM
......
```

（4）前台及后台进程切换

如果某条命令需要运行很长时间，则可以把它放入后台运行而不影响终端窗口（又称为前台）的操作。在命令结尾输入"&"符号即可把命令放入后台运行，如例 2-28 所示。

例 2-28：后台运行命令

```
[siso@localhost tmp]$ ls  &          // 将 ls 命令放入后台运行
[1]  9772                             <== 此行显示任务号和进程号
dir1  file1                           <== 此行是 ls 命令的输出
[1]+ 完成      ls                      <== 此行表示 ls 命令在后台运行完毕
```

在该例中，ls 命令被放入后台运行，"[1]"表示后台任务号，"9772"是 ls 命令的进程号。每个后台运行的命令都有任务号，任务号从 1 开始依次增加，任务号之后的"+"号表示这是最近放入后台运行的命令。ls 命令的结果也会在终端窗口中显示出来。另外，当 ls 命令在后台结束运行时，终端窗口中会有一行提示。通过"&"放入后台的进程仍然处于运行状态。如果进程在前台中运行时按 Ctrl+Z 组合键，则进程会被放入后台并被置于暂停状态。

jobs 命令主要用来查看被放入后台的工作。如果想让后台处于暂停状态的进程重新进入运行状态，则可以使用 bg 命令。fg 命令与"&"正好相反，可以把后台的进程恢复到前台继续运行。jobs、bg 及 fg 命令的基本用法如例 2-29 所示。

例 2-29：jobs、bg 及 fg 命令的基本用法

```
[root@localhost sys]# jobs  -l    // 通过 Ctrl+Z 组合键使下面两条命令进入后台并处于暂停状态
[1]- 11593 停止 (信号)        ls  -R
[2]+ 11606 停止              find  .  -name  file1
[root@localhost sys]# bg  1      // 使 1 号作业进入后台运行状态
……                          <== 这里是 ls -R 命令的输出
[1]-  完成                    ls  -R    <== ls -R 结束运行
[root@localhost sys]# fg  2      // 使 2 号作业转入前台继续运行
```

2.1.5　重定向与管道命令

经过对前面这些 Linux 命令的学习，相信大家已经发现了一个现象：很多命令通过参数指明命令运行所需的输入，同时会把命令的执行结果输出到屏幕中。这个过程其实隐含了 Linux 的两个重要概念，即标准输入和标准输出。默认情况下，标准输入是键盘，标准输出是屏幕（即显示器）。也就是说，如果没有特别的指定，Linux 命令从键盘获得输入，并把执行结果在屏幕中显示出来。有时候，需要重新指定命令的输入和输出（即所谓的重定向），这就涉及在 Linux 命令中使用输入重定向和输出重定向。

（1）输入重定向与输出重定向

如果想对一个命令进行输出重定向，则要在这个命令之后输入大于号（>）并且后跟一个文件名，即表示将这个命令的执行结果输出到该文件中，如例 2-30 所示。

例 2-30：输出重定向——覆盖方式

```
[siso@localhost tmp]$ ls
file1
[siso@localhost tmp]$ pwd
/home/siso/tmp            <== 这一行是 pwd 命令的执行结果
[siso@localhost tmp]$ pwd > pwd.result
[siso@localhost tmp]$ ls
file1   pwd.result        <== 自动创建 pwd.result 文件
[siso@localhost tmp]$ cat   pwd.result
/home/siso/tmp            <== 在 pwd.result 文件中保存 pwd 命令的执行结果
```

从例 2-30 可以看到，默认情况下，pwd 命令将当前工作目录输出到屏幕中。进行输出重定向后，pwd 命令的执行结果被保存到 *pwd.result* 文件中。需要特别说明的是，如果输出重定向操作中指定的文件不存在，则系统会自动创建这个文件以保存输出重定向的结果；如果这个文件已经存在，则输出重定向操作会先清空这个文件的内容，再将结果写入文件。所以，使用">"进行输出重定向时，实际上是对原文件的内容进行了"覆盖"。如果想保留原文件的内容，即在原文件的基础上"追加"新内容，则必须使用"追加"方式的输出重定向，如例 2-31 所示。

例 2-31：输出重定向——追加方式

```
[siso@localhost tmp]$ ls
dir1  file1  pwd.result      <== pwd.result 文件已经存在
[siso@localhost tmp]$ cat   pwd.result
/home/siso/tmp              <== 这是使用">"进行输出重定向的结果
[siso@localhost tmp]$ pwd  >>  pwd.result
[siso@localhost tmp]$ cat   pwd.result
/home/siso/tmp              <== 此行是第一次输出重定向的结果
/home/siso/tmp              <== 此行是第二次输出重定向的结果
```

追加方式的输出重定向非常简单，只要使用两个大于号（>>）即可。

输入重定向是指将原来从键盘输入的数据改为从文件读取。下面以 bc 命令为例，演示输入重定向的使用方法。bc 命令以一种交互的方式进行任意精度的数字运算，也就是说，用户通过键盘（即标准输入）在终端窗口中输入数学表达式，bc 命令会输出其计算结果，如例 2-32 所示。

V2-5　输出重定向
的高级用法

例 2-32：标准输入——从键盘获得输入

```
[siso@localhost tmp]$ bc          // 进入 bc 交互模式
23 + 34           <== 此行通过键盘输入
57                <== bc 输出计算结果
12 * 3            <== 此行通过键盘输入
36                <== bc 输出计算结果
quit              <== 退出 bc 交互模式
```

将例 2-32 中的两个数学表达式保存在一个文件中，并通过输入重定向使 bc 命令从这个文件中获得输入内容并计算结果，如例 2-33 所示。

例 2-33：输入重定向——从文件中获得输入内容

```
[siso@localhost tmp]$ cat   file1
23 + 34
12 * 3
[siso@localhost tmp]$ bc < file1          // 输入重定向：从 file1 中获得输入内容
57
36
// 下面这一行命令同时使用了输入和输出重定向，从 file1 中获得输入，并输出到 file2 中
[siso@localhost tmp]$ bc   < file1  > file2
[siso@localhost tmp]$ cat file2
57
36
```

在这个例子中，把两个数学表达式保存在文件 *file1* 中，并使用小于号（<）对 bc 命令进行输入重定向。bc 命令从文件 *file1* 中每次读取一行内容进行计算，并把计算结果显示在屏幕中。最后，演示了在一条命令中同时使用输入重定向和输出重定向，也就是说，bc 命令从文件 *file1* 中获得输

入内容，并把结果输出到文件 *file2* 中。大家可以结合前面的例子分析这条命令的执行结果。

（2）管道命令

简单地说，通过管道命令可以让一个命令的输出成为另一个命令的输入。管道命令的基本用法如例 2-34 所示。

例 2-34：管道命令的基本用法

```
[siso@localhost tmp]$ cat    file1
11 22 33
11 22 33
[siso@localhost tmp]$ cat    file1    |    wc              // wc 把 cat 的输出作为输入
         2         6        18
[siso@localhost tmp]$ cat    file1    |    wc    |    wc    // 连续使用两次管道命令
         1         3        24
```

使用管道符号（|）连接两个命令，前一个命令（左侧）的输出成为后一个命令（右侧）的输入。还可以在一条命令中多次使用管道符号以实现更复杂的操作，例 2-34 的最后一条命令演示了这种用法，即第一个 wc 命令的输出又成为第二个 wc 命令的输入。

2.1.6 其他常用命令

（1）find 命令

find 是一个功能十分强大的命令，用于根据指定的条件查找文件。find 命令的基本语法如下。

```
find   [目录]   [匹配表达式]
```

其中，参数"目录"表示查找文件的起点，find 会在这个目录及其所有子目录下按照匹配表达式指定的条件进行查找。find 命令的常用选项及其功能如表 2-14 所示。

表 2-14 find 命令的常用选项及其功能

选项	功能说明
-name *pattern* -iname *pattern*	查找文件名符合指定模式 *pattern* 的文件，*pattern* 一般用正则表达式指定。-iname 选项不区分英文字母大小写
-user *uname* -uid *uid*	查找文件所有者是 *uname* 或文件所有者标识是 *uid* 的文件
-group *gname* -gid *gid*	查找文件属组是 *gname* 或文件属组标识是 *gid* 的文件
-atime [+-]*n*	查找文件访问时间在 *n* 天前的文件
-ctime [+-]*n*	查找文件状态修改时间在 *n* 天前的文件
-mtime [+-]*n*	查找文件内容修改时间在 *n* 天前的文件
-amin [+-]*n*	查找文件访问时间在 *n* 分钟前的文件
-cmin [+-]*n*	查找文件状态修改时间在 *n* 分钟前的文件
-mmin [+-]*n*	查找文件内容修改时间在 *n* 分钟前的文件
-newer *file*	查找比指定文件 *file* 还要新的文件（即修改时间更晚）
-empty	查找空文件或空目录
-perm *mode*	查找文件权限为 *mode* 的文件

续表

选项	功能说明
-size　[+-]*n*[*bckw*]	查找文件大小为 *n* 个存储单元的文件
-type　*type*	查找文件类型为 *type* 的文件，文件类型包括：设备文件（b、c）、目录（d）、管道（p）、普通文件（f）、符号链接（l）、套接字（s）

匹配表达式中有些选项的参数是数值，可以在数值前指定加号或减号。"+*n*"表示比 *n* 大，"-*n*"表示比 *n* 小。例 2-35 演示了如何根据文件访问时间查找文件。

例 2-35：find 命令的基本用法——根据文件访问时间查找文件

```
[siso@localhost tmp]$ date
2019 年 06 月 22 日 星期六 11:59:49 CST        <== 当前系统时间
[siso@localhost tmp]$ ls  -l  -u
-rw-rw-r--.  1  siso  siso  43  6 月 21 11:50  file1
[siso@localhost tmp]$ find  .  -atime  -1       // 1 天内访问过的文件
[siso@localhost tmp]$ find  .  -atime  1        // 1 天前的 24 小时之内访问过的文件
./file1
[siso@localhost tmp]$ find  .  -atime  +1       // 1 天前的 24 小时之外访问过的文件
```

find 最常见的用法是根据文件名查找文件。find 命令除了用完整的文件名作为查找条件外，还可以使用正则表达式。有关正则表达式的内容详见本任务的知识拓展部分。例 2-36 演示了如何根据文件名查找文件。

例 2-36：find 命令的基本用法——根据文件名查找文件

```
[siso@localhost tmp]$ ls
file1  file2  file3                             <== 当前目录下有 3 个文件
[siso@localhost tmp]$ find  .  -name  "file1"  <== 查找文件名为"file1"文件
./file1
[siso@localhost tmp]$ find  .  -name  "fi*"     <== 查找文件名以"fi"开头的文件
./file1
./file2
./file3
```

find 命令在根据文件大小查找文件时，可以指定文件的容量单位。默认的容量单位是大小为 512 字节的文件块，用"b"表示，也可以用"c""k""w"分别表示 1 字节、1024 字节（1KB）和 2 字节（2B），如例 2-37 所示。

例 2-37：find 命令的基本用法——根据文件大小查找文件

```
[siso@localhost tmp]$ ls  -l  -h
-rw-rw-r--.  1  siso  siso  1016  6 月 23 02:53  file1
-rw-rw-r--.  1  siso  siso  1150  6 月 23 02:55  file2
-rw-rw-r--.  1  siso  siso  5030  6 月 23 02:54  file3
[siso@localhost tmp]$ find  .  -size  2       // 2 个文件块
./file1
[siso@localhost tmp]$ find  .  -size  +3k     // 3KB
./file3
```

（2）grep 命令

grep 是一个功能十分强大的行匹配命令，可以从文件中提取符合指定匹配表达式的行。grep 命令的基本语法如下。

grep ［选项］［匹配表达式］ 文件

grep 命令的常用选项及其功能如表 2-15 所示。

V2-6 find 与 xargs 结合使用

表 2-15   grep 命令的常用选项及其功能

选项	功能说明
-A num	提取符合条件的行及紧随其后的 num 行
-B num	提取符合条件的行及在其之前的 num 行
-C num	提取符合条件的行及其前后各 num 行
-m num	最多提取符合条件的 num 行
-i	不区分英文字母大小写
-n	输出行号
-r	递归地查找目录下的所有文件
-v	反向查找，即只显示不满足条件的行

grep 命令的基本用法如例 2-38 所示。

例 2-38：grep 命令的基本用法

```
[siso@localhost tmp]$ cat  -n  file1
      1    1122
      2    2233
      3    3344
      4    4455
[siso@localhost tmp]$ grep  -n  33  file1        // 提取包含 33 的行
2: 2233
3: 3344
[siso@localhost tmp]$ grep  -n  -v  44  file1    // 提取不包含 44 的行
1: 1122
2: 2233
```

要想发挥 grep 命令的强大功能，必须把它和正则表达式配合使用。有关正则表达式的内容详见本任务的知识拓展部分。

（3）man 命令

Linux 操作系统自带了数量十分庞大的命令，许多命令的使用又涉及复杂的选项和参数，我们不可能将所有命令的用法都记住。而 man 命令可以提供关于其他命令的准确、全面、详细的介绍。man 命令的使用非常简单，只要在 man 后面加上所要查找的命令名即可，如图 2-6 所示。

man 命令提供的信息非常全面，包括命令的名称、描述、选项和参数的具体含义等，这些信息对于深入学习某个命令很有帮助。

```
BASH(1)                    General Commands Manual                    BASH(1)

NAME
       bash - GNU Bourne-Again SHell

概述(SYNOPSIS)
       bash [options] [file]

版权所有(COPYRIGHT)
       Bash is Copyright (C) 1989-2002 by the Free Software Foundation, Inc.

描述(DESCRIPTION)
       Bash 是一个与 sh 兼容的命令解释程序,可以执行从标准输入或者文件中读取的命令。
       Bash 也整合了 Korn 和 C Shell (ksh 和 csh) 中的优秀特性。

       Bash 的目标是成为遵循 IEEE POSIX Shell and Tools specification (IEEE  Working
       Group 1003.2,可移植操作系统规约: shell 和工具)的实现。

选项(OPTIONS)
       除了在        set       内建命令的文档中讲述的单字符选项      (option)      之外,bash
       在启动时还解释下列选项。

       -c string 如果有 -c 选项,那么命令将从 string 中读取。如果 string 后面有参数
                 (argument),它们将用于给位置参数 (positional parameter,以 $0 起始)
                 赋值。
 Manual page cd(1) line 1 (press h for help or q to quit)
```

图 2-6　man 命令的基本用法

（4）shutdown 命令

shutdown 命令用于以一种安全的方式关闭系统。所谓的"安全的方式"是指所有的登录用户都会收到关机提示信息,以便这些用户保存正在进行的工作。shutdown 命令的基本语法如下。

shutdown [-arkhncfF] *时间* [*关机提示信息*]

shutdown 可以指定立即关机,也可以指定在特定的时间点或者延迟特定的时间关机。shutdown 命令的常用选项及其功能如表 2-16 所示。

表 2-16　shutdown 命令的常用选项及其功能

选项	功能说明
-k	只是向其他登录用户提示警告信息而非真正关机
-h	关闭系统
-r	重启系统
-c	取消运行中的 shutdown 命令

其中,参数"时间"可以是"hh:mm"格式的绝对时间,表示在特定的时间点关机;也可以采用"+m"的格式,表示 m 分钟之后关机。例 2-39 演示了 shutdown 命令的基本用法。

例 2-39:shutdown 命令的基本用法

```
[siso@localhost ~]$ shutdown  -h  now        // 现在关机
[siso@localhost ~]$ shutdown  -h  21:30       // 在 21:30 时关机
[siso@localhost ~]$ shutdown  -r  +10         // 10 分钟后重启系统
```

（5）其他命令

① history:显示过去执行过的命令。

② echo:显示一行文本。

③ clear:清空当前终端窗口。

④ date:显示或设置当前系统时间。

⑤ who：显示当前有哪些用户登录系统。

⑥ whoami：显示当前生效的系统登录用户。

⑦ whereis：查找一个命令对应的可执行文件、源文件和帮助文档的位置。

⑧ which：查找命令对应的可执行文件的完整路径。

大家可借助 man 命令获得关于这些命令的更多信息。

任务实施

为了让同学们更加全面地理解已经学习的 Linux 命令，孙老师决定带着大家做一下系统的练习。这个练习会尽可能全面地覆盖已学习到的 Linux 命令，同时让同学们体会命令之间的相互作用和关系。孙老师使用的计算机已经安装了 VMware Workstation 和 CentOS 7.6 操作系统。

第 1 步，启动计算机，使用 siso 用户登录系统，登录后，打开一个终端窗口。

第 2 步，使用 pwd 命令查看当前工作目录，使用 ls 命令查看当前目录下有哪些内容。

第 3 步，使用 cd 命令切换到 tmp 目录，使用 pwd 命令检查当前工作目录是否改变。

第 4 步，使用-l 选项查看 tmp 目录下的详细信息。在这一步中，孙老师要求同学们根据输出的第一个字符判断文件的类型，即判断哪些是目录，哪些是普通文件。使用-a 选项查看隐藏文件，观察隐藏文件的特点。

第 5 步，使用 cat 命令查看文件 *file1* 的内容，并显示行号。

以上几步操作如下所示。

```
[siso@localhost ~]$ pwd              // 第 2 步
/home/siso
[siso@localhost ~]$ ls               // 第 2 步
tmp
[siso@localhost ~]$ cd   tmp         // 第 3 步
[siso@localhost tmp]$ pwd            // 第 3 步
/home/siso/tmp
[siso@localhost tmp]$ ls   -l        // 第 4 步
drwxrwxr-x.  2  siso   siso 6 10 月 12 22:08   dir1
-rw-rw-r--.   1  siso   siso   118 10 月 12 22:08   file1
[siso@localhost tmp]$ ls   -a        // 第 4 步
.  ..  dir1  file1  .hiddenfile
[siso@localhost tmp]$ cat   -n  file1    // 第 5 步
    1      Repeat the dose after 12 hours if necessary
    2      He hesitated for the merest frAction of a second
    3      ohhhhhhhhho, it hurts me
```

第 6 步，在 *tmp* 目录下创建子目录 *dir2*、文件 *file2* 及 *file3*。将 *file1* 复制到 *dir1* 中，复制后的文件名为 *file1.bak*。将 *file2* 移动到 *dir2* 中，将 *file3* 重命名为 *file3.bak*。

第 7 步，删除文件 *file3.bak*。使用 rmdir 命令删除目录 *dir2*，观察删除操作是否成功；如果不成功，则尝试使用 rm 命令重新删除。

以上几步操作如下所示。

```
[siso@localhost tmp]$ mkdir   dir2                        // 第 6 步
[siso@localhost tmp]$ touch   file2   file3               // 第 6 步
[siso@localhost tmp]$ ls
dir1   dir2   file1   file2   file3
[siso@localhost tmp]$ cp   file1   dir1/file1.bak          // 第 6 步
[siso@localhost tmp]$ mv   file2   dir2                    // 第 6 步
[siso@localhost tmp]$ mv   file3   file3.bak               // 第 6 步
[siso@localhost tmp]$ ls
dir1   dir2   file1   file3.bak
[siso@localhost tmp]$ rm   file3.bak                       // 第 7 步
[siso@localhost tmp]$ rmdir   dir2                         // 第 7 步
rmdir: 删除 "dir2" 失败: 目录非空
[siso@localhost tmp]$ rm   -rf  dir2                       // 第 7 步
[siso@localhost tmp]$ ls
dir1   file1
```

第 8 步，在后台运行 cat 命令，使用 ps 命令查看这个进程并系统进程。

第 9 步，运行 cat 命令，按 Ctrl+Z 组合键挂起 cat 进程，使用 jobs 命令查看作业。先使用 bg 命令将 cat 进程切换到后台运行，再使用 fg 命令将其切换到前台运行，最后按 Ctrl+C 组合键结束 cat 进程。

以上几步操作如下所示。

```
[siso@localhost tmp]$ cat   &                             // 第 8 步
[1] 10412
[1]+  已停止              cat
[siso@localhost tmp]$ ps                                  // 第 8 步
     PID TTY          TIME CMD
   9174 pts/0     00:00:00 bash
  10412 pts/0     00:00:00 cat
  10419 pts/0     00:00:00 ps
[siso@localhost tmp]$ kill  -9  10412                     // 第 8 步
[1]+  已杀死               cat
[siso@localhost tmp]$ cat                                 // 第 9 步，按 Ctrl+Z 组合键挂起 cat 进程
^Z
[1]+  已停止              cat
[siso@localhost tmp]$ jobs                                // 第 9 步
[1]+  已停止              cat
[siso@localhost tmp]$ bg  1                               // 第 9 步
[1]+ cat &
[1]+  已停止              cat
[siso@localhost tmp]$ fg  1                               // 第 9 步
cat
```

```
^Z
[1]+   已停止                    cat
```

通过这次练习，同学们普遍反映对这些命令有了更深的理解，同时发现了平时学习中的不足之处，需要在以后加以注意。

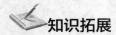
知识拓展

Linux 系统管理员的日常工作之一就是从大量的系统日志文件中提取出需要的信息，或者对文件的内容进行查找、替换或删除操作，正则表达式是 Linux 系统管理员完成这些工作的"秘密武器"。如果没有正则表达式，那么管理员只能打开每一个文件，逐行进行查找和比对，这样不仅效率低下，还非常容易出错。正则表达式极大地提高了系统管理员的工作效率和准确性。下面以 grep 命令为例演示正则表达式的强大功能，所用到的示例文件 *file1* 内容如例 2-40 所示。

例 2-40：正则表达式示例文件 file1 内容

```
[siso@localhost tmp]$ cat  -n  file1
1     Repeat the dose after 12 hours if necessary
2     She dozed off in front of the fire with her cat
3
4     He hesitated for the merest frAction of a second
5     ohhhhhhhhho, it hurts me
```

如果想查找文件中包含 dose 与 dozed 两个单词的行，则可以使用例 2-41 所示的命令。

例 2-41：正则表达式——用"[ ]"匹配单个字符

```
[siso@localhost tmp]$ grep  -n  'do[sz]e'  file1    // 匹配 dose 或 doze
1: Repeat the dose after 12 hours if necessary
2: She dozed off in front of the fire with her cat
```

在正则表达式中，"[ ]"中可以包含一个或多个大写字母、小写字母或数字的任意组合，但正则表达式只会匹配其中的一个字符（英文字母和数字都是字符）。因此，如果要查找 front 和 frAction 两个单词，可以使用例 2-42 所示的命令。

例 2-42：正则表达式——用"[ ]"匹配单个字母

```
[siso@localhost tmp]$ grep  -n  'fr[oA][nc]t'  file1    // 匹配 front、froct、frAnt、frAct
2: She dozed off in front of the fire with her cat
4: He hesitated for the merest frAction of a second
```

为了简化对任意大小写英文字母及数字的匹配，可以使用更简单的用法，即用[a-z]表示从 a 到 z 的任一小写字母，用[A-Z]表示从 A 到 Z 的任一大写字母，用 [0-9]表示从 0 到 9 的任一数字。例 2-43 所示为采用这种形式实现例 2-42 的功能。

例 2-43：正则表达式——"[ ]"的更简单的用法

```
[siso@localhost tmp]$ grep  -n  'fr[a-zA-Z][a-z]t'  file1
2: She dozed off in front of the fire with her cat
4: He hesitated for the merest frAction of a second
```

"[^]"表示对"[ ]"中的内容进行反向匹配，即不包括[ ]中的任意一个字符。例如，对于单词 her，如果只想匹配 er 而不要其前面的 h，则方法如例 2-44 所示。

例 2-44：正则表达式——用"[^]"进行反向匹配

```
[siso@localhost tmp]$ grep  -n  '[^h]er' file1   // er 前没有 h
1: Repeat the dose after 12 hours if necessary
4: He hesitated for the merest frAction of a second
```

使用正则表达式还可以非常简单地表示以某个单词开头或结尾的行。"^word"表示以单词 word 开头的行，而"word$"表示以 word 结尾的行，如例 2-45 所示。

例 2-45：正则表达式——匹配行首与行尾

```
[siso@localhost tmp]$ grep  -n  '^She' file1      // 以 She 开头
2: She dozed off in front of the fire with her cat
[siso@localhost tmp]$ grep  -n  '^[RH]' file1      // 以 R 或 H 开头
1: Repeat the dose after 12 hours if necessary
4: He hesitated for the merest frAction of a second
[siso@localhost tmp]$ grep  -n  'me$' file1       // 以 me 结尾
5: ohhhhhhhhho, it hurts me
```

"^""$"的一种特殊用法是用"^$"表示空行，如例 2-46 所示。

例 2-46：正则表达式——匹配空行

```
[siso@localhost tmp]$ grep  -n  '^$' file1
3:
```

在正则表达式中，"."表示匹配任意一个字符，且一个"."只能匹配一个字符，如例 2-47 所示。

例 2-47：正则表达式——用"."匹配任意一个字符

```
[siso@localhost tmp]$ grep  -n  'o.d' file1
4:He hesitated for the merest frAction of a second
[siso@localhost tmp]$ grep  -n  'o..d' file1
2:She dozed off in front of the fire with her cat
```

如果要匹配一个表达式 0 次到任意次，则可以使用"*"。"*"表示其前面的表达式可以出现 0 次、1 次到无数次，如例 2-48 所示。

例 2-48：正则表达式——用"*"匹配表达式的任意多次出现

```
[siso@localhost tmp]$ grep  -n  'o[a-z]*d' file1   // o 和 d 之间可以出现任意多个小写字母
2: She dozed off in front of the fire with her cat
4: He hesitated for the merest frAction of a second
[siso@localhost tmp]$ grep  -n  'X*' file1        // 字母 X 可以出现任意次
1: Repeat the dose after 12 hours if necessary
2: She dozed off in front of the fire with her cat
3:
4: He hesitated for the merest frAction of a second
5: ohhhhhhhhho, it hurts me
```

如果想更精确地控制表达式出现的次数，则可以借助范围限定符"{ }"，由于"{""}"在 Shell 中有特殊含义，因此必须使用转义字符"\"对其进行转义。范围限定符的一般形式是"\{m,n\}"，表示表达式可以出现 m～n 次，也可以使用"\{m\}"表示正好出现 m 次，或使用"\{m,\}"表示至少出现 m 次，如例 2-49 所示。

例 2-49：正则表达式——用"\{m,n\}"限定表达式出现的次数

```
[siso@localhost tmp]$ grep  -n  'oh\{5,9\}o'  file1        // 两个 o 之间可以出现 5~9 个 h
5: ohhhhhhhho, it hurts me
[siso@localhost tmp]$ grep  -n  'oh\{5\}o'  file1          // 两个 o 之间出现 5 个 h
[siso@localhost tmp]$ grep  -n  'oh\{5,\}o'  file1         // 两个 o 之间至少出现 5 个 h
5: ohhhhhhhho, it hurts me
```

关于正则表达式的用法还有很多，这里不再一一介绍，有兴趣的读者可以参考其他学习资料进行深入学习。

任务实训

作为 Linux 系统管理员，熟练使用各种 Linux 命令是必备的基本技能。本任务所介绍的文件和目录类命令、进程管理类命令、重定向与管道命令等，大多数 Linux 用户在实际工作中会频繁使用，因此必须熟练掌握。

【实训目的】

（1）熟悉常用的文件和目录类命令。

（2）熟悉常用的进程管理类命令。

（3）了解重定向和管道命令的工作机制。

【实训内容】

本实训的主要任务是在 Linux 终端窗口中练习已经学过的各种命令，熟练掌握常用命令的用法。请大家按照以下步骤完成本次实训。

（1）以 siso 用户登录系统，登录后，打开一个终端窗口。

（2）查看当前工作目录。在当前目录中新建，并切换到 *tmp* 子目录。

（3）在 *tmp* 目录中新建文件 *file1* 和目录 *dir1*。查看 *tmp* 目录中有哪些内容，显示详细信息，并根据输出信息判断哪些是普通文件，哪些是目录。

（4）新建文件 *file2* 和 *file3*；将 *file2* 移动到 *dir1* 中，移动后的文件重命名为 *file2.bak*；将 *file3* 复制到 *dir1* 中，进入 *dir1* 目录并查看其中的内容。

（5）删除文件 *file1* 和目录 *dir1*。

（6）查看 *tmp* 目录中的内容，并把输出重定向到 *file3* 中。

（7）查看当前用户的进程。

（8）在后台运行 cat 命令，然后结束这个进程。

（9）运行 cat 命令，然后挂起这个进程。查看进程对应的作业，对作业在后台和前台间进行切换，最后结束 cat 进程。

任务 2.2   vim 编辑器

任务陈述

任务 2.1 中讲解了一些 Linux 命令的详细用法。作为系统管理员，除了使用这些命令完成日常

的系统管理工作外，还有一项重要工作是编辑各种系统配置文件，而这项工作需要借助文本编辑器才能完成。

基本上所有的 Linux 发行版都内置了 vi 文本编辑器，而且有些系统工具会把 vi 作为默认的文本编辑器。vim 是增强版的 vi，除了具备 vi 的功能外，还可以用不同颜色显示不同类型的文本内容，相比于 vi 专注于文本编辑，vim 还可以进行程序编辑，尤其在编辑 Shell 脚本文件或使用 C 语言进行编程时，能够高亮显示关键字和语法错误。而不管是专业的 Linux 系统管理员，还是普通的 Linux 系统用户，都应该熟练使用 vim。

知识准备

2.2.1 启动与退出 vim

V2-7　vi 与 vim

在终端窗口中输入 vim，后跟想要编辑的文件名，即可进入 vim 工作环境，如图 2-7（ a ）所示。只输入 vim，或者后跟一个不存在的文件名也可以启动 vim，如图 2-7（ b ）所示。

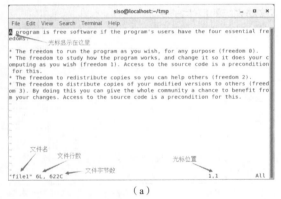

（a）

（b）

图 2-7　使用 vim 打开文件

不管打开的文件是否存在，启动 vim 后会进入编辑模式，也称为命令模式（ Command Mode ）。在编辑模式下，可以使用键盘的上、下、左、右方向键移动光标，或者通过一些特殊的命令快速移动光标，也可以对文件内容进行查找、复制、粘贴和删除操作。在这种模式下的输入被 vim 当作命令而不是普通文本。

在编辑模式下输入 "i" "I" "o" "O" "a" "A" "r" 或 "R" 中的任何一个字符，vim 会进入插入模式（ Insert Mode ）。进入插入模式后，用户的输入被当作普通文本而不是命令，就像是在一个 Word 文件中输入文本内容一样。如果要回到编辑模式，则可以按 Esc 键。

在编辑模式下输入 ":" "/" 或 "?" 中的任何一个字符，vim 会把光标移动到窗口最后一行并进入命令行模式（ Command-line Mode ）。用户在命令行模式下可以通过一些命令对文件进行查找、替换、保存、退出等操作。如果要回到编辑模式，同样可以按 Esc 键。

vim 的 3 种工作模式的转换如图 2-8 所示。

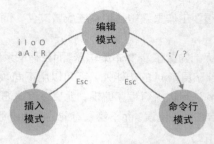

图 2-8　vim 的 3 种工作模式的转换

2.2.2　vim 的 3 种工作模式

知道了 vim 的 3 种工作模式及在不同模式之间的转换方法，下面就开始学习在这 3 种工作模式下分别可以进行哪些操作。这是 vim 的学习重点，请务必根据书本内容多加练习。

1. 编辑模式

在编辑模式下可以完成 3 种类型的操作，包括光标移动，文本查找与替换，文本复制、粘贴或删除等。光标一般表示文本中当前的输入位置，表 2-17 所示为编辑模式下移动光标的具体方法。

表 2-17　编辑模式下移动光标的具体方法

方法	作用
h 或左方向键	光标向左移动一个字符（见注[1]）
l 或右方向键	光标向右移动一个字符（见注[1]）
k 或上方向键	光标向上移动一行，即移动到上一行的当前位置（见注[1]）
j 或下方向键	光标向下移动一行，即移动到下一行的当前位置（见注[1]）
w	移动光标到其所在单词的后一个单词的词首（见注[2]）
b	移动光标到其所在单词的前一个单词的词首（如果光标当前已在本单词的词首），或移动到本单词的词首（如果光标当前不在本单词的词首）（见注[2]）
e	移动光标到其所在单词的后一个单词的词尾（如果光标当前已在本单词的词尾），或移动到本单词的词尾（如果光标当前不在本单词的词尾）（见注[2]）
Ctrl + f	屏幕向下翻动一页，相当于 Page Down 键
Ctrl + b	屏幕向上翻动一页，相当于 Page Up 键
Ctrl + d	屏幕向下翻动半页
Ctrl + u	屏幕向上翻动半页
n<space>	n 表示数字，即输入数字后按空格键，表示光标向右移动 n 个字符，相当于先输入数字再按 l 键
n<Enter>	n 表示数字，即输入数字后按 Enter 键，表示光标向下移动 n 行并停在目标行行首
0 或 Home 键	光标移动到当前行行首
$ 或 End 键	光标移动到当前行行尾
H	光标移动到当前屏幕第一行的行首
M	光标移动到当前屏幕中央一行的行首
L	光标移动到当前屏幕最后一行的行首
G	光标移动到文件最后一行的行首

续表

方法	作用
*n*G	*n* 为数字，表示移动到文件的第 *n* 行的行首
gg	光标移动到文件第一行的行首，相当于 1G

注 [1]：如果在 h、j、k、l 前先输入数字，则表示一次性移动多个字符或多行。例如，15h 表示光标向左移动 15 个字符，20k 表示光标向上移动 20 行。

注 [2]：同样的，如果在 w、b、e 前先输入数字，则表示移动到当前单词之前（或之后）的多个单词的词首（或词尾）。

可以看出，在编辑模式下移动光标时，既可以使用键盘的上、下、左、右方向键这种传统方法，又可以通过一些具有特定意义的字母和数字的组合来完成，但是使用鼠标是不能移动光标的。

表 2-18 所示为在编辑模式下复制、粘贴、删除文本的具体操作。

表 2-18　在编辑模式下复制、粘贴、删除文本的具体操作

方法	作用
x	删除光标所在位置的字符，相当于 Delete 键
X	删除光标所在位置的前一个字符
*n*x	*n* 为数字，删除从光标所在位置开始的 *n* 个字符（包括光标所在位置的字符）
*n*X	*n* 为数字，删除光标所在位置的前 *n* 个字符（不包括光标所在位置的字符）
s	删除光标所在位置的字符并随即进入插入模式，光标停在被删字符处
dd	删除光标所在的一整行
*n*dd	*n* 为数字，向下删除 *n* 行（包括光标所在行）
d1G	删除从文件第一行到光标所在行的全部内容
dG	删除从光标所在行到文件最后一行的全部内容
d0	删除光标所在位置的前一个字符直到所在行行首（光标所在位置的字符不会被删除）
d$	删除光标所在位置的字符直到所在行行尾（光标所在位置的字符也会被删除）
yy	复制光标所在行
*n*yy	*n* 为数字，从光标所在行开始向下复制 *n* 行（包括光标所在行）
y1G	复制从光标所在行到文件第一行的全部内容（包括光标所在行）
yG	复制从光标所在行到文件最后一行的全部内容（包括光标所在行）
y0	复制从光标所在位置字符到所在行行首的所有字符（不包括光标所在位置字符）
y$	复制从光标所在位置字符到所在行行尾的所有字符（包括光标所在位置字符）
p	将已复制数据粘贴到光标所在行的下一行
P	将已复制数据粘贴到光标所在行的上一行
J	将光标下一行移动到光标所在行行尾，用空格分开（将两行数据合并）
u	撤销前一个动作
Ctrl+r	重做一个动作（和 u 的作用相反）
.	重复前一个动作

表 2-19 所示为在编辑模式下查找与替换文本的具体操作。

表 2-19　在编辑模式下查找与替换文本的具体操作

方法	作用
/keyword	从光标当前位置开始向下查找下一个 keyword 字符串
?keyword	从光标当前位置开始向上查找上一个 keyword 字符串
n	继续向下（/keyword 形式）或向上（?keyword 形式）查找字符串
N	和 n 的作用正好相反，向上（/keyword 形式）或向下（?keyword 形式）查找字符串
:l1,l2 s/kw1/kw2/g	l1 和 l2 为数字，在 l1 行到 l2 行之间搜索 kw1，并用 kw2 替换
:l1,l2 s/kw1/kw2/gc	l1 和 l2 为数字，在 l1 行到 l2 行之间搜索 kw1，并用 kw2 替换，替换前向用户确认是否继续替换操作
:1,$ s/kw1/kw2/g :% s/kw1/kw2/g	全文搜索 kw1，并用 kw2 替换
:1,$ s/kw1/kw2/gc :% s/kw1/kw2/gc	全文搜索 kw1，并用 kw2 替换，替换前向用户确认是否继续替换操作

2. 插入模式

从编辑模式进入插入模式才可以对文件进行输入。表 2-20 所示为从编辑模式进入插入模式的方法。

V2-8　vim 编辑
模式

表 2-20　从编辑方式进入插入模式的方法

方法	作用
i	进入插入模式，从光标所在位置开始插入
I	进入插入模式，从光标所在行的第一个非空白字符处开始插入（即跳过行首的空格、Tab 等字符）
a	进入插入模式，从光标所在位置的下一个字符开始插入
A	进入插入模式，从光标所在行的行尾开始插入
o	进入插入模式，在光标所在行的下一行插入新行
O	进入插入模式，在光标所在行的上一行插入新行
r	进入替换模式，替换光标所在位置的字符一次
R	进入替换模式，一直替换光标所在位置的字符，直到按 Esc 键为止

3. 命令行模式

表 2-21 所示为在命令行模式下保存、退出、读取文件等操作的具体方法。

表 2-21　在命令行模式下保存、退出、读取文件等操作的具体方法

方法	作用
:w	保存编辑后的文件
:w!	若文件属性为只读，则强制保存该文件。但最终能否保存成功，取决于文件的权限设置
:w filename	将编辑后的文件以文件名 filename 进行保存
:l1,l2 w filename	将 l1 到 l2 行的内容写入文件 filename
:q	退出 vim 编辑器

续表

方法	作用
:q!	如果文件内容已修改但不想保存，则可以使用该命令强制退出 vim 编辑器且不保存文件
:wq	保存后退出
:wq!	强制保存后退出
ZZ	若文件没有修改，则直接退出 vim 编辑器且保存文件；若文件已修改，则保存后退出
:r *filename*	读取 *filename* 文件的内容并插入到光标所在行的下面
:! *command*	在命令行模式下执行 *command* 并显示其结果。执行完成后，按 Enter 键重新进入命令行模式
:set nu	显示文件行号
:set nonu	与:set nu 的作用相反，隐藏文件行号

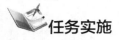 任务实施

这学期孙老师除了教授"Linux 操作系统管理"课程外，还要教授"C 语言程序设计"课程。在 C 语言课程中，孙老师带着学生在 Windows 操作系统中编写了一个计算时间差的程序。现在孙老师想把这个程序移植到 Linux 操作系统中，为学生演示如何在 vim 中编写程序。下面是孙老师的操作过程。

第 1 步，进入 CentOS 7.6 操作系统，打开一个终端窗口。在命令行中输入 vim 命令（不加文件名）启动 vim，启动 vim 后默认进入编辑模式。

第 2 步，在编辑模式下按 i 键进入插入模式，输入例 2-50 所示的程序。为了方便下文表述，这里把代码的行号也一并列出（孙老师故意在这段代码中留下了一些语法和逻辑错误）。

例 2-50：修改前的程序

```
1    #include <stdio.h>
2
3    int main()
4    {
5        int hour1, minute1;
6        int hour2, minute2
7
8        scanf("%d %d", &hour1, &minute1);
9        scanf("%d %d", hour2, &minute2);
10
11       int t1 = hour1 * 6 + minute1;
12       int t = t1 - t2;
13
14       printf("time difference: %d hour, %d minutes \n", t/6, t%6);
15
16       return 0;
17   }
```

第 3 步，按 Esc 键返回编辑模式。输入 ":" 进入命令行模式，输入 "w timediff.c" 将程序保存为文件 *timediff.c*，输入 ":q" 退出 vim。

第 4 步，重新启动 vim，打开文件 *timediff.c*，输入 ":set nu" 显示行号。

第 5 步，因为文件内容比较少，所以全部内容可在一屏中显示。在编辑模式下，按 M 键将光标移动到当前屏幕中央一行的行首，输入 "1g" 或 "gg" 将光标移动到第一行的行首。

第 6 步，在编辑模式下输入 "6G" 将光标移动到第 6 行行首。按 A 键进入插入模式，此时光标停留在第 6 行行尾，输入 ";"，按 Esc 键返回编辑模式。

第 7 步，在编辑模式下输入 "9G" 将光标移动到第 9 行行首。按 w 键将光标移动到下一个单词的词首，连续按 l 键向右移动光标，直到光标停留在 "hour2" 单词的词首。按 i 键进入插入模式，输入 "&"，按 Esc 键返回编辑模式。

第 8 步，在编辑模式下输入 "11G" 将光标移动到第 11 行行首，输入 "yy" 复制第 11 行的内容，按 p 键将其粘贴到第 11 行的下面一行。此时，原文件的第 12～17 行依次变为第 13～18 行，并且光标停留在新添加的第 12 行的行首。

第 9 步，在编辑模式下连续按 e 键使光标移动到下一个单词的词尾，直至光标停留在 "t1" 的词尾字符 "1" 处。按 s 键删除字符 "1" 并随即进入插入模式，输入 "2"，按 Esc 键返回编辑模式。重复此操作并把 "hour1" "minute1" 中的字符 "1" 修改为 "2"。

第 10 步，在编辑模式下按 k 键将光标上移 1 行，即移动到第 11 行，输入 ":11,15s/6/60/gc"，进入命令行模式，将第 11～15 行中的 "6" 全部替换为 "60"。注意，在每次替换时都要输入 "y" 予以确认。替换后，光标停留在第 15 行。

第 11 步，在编辑模式下输入 "2j" 将光标下移 2 行，即移动到第 17 行。输入 "dd" 删除第 17 行，输入 "u" 撤销删除操作。

第 12 步，在编辑模式下输入 ":wq" 进入命令行模式，保存文件后退出 vim 编辑器。

修改后的程序如例 2-51 所示。

例 2-51：修改后的程序

```
1       #include <stdio.h>
2
3       int main()
4       {
5           int hour1, minute1;
6           int hour2, minute2;
7
8           scanf("%d %d", &hour1, &minute1);
9           scanf("%d %d", &hour2, &minute2);
10
11          int t1 = hour1 * 60 + minute1;
12          int t2 = hour2 * 60 + minute2;
13          int t = t1 – t2;
14
15          printf("time difference: %d hour, %d minutes \n", t/60, t%60);
16
```

```
17          return 0;
18      }
```

这次实验结束之后，同学们纷纷表示 vim 确实是一个功能十分强大的编辑器，如果能够熟练地使用 vim，肯定可以大大提高日常工作效率。孙老师也叮嘱大家要在反复练习中提高操作熟练度，千万不要死记硬背 vim 的操作命令，一定要做到"曲不离口，拳不离手"。

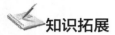 ## 知识拓展

在使用 vim 编辑文件时，可能会因为一些异常情况而不得不中断操作，如系统断电或者多人同时编辑一个文件等。如果中断操作前没有及时保存，那么所做的工作就会丢失，为用户带来不便，为此，vim 为用户提供了一种可以恢复未保存的数据的机制。

当用 vim 打开一个文件 *filename* 时，vim 会自动创建一个隐藏的缓存文件 *.filename.swp*，又称为交换文件。这个隐藏文件充当原文件的缓存，也就是说，对原文件所做的操作会被记录到这个缓存文件中，可以利用它恢复原文件未保存的操作。下面通过一个例子来演示 vim 缓存文件的使用。

第 1 步，用 vim 打开 */home/siso/tmp* 目录中的 *file1* 文件。对 *file1* 进行任意修改后，按 Ctrl+Z 组合键将 vim 进程转入后台运行，如例 2-52 所示。

例 2-52：将 vim 进程转入后台运行

```
[siso@localhost tmp]$ vim    file1           // 修改后按 Ctrl+Z 组合键
[1]+  已停止                 vim file1
[siso@localhost tmp]$ jobs   -l
[1]+  9883  停止             vim file1
[siso@localhost tmp]$ ls   -al
-rw-rw-r--.  1  siso  siso   670   6 月 26 17:25   file1
-rw-r--r--.  1  siso  siso  4096   6 月 26 17:26   .file1.swp   <== file1 的缓存文件
```

可以看到，vim 确实自动创建了一个名为 *.file1.swp* 的缓存文件。

第 2 步，使用 kill 命令强制结束后台的 vim 进程，如例 2-53 所示。

例 2-53：强制结束后台的 vim 进程

```
[siso@localhost tmp]$ jobs   -l
[1]+  9883  停止                   vim file1
[siso@localhost tmp]$ kill   -9   9883
[1]+  已杀死                 vim file1
[siso@localhost tmp]$ jobs   -l
[siso@localhost tmp]$ ls   -al
-rw-rw-r--.  1   siso   siso   670   6 月 26 17:25   file1
-rw-r--r--.  1   siso   siso  4096   6 月 26 17:26   .file1.swp <== 缓存文件仍然存在
```

虽然后台的 vim 进程被强制结束了，但是缓存文件没有被删除。

第 3 步，用 vim 重新打开 *file1* 文件，显示图 2-9 所示的提示信息。

vim 在打开 *file1* 文件时，发现了其对应的缓存文件，因此判断 *file1* 文件可能有问题，并给出了两个可能的原因及解决方案。

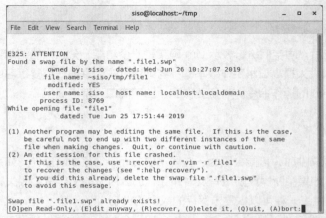

图 2-9　提示信息

（1）多人同时编辑这个文件。Linux 支持多用户多任务，只要用户对这个文件有写权限就可以进行编辑，而不管有无其他人正在编辑。为了防止多人同时保存文件导致文件内容混乱，可以让其他人正常退出 vim，再继续处理这个文件。

（2）上一次编辑这个文件时遭遇了异常退出。在这种情况下，可以选择使用缓存文件恢复原文件，也可以删除缓存文件。可以通过以下按键选择相应的操作。

① O，以只读方式打开（Open Read-Only），只能查看这个文件的内容而不能进行编辑操作。

② E，正常打开并编辑（Edit anyway），打开文件后可以正常编辑，但很可能和其他用户的操作产生冲突。

③ R，恢复文件（Recover），加载缓存文件以恢复之前未保存的操作。恢复成功后要手动删除缓存文件，否则它会一直存在，导致每次打开文件时都会显示提示信息。

④ D，删除交换文件（Delete it），删除缓存文件，再正常打开文件进行编辑，vim 会自动创建一个新的缓存文件。

⑤ Q，退出（Quit），不进行任何操作而直接退出 vim。

⑥ A，中止（Abort），与 Q 类似，直接退出 vim。

任务实训

Linux 系统管理员的日常工作离不开文本编辑器，vim 就是一个功能强大、简单易用的文本编辑与程序开发工具。vim 有 3 种操作模式，分别是编辑模式、插入模式和命令行模式。每种模式的功能不同，所能执行的操作也不同。想提高工作效率，就必须熟练掌握 vim3 种操作模式下的各种操作。

【实训目的】

（1）熟悉 vim 的 3 种操作模式的概念与功能。

（2）掌握 vim 的 3 种操作模式的转换方法。

（3）掌握在 vim 中移动光标的方法。

（4）掌握在 vim 中查找与替换文本的方法。

（5）掌握在 vim 中删除、复制和粘贴文本的方法。

【实训内容】

本实训的主要内容是在 Linux 终端窗口中练习使用 vim 编辑器,熟练掌握 vim 的各种操作方法,请按照以下步骤完成本次实训。

（1）在 siso 用户的主目录 */home/siso* 中新建 *tmp* 目录。

（2）切换到 *tmp* 目录，启动 vim，vim 后面不加文件名。

（3）进入 vim 插入模式，输入例 2-54 所示的实训测试文本。

例 2-54：实训测试文本

The four essential freedoms:

A program is free software if the program's users have the four essential freedoms:

The freedom to run the program as you wish, for any purpose (freedom 0).

The freedom to study how the program works, and change it so it does your computing as you wish (freedom 1). Access to the source code is a precondition for this.

The freedom to redistribute copies so you can help others (freedom 2).

The freedom to distribute copies of your modified versions to others (freedom 3). By doing this you can give the whole community a chance to benefit from your changes. Access to the source code is a precondition for this.

（4）将以上文本保存为文件 *freedoms.txt*，并退出 vim。

（5）重新启动 vim，打开文件 *freedoms.txt*。

（6）显示文件行号。

（7）将光标先移动到屏幕中央一行，再移动到行尾。

（8）在当前行下方插入新行，并输入内容"The four essential freedoms:"。

（9）将第 4~6 行的"freedom"用"FREEDOM"替换。

（10）将光标移动到第 3 行，并复制第 3~5 行的内容。

（11）将光标移动到文件最后一行，并将上一步复制的内容粘贴在最后一行上方。

（12）撤销上一步的粘贴操作。

（13）保存文件后退出 vim。

项目小结

本项目包含两个任务。任务 2.1 讲解了如何使用 Linux 的常用命令。这些常用命令是任何一个 Linux 系统管理员都必须熟练掌握的。有了这些命令的帮助，用户才能完成很多简单或者复杂的工作，享受 Linux 命令带来的乐趣。Linux 命令有相同的语法结构，但每个命令都有特殊的选项和参数，在日常工作中一般只会使用其中的很少一部分。man 命令为用户提供了关于每个命令的更全面的说明。任务 2.2 重点介绍了 Linux 操作系统中最常用的 vim 编辑器，读者应熟悉 vim 的 3 种工作模式及每种工作模式下所能进行的操作。作为必备工具，vim 可以极大地提高 Linux 系统管理员的工作效率并减少错误。

项目练习题

1. 选择题

（1）下列（　　）命令可以详细显示系统的每一个进程。

　　　　A．ps　　　　　　　　　　B．ps –f　　　　　　　　C．ps –ef　　　　　　　　D．ps –fu

（2）若要统计 a.dat 文件的信息并将结果追加到 output.ls 文件中，可以使用的命令是（　　　）。

　　　　A．wc>a.dat>output.ls　　　　　　　　　　B．wc>a.dat>>output.ls

　　　　C．a.dat>wc>>output.ls　　　　　　　　　　D．wc<a.dat>>output.ls

（3）要将当前目录下的 file1.c 重命名为 file2.c，正确的命令是（　　　）。

　　　　A．cp file1.c file2.c　　　　　　　　　　B．mv file1.c file2.c

　　　　C．touch file1.c file2.c　　　　　　　　　　D．mv file2.c file1.c

（4）在 vim 中编辑文件时，使用（　　　）命令可以显示文件的每一行的行号。

　　　　A．number　　　　　B．display num　　　　C．set nu　　　　　D．set num

（5）复制一个大的文件 bigfile 到/etc/oldfile 中，若希望该操作在后台执行以便把终端窗口留给其他程序使用，则正确的命令是（　　　）。

　　　　A．cp bigfile /etc/oldfile #　　　　　　　　B．cp bigfile /etc/oldfile &

　　　　C．cp bigfile /etc/oldfile　　　　　　　　　D．cp bigfile /etc/oldfile @

（6）在 vim 中，要将某文件的第 1～5 行的内容复制到文件的指定位置，则应（　　　）。

　　　　A．将光标移动到第 1 行，在命令行模式下输入 yy5，并将光标移动到指定位置，按 P 键

　　　　B．将光标移动到第 1 行，在命令行模式下输入 5yy，并将光标移动到指定位置，按 P 键

　　　　C．命令行模式下使用命令 1,5yy，并将光标移动到指定位置，按 p 键

　　　　D．命令行模式下使用命令 1,5y，并将光标移动到指定位置，按 p 键

（7）在 vim 中编辑文件时，要将第 7～10 行的内容一次性删除，可以在编辑模式下先将光标移动到第 7 行，再执行（　　　）命令。

　　　　A．dd　　　　　　　　B．4dd　　　　　　　　C．de　　　　　　　　D．4de

（8）如果命令 ls –l afile 的执行结果如下所示，那么可以判断文件 afile 是一个（　　　）文件。

　　drwxr-xr-x　1　siso　siso　12 Sep 24 22:49　afile

　　　　A．普通　　　　　　　B．链接　　　　　　　C．目录　　　　　　　D．设备

（9）在 vim 中编辑文件 rpt.ls 时，要自下而上查找字符串"siso"，应该在命令行模式下使用的命令是（　　　）。

　　　　A．/siso　　　　　　　B．?siso　　　　　　　C．#siso　　　　　　　D．%siso

（10）如果/home/tmp 目录中有 3 个文件，那么要删除这个目录，应该使用命令（　　　）。

　　　　A．cd /home/tmp　　　　　　　　　　　　B．rm /home/tmp

　　　　C．rmdir /home/tmp　　　　　　　　　　　D．rm –r /home/tmp

（11）在 vim 中编辑文件时，如果不想保存对文件所做的修改，则应使用（　　　）命令强制退出编辑器。

　　　　A．:q　　　　　　　　B．:q!　　　　　　　　C．:wq　　　　　　　　D．:!q

（12）Linux 操作系统中，/etc/passwd 文件用于保存用户账户的相关信息，管理员小刘想查看该文件的内容，他可以使用（　　　）命令实现。

　　　　A．ls /etc/passwd　　　　　　　　　　　　B．ls –l /etc/passwd

　　　　C．cat /etc/passwd | more　　　　　　　　　D．wc /etc/passwd

（13）Linux 操作系统的基本运行单元是进程，通过对进程的管理，能够对系统的实时运行状态进行调整，使用（　　　）命令可以查看系统内部及所有用户的进程。

　　　　A．ps　　　　　　　　B．ps –l　　　　　　　C．ps –u　　　　　　　D．ps aux

（14）在 Linux 操作系统中，如果想要查看当前目录中名为 myfile 的文件的大小、修改的日期时间等信息，则可以使用（　　）命令实现。

  A．ls /   B．ls -l /   C．ls -l myfile   D．ls -l ../myfile

（15）利用 find 命令查找当前目录中的以 ".c" 结尾的文件，并逐页显示的命令是（　　）。

  A．find . -name　"?.c " | more   B．find . -name　"#.c " | more

  C．find . -name　"!*.c " | more   D．find . -name　"*.c " | more

（16）使用 vim 编辑器编辑文件时，在命令行模式下输入命令 "q!" 的作用是（　　）。

  A．保存并退出   B．正常退出

  C．强制退出不保存   D．文本替换

（17）使用 vim 编辑器将文件的某行删除后，发现该行内容需要保留，重新恢复该行内容的最佳操作方法是（　　）。

  A．在编辑模式下重新输入该行

  B．不保存直接退出 vim，并重新编辑该文件

  C．在编辑模式下使用 "u" 命令

  D．在编辑模式下使用 "r" 命令

（18）若在使用 vim 查看文件/etc/passwd 的内容时，不小心操作了一些内容，为了防止系统出现问题，不想保存所修改的内容，则此时应该（　　）。

  A．在命令行模式下，输入 ":wq"   B．在命令行模式下，输入 ":q!"

  C．在命令行模式下，输入 ":q"   D．在编辑模式下，按 Esc 键直接退出 vim

（19）可以一次显示一页内容的命令是（　　）。

  A．tail   B．cat   C．more   D．grep

（20）在 Linux 终端窗口中输入命令时，用（　　）表示命令未结束，在下一行继续。

  A．/   B．\   C．&   D．;

（21）删除一个非空子目录/tmp 的命令是（　　）。

  A．rmdir /tmp   B．rm -rf /tmp   C．rm /tmp   D．rm -rf /tmp/*

（22）在用 vim 编辑文件时，能直接在光标所在字符后插入文本的命令是（　　）。

  A．i   B．I   C．a   D．o

（23）可以显示/home 及其子目录中的文件名的命令是（　　）。

  A．ls -a /home   B．ls -R /home   C．ls -l /home   D．ls -d /home

2．填空题

（1）Linux 操作系统中可以输入命令的操作环境称为＿＿＿＿＿＿，负责解释命令的程序是＿＿＿＿＿。

（2）一个 Linux 命令除了命令名称之外，还包括＿＿＿＿和＿＿＿＿。

（3）在 Linux 操作系统中，命令＿＿＿＿大小写。在命令行中，可以使用＿＿＿＿键来自动补齐命令。

（4）如果要在一个命令行中输入和执行多条命令，则可以使用＿＿＿＿来分隔命令。

（5）断开一个长命令行，可以使用＿＿＿＿，以将一个较长的命令分成多行表达，增强命令的可读性。

（6）要使程序以后台方式运行，则需在要执行的命令后加上一个＿＿＿＿符号。

（7）在 Linux 的文件系统层次结构中，最顶层的节点是＿＿＿＿，用＿＿＿＿表示。

（8）在 Linux 操作系统中，以"/"开始的路径是_____。

（9）每一个命令在执行时都有一个工作目录，使用_____命令能够显示当前工作目录，使用_____命令能够切换目录。

（10）查看文件的开头部分可以使用_____命令。

（11）删除空目录可以使用_____命令。

（12）把前一个命令的输出作为后一个命令的输入，这种机制称为_____。

（13）把一个命令的输出写入一个文件，并覆盖原内容，应该使用_____重定向操作。如果是追加到原文件中，则应该使用_____重定向操作。

（14）命令"find . -name "*.o""的作用是_____。

（15）要匹配以"001"开头的行，可以使用正则表达式是_____。

3. 简答题

（1）Linux 命令为什么要有参数和选项？

（2）简述绝对路径和相对路径的区别。

（3）切换目录时有哪些常用的特殊符号？分别有什么含义？

（4）将命令放入后台运行的方法是什么？怎样从后台把命令转入前台？

（5）说明两种输出重定向的区别。

（6）公司某员工辞职后，在 Linux 服务器中留下了此员工创建的大量无用文件，如何快速准确地删除这些文件？

项目3
Linux操作系统基础配置与管理

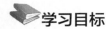 学习目标

【知识目标】

（1）了解硬盘的组成与分区的基本概念。

（2）了解文件系统的用途。

（3）熟悉 Linux 用户与用户组的概念及关系。

（4）熟悉 Linux 文件权限和目录权限的概念、区别与联系。

【技能目标】

（1）能够使用工具添加磁盘分区并创建文件系统和挂载点。

（2）能够熟练地新建用户和用户组，理解相关命令的具体选项和参数。

（3）熟练使用符号和数字方式管理文件及目录权限。

引例描述

通过这段时间的学习，小张同学感觉自己好像发现了"新大陆"。他发现 Linux 命令的功能是如此强大，以至于他认为只要打开了终端窗口，整个 Linux 操作系统就在自己的掌控之中了。确实，Linux 命令以其统一的结构、强大的功能，成为每个 Linux 系统管理员必不可少的工具。但到目前为止所学习的 Linux 命令还是非常有限和简单的。要想全面理解和掌握 Linux 操作系统的强大之处，必须针对不同的 Linux 主题进行深入学习，如图 3-1 所示。从本项目开始，我们会按照这个思路，慢慢揭开 Linux 操作系统的"神秘面纱"，逐步走进 Linux 操作系统的精彩世界。下面就先从 Linux 磁盘分区管理和文件系统开始吧！

图 3-1　深入学习不同的 Linux 主题

任务 3.1　理解磁盘分区管理

任务陈述

计算机是用于存储和处理数据的，本任务的关注点是计算机如何存储数据。现在能够买到的数据存储设备有很多，常见的有硬盘、CD、DVD 和闪存等，不同存储设备的容量、外观、转速、价格和用途各不相同。硬盘是计算机硬件系统的主要外部存储设备，本任务将以硬盘为例，讲述磁盘的物理组成、分区的基本概念及分区管理工具、文件系统的基本概念。

知识准备

3.1.1　磁盘的物理组成与分区

下面从磁盘的物理组成开始，简单介绍磁盘分区的基本概念、作用，以及两种不同的磁盘分区表。

1. 磁盘的物理组成

硬盘主要由主轴马达、磁头、磁头臂和盘片组成，如图 3-2（a）所示。主轴马达驱动盘片转动，可伸展的磁头臂牵引磁头在盘片上读取数据。

为了更有效地组织和管理数据，盘片又被分割成许多小的组成部分。和硬盘存储相关的两个主要概念是磁道和扇区，如图 3-2（b）所示。

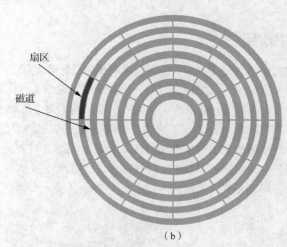

（a）　　　　　　　　　　　　　　　　　　（b）

图 3-2　硬盘的物理结构、磁道和扇区

（1）磁道：固定磁头的位置，当盘片绕着主轴转动时，磁头在盘片上划过的区域是一个圆，这个圆就是硬盘的一个磁道。磁头与盘片中心主轴的距离不同，就对应硬盘的不同磁道。这样，磁道以主轴为中心由内向外扩散，构成了整个盘片。

（2）扇区：对于每一个磁道，要把它进一步划分成若干个大小相同的小区域，这就是扇区。扇区是磁盘的最小物理存储单元，一般每个扇区为 512 字节。

显然，外圈磁道的面积比内圈磁道的面积大，传统的扇区划分方式把每个磁道分成相同数量的扇区，外圈磁道扇区的数据密度要低一些，造成了存储空间利用率的下降。新的划分方式则有所不同，外圈磁道包含的扇区更多，提高了磁盘的空间利用率。

2. 磁盘分区的作用

硬盘是不能直接使用的，必须先进行分区。在 Windows 操作系统中出现的 C 盘、D 盘等不同的盘符，其实就是对硬盘进行分区的结果。磁盘分区是把磁盘分成若干个逻辑独立的部分，磁盘分区能够优化磁盘管理，并提高系统运行效率和安全性。具体来说，磁盘分区有以下优点。

（1）易于管理和使用。磁盘分区相当于把一个大柜子分成一个个小抽屉，每个抽屉可以分门别类地存放物品。把不同类型和用途的文件存放在不同的分区中，可以实现分类管理、互不影响，还可以防止用户误操作（如磁盘格式化）给整个磁盘带来意想不到的后果。

（2）有利于数据安全。可以对不同分区设置不同的数据访问权限。如果某个分区受到了病毒的攻击，则可以把病毒的影响范围控制在这个分区之内，使其他分区不被感染。这大大提高了数据的安全性。

（3）提高系统运行效率。显然，在一个分区中查找数据要比在整个硬盘上查找快得多。

3. 磁盘分区表与分区名称

磁盘的分区信息保存在被称为"磁盘分区表"的特殊磁盘空间中。现在有两种典型的磁盘分区格式，并对应着两种不同格式的磁盘分区表：一种是传统的主引导记录（Master Boot Record，MBR）格式，另一种是 GUID 磁盘分区表（GUID Partition Table，GPT）格式。

在 MBR 格式下，磁盘的第一个扇区最重要。这个扇区保存了操作系统的引导信息（被称为"主引导记录"）及磁盘分区表。磁盘分区表只占 64 字节，而描述每个分区的分区条目需要 16 字节，因此 MBR 格式最多支持 4 个主分区。如果想支持更多分区，则必须把其中一个主分区作为扩展分区，再在扩展分区上划分出更多逻辑分区。因此，其主分区和扩展分区总数最多可以有 4 个，扩展分区最多只能有 1 个，而且扩展分区本身并不能用来存放用户数据。另外，每个分区条目中有 4 字节代表本分区的总扇区数，因此 MBR 格式支持的单个分区的最大容量是 2TB（$2^{32} \times 512B$）。而现在，硬盘的容量早就突破了 2TB，所以 MBR 格式显得不再适用。图 3-3 所示为主分区、扩展分区和逻辑分区的关系。

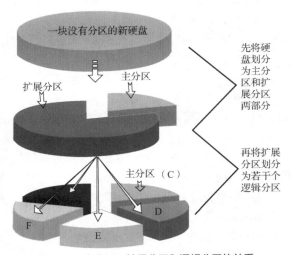

图 3-3 主分区、扩展分区和逻辑分区的关系

GPT 格式相对于 MBR 格式具有更多的优势。它可以自定义分区数量的最大值（Windows 操作系统最多支持 128 个分区），而且支持的硬盘容量也远大于 2TB（扇区号用 64 位整数表示，几乎可以认为没有限制）。另外，GPT 格式在磁盘末端备份了一份相同的分区表，如果其中一份分区表被破坏了，则可以通过另一份恢复，以使分区信息不易丢失。

V3-1　MBR 与
GPT 分区表

在 Linux 操作系统中，硬盘和分区均被抽象成文件进行命名，而且有特定的命名规则。旧式的 IDE 接口的硬盘用 */dev/hd* 标识，SATA、USB、SAS 等磁盘接口都是使用 SCSI 模块驱动的，故统一用 */dev/sd* 标识，后跟小写英文字母表示不同的硬盘。例如，*/dev/sda* 表示第一块 SCSI 硬盘，*/dev/sdb* 表示第二块 SCSI 硬盘。分区名则是在硬盘名之后附加表示分区顺序的数字，例如，*/dev/sda1* 和 */dev/sda2* 分别表示第一块 SCSI 硬盘上的第 1 个分区和第 2 个分区。

3.1.2　文件系统的基本概念

文件系统这个概念相信大家或多或少听说过。文件管理是操作系统的核心功能之一，而文件系统正是用来对存储空间进行组织和分配的，它提供了创建、读取、修改和删除文件的接口，并对这些操作进行权限控制。文件系统是操作系统的重要组成部分，不同的文件系统采用了不同的方式来管理文件。例如，各个文件系统采用不同的方式设置文件的权限和属性，各个操作系统支持的文件系统也各不相同。

大家都知道磁盘分区后必须对其进行格式化才能使用。但格式化除了清除磁盘或分区中的所有数据外，还对磁盘做了什么操作呢？其实，文件系统需要特定的信息才能有效管理磁盘或分区中的文件，而格式化更重要的意义就是在磁盘或磁盘分区的特定区域写入这些信息，以达到初始化磁盘或磁盘分区的目的，使其成为操作系统可以识别的文件系统格式。在传统的文件管理方式中，一个分区只能被格式化为一个文件系统，因此通常认为一个文件系统就是一个分区。但新技术的出现打破了文件系统和磁盘分区之间的这种限制，现在可以将一个分区格式化为多个文件系统，也可以将多个分区合并成一个文件系统。

对一个文件而言，除了本身的内容（即用户数据）之外，还有很多的附加信息（即元数据），如文件的所有者和用户组、文件权限、文件大小、最近访问时间、最近修改时间等。一般来说，文件系统会将文件的内容和属性信息分开存放。

（1）数据块（Data Block）：用于保存文件的实际内容。如果文件太长，则可能会占用多个数据块。

（2）inode：一个文件对应一个 inode，记录了文件的属性信息及文件占用的数据块编号，但是不包含文件名。

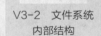

V3-2　文件系统
内部结构

（3）超级数据块（Super Block）：记录了和文件系统有关的信息，如 inode 和数据块的数量、使用情况、文件系统的格式及其他信息。

每个 inode 和数据块都有唯一的编号，inode 记录了一个文件占用的数据块编号。在 Linux 操作系统中，文件名的作用仅仅是方便用户记忆和使用，inode 编号才是文件的唯一标识，系统或程序通过 inode 编号寻找正确的文件数据块。因此，确定了文件 inode 所在的位置，就可以得到存放文件内容的数据块编号，进而快速读取文件内容。

使用带 -i 选项的 ls 命令可以显示文件或目录的 inode 编号，如例 3-1 所示。

例 3-1：显示文件或目录的 inode 编号

```
[siso@localhost tmp]$ ls   -l   -i
8388713   drwxrwxr-x. 2   siso   siso   6   7月 2 21:01     dir1
8388726   -rw-rw-r--. 1   siso   siso   29   7月 2 20:56    file1
```

Linux 中常用的文件系统如表 3-1 所示。

表 3-1   Linux 中常用的文件系统

文件系统	说明
ext	Linux 最早的文件系统，由于性能和兼容性较差，目前已不再使用
ext2	ext 的升级版本，支持最大 16TB 的分区和最大 2TB 的文件
ext3	ext2 的升级版本，增加了日志功能，减少了文件系统的不一致，提高了可靠性
ext4	ext3 的升级版本，ext4 引入了众多高级功能，带来了颠覆性的变化，如持久预分配、多块分配、延迟分配、盘区结构、快速 FSCK、日志校验、无日志模式、在线碎片整理、inode 增强、默认启用 Barrier、纳秒级时间戳等。ext4 支持最大 1EB 的文件系统和 16TB 的文件、无限数量的子目录
swap	Linux 中专用于交换分区的文件系统。当系统物理内存不足时，使用交换分区补充物理内存，类似于 Windows 操作系统中的虚拟内存
xfs	CentOS 7 之后的默认文件系统，用于大容量磁盘和处理巨型文件，几乎具有 ext4 文件系统的所有功能，伸缩性强，性能优异
ISO9660	光盘的标准文件系统，支持对光盘的读写和刻录等
proc	Linux 中基于内存的虚拟文件系统，用来存储有关内核运行状态的特定文件，提供了访问内核的特殊接口，挂载在 /proc 目录下

3.1.3   磁盘分区管理

介绍了关于磁盘、分区及文件系统的基本知识后，下面来正式学习如何对磁盘进行分区管理。需要提前说明的一点是，本节用到的 parted、fdisk、partprobe、mkfs、mount 和 umount 命令只有 root 用户才有权限使用。

1. 磁盘分区

在进行磁盘分区前要先了解系统当前的磁盘与分区状态，如系统中有几块磁盘、每块磁盘有几个分区、每个分区的大小和文件系统、采用哪种分区方案等。

lsblk 命令以树状结构列出了系统中的所有磁盘及磁盘的分区，如图 3-4 所示。

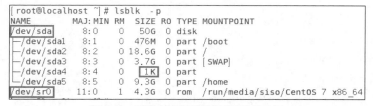

图 3-4   系统中的所有磁盘及磁盘的分区

有关 lsblk 命令的其他选项，大家可通过 man 命令查看。通过图 3-4 可以看出，当前系统有 /dev/sda 和 /dev/sr0 两个设备，/dev/sr0 是光盘镜像，而 /dev/sda 是通过 VMware Workstation 平台虚拟出来的一块硬盘。/dev/sda 上有 5 个分区，其中，/dev/sda4 的大小显示为 "1K"，这其实是因为它是一个扩展分区，不能直接使用。/dev/sda5 是在 /dev/sda4 中划分出来的逻辑分区。

前面说过，目录有两种主要的磁盘分区格式——MBR 和 GPT。其实，不同的磁盘分区表使用的分区工具也是不一样的，MBR 格式的磁盘分区表使用 fdisk 分区，而 GPT 格式的磁盘分区表使用 gdisk 分区。所以，需要先确定当前系统的磁盘分区表的类型，可以使用 parted 命令查看磁盘分区表的类型及分区详细信息，如图 3-5 所示。

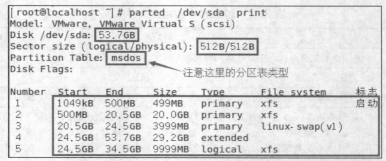

图 3-5　使用 parted 命令查看磁盘分区表的类型及分区详细信息

从图 3-5 可以看到磁盘的大小、磁盘分区表的类型及分区详细信息。注意，图 3-5 中显示当前系统的磁盘分区表类型是"msdos"，也就是 MBR，因此下面使用 fdisk 工具进行磁盘分区。

fdisk 工具的使用方法非常简单，只要把磁盘名称作为参数即可。下面以对 /dev/sda 磁盘进行分区为例，演示 fdisk 的使用方法，如例 3-2 所示。

例 3-2：使用 fdisk 工具进行磁盘分区

```
[root@localhost ~]# fdisk /dev/sda    // 注意 fdisk 的参数是磁盘名称而不是分区名称
欢迎使用 fdisk (util-linux 2.23.2)。


更改将停留在内存中，直到您决定将更改写入磁盘。
使用写入命令前请三思。


命令(输入 m 获取帮助)：
```

启用 fdisk 工具后，会进入交互式的操作环境，输入 m 可获取 fdisk 的子命令提示，如下所示。

例 3-2：使用 fdisk 工具进行磁盘分区（续）

```
命令(输入 m 获取帮助)：m                    <==输入 m 获取 fdisk 的子命令提示
命令操作
    a   toggle a bootable flag
    b   edit bsd disklabel
    c   toggle the dos compatibility flag
    d   delete a partition                // 删除分区
    g   create a new empty GPT partition table
    G   create an IRIX (SGI) partition table
    l   list known partition types        // 列出磁盘分区表类型
    m   print this menu                    // 获取 fdisk 分区帮助
    n   add a new partition                // 添加新分区
```

o	create a new empty DOS partition table	
p	print the partition table	// 打印磁盘分区表
q	quit without saving changes	// 退出 fdisk 而不保存分区操作
s	create a new empty Sun disklabel	
t	change a partition's system id	
u	change display/entry units	
v	verify the partition table	
w	write table to disk and exit	// 保存分区操作并退出 fdisk
x	extra functionality (experts only)	

上面给出注释的一些命令是进行分区操作时经常用到的。下面输入 p 查看当前的磁盘分区表信息。

例 3-2：使用 fdisk 工具进行磁盘分区（续）

命令(输入 m 获取帮助)：p　　<== 输入 p 查看磁盘分区表信息

磁盘 /dev/sda：53.7 GB, 53687091200 字节，104857600 个扇区
Units = 扇区 of 1 * 512 = 512 bytes
扇区大小(逻辑/物理)：512 字节 / 512 字节
I/O 大小(最小/最佳)：512 字节 / 512 字节
磁盘标签类型：dos
磁盘标识符：0x000c208e

设备	Boot	Start	End	Blocks	Id	System
/dev/sda1	*	2048	976895	487424	83	Linux
/dev/sda2		976896	40038399	19530752	83	Linux
/dev/sda3		40038400	47849471	3905536	82	Linux swap / Solaris
/dev/sda4		47849472	104857599	28504064	5	Extended
/dev/sda5		47851520	67381247	9764864	83	Linux

上面列出的分区表信息和图 3-5 所示的 parted 命令的输出基本相同，具体包括分区名称、是否为启动分区（用*标识）、起始扇区号、终止扇区号、扇区数、文件系统标识及文件系统名称。可以看到这几个分区的扇区是连续的，每个分区的起始扇区号就是前一个分区的终止扇区号加 1。另外，上面的信息还说明磁盘一共有 104857600 个扇区，目前只用到 67381247 号扇区。假设现在要添加一个新的分区，大小为 4GB，如下所示。

例 3-2：使用 fdisk 工具进行磁盘分区（续）

命令(输入 m 获取帮助)：n　　　　　　　　　　　　　<== 输入 n 添加新分区
All primary partitions are in use
添加逻辑分区 6
起始 扇区 (67383296-104857599，默认为 67383296)：<== 直接按 Enter 键采用默认值
将使用默认值 67383296
Last 扇区, +扇区 or +size{K,M,G} (67383296-104857599，默认为 104857599)：+4G
分区 6 已设置为 Linux 类型，大小设为 4 GiB

fdisk 会根据当前的系统分区状态确定新分区的编号，并询问新分区的起始扇区号。用户可以自己指定新分区的起始扇区号，但建议采用系统默认值，这里直接按 Enter 键即可。下一步要指定新分区的大小，fdisk 提供了 3 种方式：第一种方式是输入新分区的终止扇区号；第二种方式是采用"+扇区"的格式，即指定新分区的扇区数；第三种方式最简单，采用"+size"的格式直接指定新分区的大小（注意单位）即可。这里采用第三种方式指定新分区的大小，并再次输入 p 查看磁盘分区表信息。

例 3-2：使用 fdisk 工具进行磁盘分区（续）

命令(输入 m 获取帮助): p

磁盘 /dev/sda: 53.7 GB, 53687091200 字节, 104857600 个扇区
Units = 扇区 of 1 * 512 = 512 bytes
扇区大小(逻辑/物理)：512 字节 / 512 字节
I/O 大小(最小/最佳)：512 字节 / 512 字节
磁盘标签类型：dos
磁盘标识符：0x000c208e

设备	Boot	Start	End	Blocks	Id	System
/dev/sda1	*	2048	976895	487424	83	Linux
/dev/sda2		976896	40038399	19530752	83	Linux
/dev/sda3		40038400	47849471	3905536	82	Linux swap / Solaris
/dev/sda4		47849472	104857599	28504064	5	Extended
/dev/sda5		47851520	67381247	9764864	83	Linux
/dev/sda6		67383296	75771903	4194304	83	Linux

新建的分区出现在磁盘分区表中，名称为*/dev/sda6*。但如果此时输入 q 退出 fdisk，并使用 lsblk 命令查看磁盘及分区信息，会发现并没有*/dev/sda6*分区。其原因是刚才的操作只是保存在内存中，并没有被真正写入磁盘分区表。只有输入 w 才可以使操作生效，如下所示。

例 3-2：使用 fdisk 工具进行磁盘分区（续）

命令(输入 m 获取帮助): w   <== 输入 w 使操作生效
The partition table has been altered!

Calling ioctl() to re-read partition table.

WARNING: Re-reading the partition table failed with error 16: 设备或资源忙.
The kernel still uses the old table. The new table will be used at
the next reboot or after you run partprobe(8) or kpartx(8)
正在同步磁盘。

出现提示信息是由于系统正在使用这块磁盘，因此内核无法更新磁盘分区表，必须重新启动系统或通过 partprobe 命令重新读取磁盘分区表。下面采用重新读取磁盘分区表的方法。

例 3-2：使用 fdisk 工具进行磁盘分区（续）

[root@localhost ~]# partprobe -s /dev/sda   // 重新读取磁盘分区表

```
/dev/sda: msdos partitions 1 2 3 4 <5 6>
[root@localhost ~]# lsblk  -p              // 查看分区信息
NAME          MAJ:MIN   RM   SIZE   RO   TYPE   MOUNTPOINT
/dev/sda        8:0      0    50G    0    disk
├──/dev/sda1    8:1      0   476M    0    part   /boot
├──/dev/sda2    8:2      0   18.6G   0    part   /
├──/dev/sda3    8:3      0    3.7G   0    part   [SWAP]
├──/dev/sda4    8:4      0   512B    0    part
├──/dev/sda5    8:5      0    9.3G   0    part   /home
└──/dev/sda6    8:6      0    4G     0    part
```

至此，已成功地在磁盘 /dev/sda 中添加了一个新分区——/dev/sda6。下面使用 fdisk 工具删除这个新建的磁盘分区，如例 3-3 所示。

例 3-3：删除新建的磁盘分区

```
[root@localhost ~]# fdisk  /dev/sda
欢迎使用 fdisk (util-linux 2.23.2)。


更改将停留在内存中，直到您决定将更改写入磁盘。
使用写入命令前请三思。


命令(输入 m 获取帮助): d       <== 输入 d 删除分区
分区号 (1-6，默认 6): 6        <== 输入待删除的分区编号
分区 6 已删除


命令(输入 m 获取帮助): w       <== 输入 w 使操作生效
The partition table has been altered!


Calling ioctl() to re-read partition table.


WARNING: Re-reading the partition table failed with error 16: 设备或资源忙.
The kernel still uses the old table. The new table will be used at
the next reboot or after you run partprobe(8) or kpartx(8)
正在同步磁盘。
```

删除分区时系统给出了同样的提示，仍然需要重启系统或使用 partprobe 命令重新读取磁盘分区表，这里不再演示。

2. 磁盘格式化

分区创建完成后要对其进行格式化，即在分区中创建文件系统。这一步使用的命令是 mkfs，图 3-6 所示为在新创建的分区 /dev/sda6 中创建 xfs 文件系统的方法。

使用 mkfs 命令的 -t 选项可指定要在分区中创建的文件系统。虽然在这里只使用了 -t 选项，但实际上创建一个文件系统需要的设置非常多，如果没有明确指定，则表示使用这些选项的默认值。mkfs 命令执行完毕后会显示这些选项的默认值。

```
[root@localhost ~]# mkfs  -t  xfs  /dev/sda6
meta-data=/dev/sda6              isize=512    agcount=4, agsize=262144 blks
         =                       sectsz=512   attr=2, projid32bit=1
         =                       crc=1        finobt=0, sparse=0
data     =                       bsize=4096   blocks=1048576, imaxpct=25
         =                       sunit=0      swidth=0 blks
naming   =version 2              bsize=4096   ascii-ci=0 ftype=1
log      =internal log           bsize=4096   blocks=2560, version=2
         =                       sectsz=512   sunit=0 blks, lazy-count=1
realtime =none                   extsz=4096   blocks=0, rtextents=0
```

图 3-6　为新创建的分区中创建 xfs 文件系统

3. 分区挂载与卸载

挂载分区又称为挂载文件系统，这是使分区可以正常使用的最后一步。简单地说，挂载分区就是把一个分区与一个目录绑定，使目录作为进入分区的入口。将分区与目录绑定的操作称为"挂载"，目录称为"挂载点"。分区必须被挂载到某个目录后才可以使用。挂载分区的命令是 mount，它的选项和参数非常复杂，但目前只需要了解其最基本的用法，其基本语法如下。

mount [-t *文件系统类型*] *分区名 目录名*

-t 选项指明了要挂载的分区的文件系统类型，由于 mount 命令能自动检测出分区格式化时使用的文件系统，因此其实不需要使用-t 选项。下面来新建一个目录*/mnt/dir1*，并把例 3-2 中新建的分区*/dev/sda6*挂载到这个目录中，如例 3-4 所示。

例 3-4：挂载分区

```
[root@localhost ~]# mkdir  -p  /mnt/dir1              // 新建目录
[root@localhost ~]# ls  -l  -d  /mnt/dir1
drwxr-xr-x. 2  root  root  6  7月 1 14:20  /mnt/dir1
[root@localhost ~]# mount  /dev/sda6  /mnt/dir1       // 挂载分区到新目录中
[root@localhost ~]# lsblk  -p  /dev/sda6              // 显示分区挂载点
NAME     MAJ:MIN RM  SIZE RO  TYPE  MOUNTPOINT
/dev/sda6   8:6   0   4G   0   part  /mnt/dir1
[root@localhost ~]# cd  /mnt/dir1                     // 其实是进入/dev/sda6分区
```

挂载成功后，在目录*/mnt/dir1*中看到的内容都是存储在分区*/dev/sda6*中的，而在*/mnt/dir1*中所做的任何操作，包括创建、修改、删除文件等，其实最终都体现在分区*/dev/sda6*中。关于分区挂载，需要特别注意以下 3 点。

（1）不要把一个分区挂载到不同的目录中。

（2）不要把多个分区挂载到同一个目录中。

（3）作为挂载点的目录最好是一个空目录。

对于第三点，如果作为挂载点的目录不是空目录，那么挂载后目录中原来的内容会被暂时隐藏，将分区卸载后才能看到原来的内容。卸载分区就是解除分区与挂载点的绑定关系，所用的命令是umount，可以把分区名或挂载点作为参数进行卸载，如例 3-5 所示。

例 3-5：卸载分区

```
[root@localhost ~]# umount  /dev/sda6                 // 使用分区名卸载
[root@localhost ~]# umount  /mnt/dir1                 // 或使用挂载点卸载
[root@localhost ~]# lsblk  -p  /dev/sda6              // 检查分区挂载点
NAME     MAJ:MIN  RM  SIZE RO  TYPE  MOUNTPOINT
/dev/sda6   8:6    0   4G   0   part         <== 挂载点显示为空
```

这里分别介绍了分区、文件系统和挂载点的基本概念，三者的关系如图 3-7 所示。

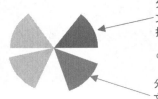

分区：/dev/sda1
文件系统：mkfs -t xfs /dev/sda1
挂载点：/home/siso

cd /home/siso/ito

分区：/dev/sda2
文件系统：mkfs -t xfs /dev/sda2
挂载点：/home/siso/ito

图 3-7　磁盘分区、文件系统和挂载的关系

可以看到，当使用 cd 命令在不同的目录之间进行切换时，逻辑上只是把工作目录从一处切换到另外一处，物理上很可能是从一个分区转移到另外一个分区。Linux 文件系统的这种设计实现了逻辑和物理的分离，使用户能够以一种统一的方式管理文件而不用考虑其所在的分区或实际的物理位置。

V3-3　磁盘分区的
完整操作

3.1.4　其他磁盘操作

本节介绍日常的文件系统管理中常用的命令。

1. df 命令

3.1.2 节提到，超级数据块用于记录和文件系统有关的信息，如 inode 和数据块的数量、使用情况、文件系统的格式等。df 命令用于从超级数据块中读取信息，显示整个文件系统的磁盘空间使用情况。df 命令的基本语法如下。

df 　[-ahHiklmPtTv]　[*目录或文件名*]

df 命令的常用选项及其功能如表 3-2 所示。

表 3-2　df 命令的常用选项及其功能

选项	功能说明
-a	显示所有文件系统，包括/proc、/sysfs 等系统特有的文件系统
-m	以 MB 为单位显示文件系统空间
-k	以 KB 为单位显示文件系统空间
-h	以人们习惯的 KB、MB 或 GB 为单位显示文件系统空间
-H	指定容量的换算以 1000 进位，即 1KB=1000B，1MB=1000KB
-T	显示每个分区的文件系统类型
-i	使用 inode 数量代替磁盘容量显示磁盘使用情况
-t *fstype*	只显示特定类型的文件系统

不加任何选项和参数时，df 命令默认显示系统中所有的文件系统，如例 3-6 所示。

例 3-6：df 命令的基本用法——不加任何选项和参数

```
[root@localhost ~]# df
文件系统              1K-块        已用       可用      已用%   挂载点
/dev/sda2       20961280  3663052   17298228    18%      /
```

devtmpfs	915768	0	915768	0%	/dev
tmpfs	931612	0	931612	0%	/dev/shm
tmpfs	931612	10736	920876	2%	/run
tmpfs	931612	0	931612	0%	/sys/fs/cgroup
/dev/sda5	10475520	41172	10434348	1%	/home
/dev/sda1	1038336	178068	860268	18%	/boot

例 3-6 中 df 命令各列输出的含义如下。

（1）文件系统（File System）：文件系统所在的分区名称。

（2）1K-块（1K-Blocks）：以 1KB 为单位的文件系统空间大小。

（3）已用（Used）：已使用的磁盘空间。

（4）可用（Available）：剩余的磁盘空间。

（5）已用%（Use%）：磁盘空间使用率。

（6）挂载点：分区挂载的目录。

使用-h 选项可使磁盘容量信息以用户易读的方式显示出来，如例 3-7 所示。

例 3-7：df 命令的基本用法——使用-h 选项

[root@localhost ~]# df -h		// 以易读的方式显示磁盘容量			
文件系统	容量	已用	可用	已用%	挂载点
/dev/sda2	20G	3.5G	17G	18%	/
devtmpfs	895M	0	895M	0%	/dev
tmpfs	910M	0	910M	0%	/dev/shm
tmpfs	910M	11M	900M	2%	/run
tmpfs	910M	0	910M	0%	/sys/fs/cgroup
/dev/sda5	10G	41M	10G	1%	/home
/dev/sda1	1014M	174M	841M	18%	/boot

如果把目录名或文件名作为参数，那么 df 命令会自动分析该目录或文件所在的分区，并把该分区的信息显示出来，如例 3-8 所示。

例 3-8：df 命令的基本用法——使用目录名参数

[root@localhost ~]# df -h /bin				// 自动分析/bin 所在的分区	
文件系统	容量	已用	可用	已用%	挂载点
/dev/sda2	20G	3.5G	17G	18%	/

本例中，df 命令分析出/bin 目录所在的分区是/dev/sda2，因此会显示这个分区的磁盘容量信息。

2. du 命令

du 命令用于计算目录或文件所占的磁盘空间大小，其基本语法如下。

du   [-abcDhHklLmsSxX]   [目录或文件名]

不加任何选项和参数时，du 会显示当前目录及其所有子目录的磁盘占用量，如例 3-9 所示。

例 3-9：du 命令的基本用法——不加任何选项和参数

[siso@localhost tmp]$ du	
4	./dir/subdir
8	./dir

```
16    .                <== 当前目录
```

可以通过一些选项改变 du 的行为，du 命令的常用选项及其功能如表 3-3 所示。

表 3-3　du 命令的常用选项及其功能

选项	功能说明
-a	显示所有目录和文件的磁盘占用量（默认只显示目录磁盘占用量）
-k	以 KB 为单位显示磁盘占用量
m	以 MB 为单位显示磁盘占用量
-h	以人们习惯的 KB、MB 或 GB 为单位显示磁盘占用量
-s	显示目录总磁盘占用量，不显示子目录和子文件的磁盘占用量
-S	显示目录磁盘占用量，但不包括子目录的磁盘占用量

如果想查看当前目录的总磁盘占用量，则可以使用-s 选项；-S 选项仅显示每个目录本身的磁盘占用量，但不包括其子目录的磁盘占用量，如例 3-10 所示。

例 3-10：du 命令的基本用法——-s 和-S 选项

```
[siso@localhost tmp]$ du  -s
16    .                <== 目录总磁盘占用量
[siso@localhost tmp]$ du  -S
4    ./dir/subdir
4    ./dir
8    .                <== 不包括子目录磁盘占用量
```

df 和 du 命令的区别在于，df 命令直接读取文件系统的超级数据块，统计的是整个文件系统的容量信息；而 du 命令会到文件系统中查找所有目录和文件的数据，因此，如果查找的范围太大，则 du 的执行可能需要较长时间。

3. ln 命令

ln 命令可以在两个文件之间建立链接关系，有些像 Windows 操作系统中的快捷方式，但并不完全一样。Linux 文件系统中的链接分为硬链接和软链接（又称符号链接）。下面简单说明这两种链接的不同。

V3-4　软链接和硬链接

3.1.2 节提到，每个文件都对应一个 inode，指向保存文件实际内容的数据块，因此通过 inode 可以快速找到文件的数据块。简单地说，硬链接就是创建一个链接文件指向原文件的 inode。也就是说，链接文件和原文件共享同一个 inode，因此这两个文件的属性是完全相同的，链接文件只是原文件的一个"别名"。删除链接文件或原文件时，只是删除了这个文件和 inode 的对应关系，inode 本身及数据块都不受影响，仍然可以通过另一个文件打开。硬链接示例如例 3-11 所示。

例 3-11：硬链接示例

```
[siso@localhost tmp]$ ls  -l  -i        // 使用-i 选项显示文件 inode 编号
8388727 -rw-rw-r--. 1 siso siso 14 7月 2 21:15 file1
[siso@localhost tmp]$ cat   file1
this is file1
[siso@localhost tmp]$ ln   file1  file2   // ln 命令默认建立硬链接
```

```
[siso@localhost tmp]$ ls  -l  -i              // 两个文件的属性完全相同
8388727  -rw-rw-r--. 2  siso  siso  14  7月 2 21:15  file1
8388727  -rw-rw-r--. 2  siso  siso  14  7月 2 21:15  file2
[siso@localhost tmp]$ rm   file1              // 删除原文件
[siso@localhost tmp]$ ls  -l  -i              // inode 及文件数据块仍然存在
8388727  -rw-rw-r--. 1  siso  siso  14  7月 2 21:15  file2
[siso@localhost tmp]$ cat   file2             // 内容不变
this is file1
```

可以看出，链接文件 *file2* 与原文件 *file1* 的 inode 编号相同，删除原文件后，链接文件仍然可以正常打开。另一个值得注意的地方是，创建硬链接文件后，ls -l -i 命令的第 3 列输出从 1 变为 2，这个数字表示链接到这个 inode 的文件的数量，所以当删除原文件后，这个数字又变为 1。

软链接是一个独立的文件，有自己的 inode，并不指向原文件的 inode。软链接的数据块保存的是原文件的文件名，也就是说，软链接只是通过这个文件名打开原文件。删除软链接并不影响原文件，但如果原文件被删除了，那么软链接将无法打开原文件，从而变成一个死链接。和硬链接相比，软链接更接近于 Windows 操作系统中的"快捷方式"功能。软链接示例如例 3-12所示。

例 3-12：软链接示例

```
[siso@localhost tmp]$ ls  -l  -i
8388726  -rw-rw-r--. 1  siso  siso  14  7月 2 21:33  file1
[siso@localhost tmp]$ ln  -s  file1  file2      // 使用 -s 选项建立软链接
[siso@localhost tmp]$ ls  -l  -i                // 两个文件的属性并不相同
8388726  -rw-rw-r--. 1  siso  siso  14  7月 2 21:33  file1
8388708  lrwxrwxrwx. 1  siso  siso   5  7月 2 22:03  file2 -> file1
[siso@localhost tmp]$ rm   file1
[siso@localhost tmp]$ cat   file2
cat: file2: 没有那个文件或目录
```

可以看出，软链接与原文件的 inode 编号并不相同。在删除原文件后，软链接文件无法打开。

任务实施

从磁盘分区开始，Linux 学习之旅进入了"深水区"。孙老师明显感觉到同学们对这一知识点理解得不够深入，特别是有很多同学不能独自完成磁盘分区和格式化的任务。孙老师决定带着大家再把这个任务做一遍。

第 1 步，进入 CentOS 7.6 操作系统，打开一个终端窗口，使用 su - root 命令切换到 root 用户。

第 2 步，使用 lsblk -p 命令查看当前系统的所有磁盘及分区。系统当前有一块虚拟硬盘，命名为 */dev/sda*。在其上有 5 个分区，编号为 */dev/sda1* ~ */dev/sda5*。其中，*/dev/sda4* 为扩展分区，不能直接使用；*/dev/sda5* 是在 */dev/sda4* 上划分出来的逻辑分区。因此，新添加的分区应从 6 开始编号。

第 3 步，使用 fdisk /dev/sda 命令进入 fdisk 的交互模式。fdisk 命令可用于对磁盘进行分区管理。

　　第 4 步，输入 m，获取 fdisk 的子命令提示。在 fdisk 交互模式下有很多子命令，每个子命令用一个字母表示，如 n 表示添加分区，d 表示删除分区。

　　第 5 步，输入 p，查看磁盘分区表信息。这里显示的磁盘分区表信息包括分区名称、启动分区标识、起始扇区号、终止扇区号、扇区数、文件系统标识及文件系统名称等。

　　第 6 步，输入 n，添加新分区。fdisk 根据已有分区自动确定新分区号是 6，并提示输入新分区的起始扇区号。这里直接按 Enter 键，即采用默认值。

　　第 7 步，fdisk 提示输入新分区的大小。考虑到学生的实际接受能力，孙老师决定采用最简单的一种方式，输入"+8G"，即指定分区大小为 8GB。

　　第 8 步，输入 p，再次查看磁盘分区表信息。虽然现在可以看到新添加的/dev/sda6 分区，但是孙老师特别强调这些操作目前只是保存在内存中，重启系统后才会真正写入磁盘分区表。

　　第 9 步，输入 w，保存操作并退出 fdisk 交互模式。

　　第 10 步，使用 shutdown –r now 命令重启系统。打开终端窗口并切换到 root 用户。再次使用 lsblk –p 命令查看当前系统的所有磁盘及分区，此时应该能够看到/dev/sda6 分区已经出现在磁盘分区表中了。

　　第 11 步，使用 mkfs –t xfs /dev/sda6 命令为/dev/sda6 分区创建文件系统。

　　执行完以上步骤后，孙老师提出了一个问题：创建了文件系统的分区是否可以正常使用？有几位学生回答说需要将这个分区挂载到一个目录中才能正常访问。孙老师对此表示赞同，并补充说这是使新分区可用的最后一步。

　　第 12 步，使用 mkdir –p /mnt/testdir 命令创建新目录，使用 mount /dev/sda6 /mnt/testdir 命令将/dev/sda6 分区与目录/mnt/testdir 绑定。

　　第 13 步，为了验证挂载的结果，使用 lsblk –p /dev/sda6 命令查看/dev/sda6 分区的挂载点。

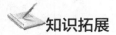

知识拓展

　　随着系统的使用时间变长，文件会越来越多，占用的空间也会越来越大，如果没有有效管理，就会为系统的正常运行带来一定的隐患。归档和压缩是 Linux 系统管理员管理文件系统时经常使用的两种方法，下面介绍与归档和压缩相关的概念和命令。

1．归档和压缩的基本概念

　　归档就是人们常说的"打包"，下文用打包代替。打包就是把一组目录和文件组合成一个文件，这个文件的大小是原来目录和文件的总和。可以将打包操作形象地比喻为把几块海绵放到一个篮子里形成一块大海绵。压缩虽然也是把一组目录和文件组合成一个文件，但是它会使用某种算法对这个新文件进行处理，以减少其占用的存储空间。可以把压缩想象成对这块大海绵进行"脱水"，使它的体积变小，以达到节省空间的目的。

2．打包和压缩命令

　　tar 是 Linux 操作系统中最常用的打包命令。tar 命令除了打包外，还可以从打包文件中恢复原文件，即"展开"打包文件，这是和打包相反的操作。打包文件通常以".tar"作为文件扩展名，又被称为 tar 包。tar 命令的选项和参数非常多，但常用的只有几个。tar 命令的常用选项及其功能如表 3-4 所示。

表 3-4　tar 命令的常用选项及其功能

选项	功能说明
-c	建立打包文件（和-x、-t 选项不能同时使用）
-r	将文件追加到打包文件的结尾
-A	合并两个打包文件
-f *filename*	指定打包文件名
-v	显示正在处理的文件名
-x	展开打包文件
-t	查看打包文件包含哪个文件或目录
-C *dir*	指定在特定目录中展开打包文件

例 3-13 所示为对目录和文件进行打包的方法。

例 3-13：tar 命令的基本用法——打包

```
[siso@localhost tmp]$ ls
dir1   file1
[siso@localhost tmp]$ tar  -cvf  1.tar  dir1  file1      // 1.tar 是目标打包文件
dir1/           <== 使用-v 选项可以显示文件处理过程
file1
[siso@localhost tmp]$ ls
1.tar  dir1   file1
[siso@localhost tmp]$ tar  -tf  1.tar      // 使用-t 选项查看打包文件内容
dir1/
file1
```

从打包文件中恢复原文件时只需以-x 选项代替-c 选项即可，如例 3-14 所示。

例 3-14：tar 命令的基本用法——恢复原文件

```
[siso@localhost tmp]$ tar  -xf  1.tar  -C  /tmp      // 在/tmp 目录中展开打包文件
[siso@localhost tmp]$ ls  -d  /tmp/dir1   /tmp/file1
/tmp/dir1   /tmp/file1
```

如果要将一个文件追加到 tar 包的结尾，则需要使用-r 选项，如例 3-15 所示。

例 3-15：tar 命令的基本用法——将一个文件追加到 tar 包的结尾

```
[siso@localhost tmp]$ touch  file2
[siso@localhost tmp]$ tar  -rf  1.tar  file2
[siso@localhost tmp]$ tar  -tvf  1.tar
dir1/
file1
file2          <== file2 被追加到 1.tar 中
```

可以对打包文件进行压缩操作。gzip 是 Linux 操作系统中常用的压缩工具，gunzip 是和 gzip 对应的解压缩工具。使用 gzip 工具压缩后的文件扩展名为 “.gz”。这里不详细讲解 gzip 和 gunzip 的具体选项和参数，只演示它们的基本用法，如例 3-16 和例 3-17 所示。

例 3-16：gzip 命令的基本用法

```
[siso@localhost tmp]$ touch    file1   file2
[siso@localhost tmp]$ tar   -cf   1.tar  file1   file2    // 打包 file1 和 file2
[siso@localhost tmp]$ ls
1.tar   file1   file2
[siso@localhost tmp]$ gzip    1.tar     // 对 1.tar 进行压缩
[siso@localhost tmp]$ ls
1.tar.gz   file1   file2         <== 1.tar 被删除
```

使用 gzip 对 1.tar 进行压缩时，压缩文件自动被命名为 1.tar.gz，而且原打包文件 1.tar 会被删除。如果想对 1.tar.gz 进行解压缩，则有两种办法：一种方法是使用 gunzip 命令，把压缩文件作为参数使用，如例 3-17 所示；另一种方法是使用 gzip 命令，但是要使用-d 选项。

例 3-17：gunzip 命令的基本用法

```
[siso@localhost tmp]$ gunzip   1.tar.gz    // 也可以使用 gzip   -d   1.tar.gz 命令
[siso@localhost tmp]$ ls
1.tar   file1   file2
```

bzip2 也是 Linux 操作系统中常用的压缩工具，压缩文件扩展名为".bz2"，它对应的解压缩工具是 bunzip。bzip2 和 bunzip 与 gzip 和 gunzip 的用法很相似，这里不再赘述，可以使用 man 命令自行学习。

3. 使用 tar 命令同时打包和压缩

前面介绍了先对文件和目录进行打包，再对打包文件进行压缩的方法。其实 tar 命令可以同时进行打包和压缩操作，也可以同时进行解压缩并展开打包文件操作，只要使用额外的选项指明压缩文件的格式即可。其常用的选项有两个，-z 选项用于压缩和解压缩".tar.gz"格式的文件，而-j 选项用于压缩和解压缩".tar.bz2"格式的文件，如例 3-18 和例 3-19 所示。

例 3-18：tar 命令的高级用法——压缩和解压缩".tar.gz"格式的文件

```
[siso@localhost tmp]$ touch   file1   file2
[siso@localhost tmp]$ tar   -zcf   1.tar.gz  file1  file2    // -z 和-c 结合使用
[siso@localhost tmp]$ ls
1.tar.gz   file1   file2
[siso@localhost tmp]$ tar   -zxf   1.tar.gz   -C  /tmp     // -z 和-x 结合使用
[siso@localhost tmp]$ ls /tmp/file1   /tmp/file2
/tmp/file1   /tmp/file2
```

例 3-19：tar 命令的高级用法——压缩和解压缩".tar.bz2"格式的文件

```
[siso@localhost tmp]$ touch   file1   file2
[siso@localhost tmp]$ tar   -jcf   1.tar.bz2  file1   file2    // -j 和-c 结合使用
[siso@localhost tmp]$ ls
1.tar.bz2   file1   file2
[siso@localhost tmp]$ tar   -jxf   1.tar.bz2   -C  /tmp     // -j 和-x 结合使用
[siso@localhost tmp]$ ls /tmp/file1   /tmp/file2
/tmp/file1   /tmp/file2
```

任务实训

本实训的主要任务是练习使用 fdisk 工具进行磁盘分区，熟练掌握 fdisk 的各种命令选项；同时，练习使用 tar 命令、gzip 和 bzip2 命令对文件进行打包和压缩，这也是 Linux 系统管理员必须掌握的基本技能。

【实训目的】

（1）掌握在 Linux 中使用 fdisk 工具管理分区的方法。

（2）掌握文件系统的挂载与卸载。

【实训内容】

按照以下步骤完成磁盘分区管理的练习。

（1）使用带-p 选项的 lsblk 命令查看当前磁盘及分区的状态，分析 lsblk 的输出中每一列的含义。思考问题：当前系统有几块磁盘？每块磁盘各有什么接口，有几个分区？磁盘名称和分区名称有什么规律？使用 man 命令学习 lsblk 的其他选项并进行练习。

（2）使用 parted 命令查看磁盘的分区表的类型，根据磁盘分区表的类型确定分区管理工具。如果是 MBR 格式的磁盘分区表，则使用 fdisk 工具进行分区；如果是 GPR 格式的磁盘分区表，则使用 gdisk 工具进行分区。

（3）使用 fdisk 工具对系统当前磁盘添加分区。进入 fdisk 交互工作模式，依次完成以下操作。

① 输入 m，获取 fdisk 命令帮助。

② 输入 p，显示当前的磁盘分区表信息，并与 lsblk、parted 的输出进行比较。

③ 输入 n，开始添加新分区。

④ 使用系统默认值作为新分区的起始扇区号。

⑤ 手动输入新分区的终止扇区号。

⑥ 输入 w，保存分区操作。

⑦ 使用 partprobe 命令读取磁盘分区表。

⑧ 再次使用 lsblk 和 parted 命令查看系统的磁盘及分区信息。

（4）继续添加两个新分区，并分别使用"+扇区""+size"格式指定新分区的大小。

（5）使用 fdisk 工具删除其中一个新建的分区并查看结果。

任务 3.2　用户与用户组管理

任务陈述

为了实现安全控制，每次登录 Linux 操作系统时都要选择一个用户并输入密码。每个用户在系统中有不同的权限，其所能管理的文件、执行的操作也不同。每个用户都属于一个或多个用户组，只要对用户组设置相应的权限，组中的用户就会自动继承所属用户组的设置。管理用户和用户组也是 Linux 系统管理员的一项重要工作。本任务介绍用户和用户组的基本概念、用户和用户组的配置文件、用户和用户组的常规管理。

知识准备

3.2.1 用户和用户组的基本概念

Linux 是一个多用户操作系统，支持多个用户同时登录操作系统。每个用户使用不同的用户名登录操作系统，并且需要提供密码。每个用户的权限不同，所能完成的任务也不同，用户管理是 Linux 安全管理机制的重要一环。通过为不同的用户赋予不同的权限，Linux 能够有效管理系统资源，合理组织文件，实现对文件的安全访问。

V3-5 认识 Linux
用户和用户组

为每一个用户设置权限是一项烦琐的工作，而且有些用户的权限是相同的。引入"用户组"的概念可以很好地解决这两个问题。用户组是用户的逻辑组合，为用户组设置相应的权限，组内的用户就会自动拥有这些权限。这种方式可以简化用户管理工作，提高系统管理员的工作效率。

用户和用户组都有一个字符串形式的名称，但其实在系统内部用于识别用户和用户组的是数字形式的 ID，也就是用户 ID（User ID，UID）和组 ID（Group ID，GID）。这很像人们的姓名与身份证号码的关系，只不过在 Linux 操作系统中，用户名是不能重复的。UID 和 GID 是数字，每个用户和用户组都有唯一的 UID 和 GID。

3.2.2 用户和用户组的配置文件

既然登录时使用的是用户名，而系统内部使用用户 ID 来识别用户，那么 Linux 如何根据登录名确定其对应的 UID 和 GID 呢？这就涉及用户和用户组的配置文件。

1. 用户配置文件

（1）/etc/passwd 文件

在 Linux 操作系统中，与用户相关的配置文件有两个——/etc/passwd 和 /etc/shadow。前者记录了用户的基本信息，后者记录了用户的密码及相关信息。下面先来看一下 /etc/passwd 文件的内容，如例 3-20 所示。

例 3-20：/etc/passwd 文件的内容

```
[siso@localhost ~]$ ls  -l  /etc/passwd
-rw-r--r--.  1  root  root  2259  6月 6 06:24  /etc/passwd
[siso@localhost ~]$ cat  /etc/passwd
root:x:0:0:root:/root:/bin/bash          <== 每一行代表一个用户
bin:x:1:1:bin:/bin:/sbin/nologin
daemon:x:2:2:daemon:/sbin:/sbin/nologin
…省略部分输出…
siso:x:1000:1000:siso:/home/siso:/bin/bash
```

在 /etc/passwd 文件中，每一行代表一个用户。可能大家会有这样的疑问：在安装操作系统时，除了默认的 root 用户，只创建了 siso 用户，为什么 /etc/passwd 中会出现这么多用户？其实，这里的大多数用户是系统用户（又称伪用户），不能使用这些用户直接登录系统，但它们是系统进程正常运行所必需的。这些用户不能随意修改，否则依赖它们的系统服务可能无法正常运行。每一行的用户信息都包含 7 个字段，用"："分隔，格式如下。

用户名:密码:UID:GID:用户描述:主目录:默认 Shell

下面介绍每个字段的含义。

① 用户名：用户名就是一个代表用户身份的字符串，只是为了方便人们记忆，操作系统真正用来识别用户身份的是 UID。*/etc/passwd* 文件记录了用户名和 UID 的对应关系。

② 密码：在*/etc/passwd* 文件中，所有用户的密码都是"x"，但这并不代表所有用户的密码都相同。早期的 UNIX 操作系统使用这个字段保存密码，但是因为*/etc/passwd* 文件可以被所有用户读取，这样很容易造成密码泄露，所以后来就把用户的密码转移到了*/etc/shadow* 文件中，而这个字段就用"x"填充。

③ UID：UID 是一个用于标识用户身份的数字，不同范围的数字表示不同身份的用户，UID 的含义如表 3-5 所示。

表 3-5　UID 的含义

UID 范围	用户身份
0	UID 为 0 的用户表示系统超级用户（系统管理员），默认是 root 用户。如果把一个用户的 UID 改为 0，则它具有和 root 用户相同的权限。因此，系统中的超级用户可以有多个，但一般不建议这么做，因为有可能让系统管理变得混乱，也会增加系统风险。
1~999	这一部分数字保留给系统用户使用。通常，这一部分用户又被分为以下两类： ● 1~200：系统自行建立的系统账号 ● 201~999：若用户有系统账号需求，则可以使用这一部分数字
1000~65535	给普通用户使用。例 3-20 所示的 siso 用户的 UID 就是 1000。新版本的 Linux 内核（3.10.x 以后）支持的最大 UID 是 $2^{32}-1$，这已经足够使用了。

④ GID：GID 和 UID 类似，是一个用于标识用户组的标识符，3.2.3 节会详细介绍用户组。

⑤ 用户描述：这是关于用户特征的简要说明，对于系统管理而言并不是必需的。

⑥ 主目录：用于记录用户的主目录，它也是登录终端窗口后默认的工作目录。一般来说，root 用户的主目录是*/root*，普通用户的主目录就是*/home* 目录中和用户名同名的子目录。例如，siso 用户的主目录默认是*/home/siso*。通过这个字段可以改变用户的默认主目录。

⑦ 默认 Shell：之前说过，Shell 接收用户的输入并交由内核执行。这个字段指定了用户使用的 Shell。Linux 操作系统中提供了几种不同的 Shell，系统默认使用的是 Bash。如果把这个字段修改为"/sbin/nologin"，则意味着禁止用户使用 Shell 环境。

（2）*/etc/shadow* 文件

/etc/shadow 文件的内容如例 3-21 所示。

例 3-21：*/etc/shadow* 文件的内容

```
[siso@localhost ~]$ cat  /etc/shadow
cat: /etc/shadow: 权限不够              <== siso 用户无法打开/etc/shadow
[siso@localhost ~]$ su  -  root    // 切换到 root 用户
密码：
上一次登录：五 7 月 5 04:41:45 CST 2019pts/0 上
[root@localhost ~]# cat  /etc/shadow
```

root:$6$0A2o.kK4X1BIXCYS$N2lojJ1NkQd0gDmexgKtj1l2bemW05fDmG7bKXO6Zu72a3WS
W.dU8hpt2K.JIkxKdP58dd9vqRRPU2kCaPr.R/::0:99999:7:::

…省略部分输出…

siso:6WA3QzuF86iE/uOtc$VzzLfMTDjbjPD6HMbJLSuRohLwSI/Ygl2x3MNUaZhALa1dtgt9p
dPZ68hht.lwPhczUI3a4BH1zQqWNSUG4yU/::0:99999:7:::

普通用户无法打开 /etc/shadow 文件，必须使用 root 用户才可以打开此文件，这主要是为了防止用户的密码泄露。/etc/shadow 文件的每一行代表一个用户，包含用"："分隔的 9 个字段。容易看出，第一个字段是用户名，第二个字段是加密后的密码，后面的几个字段分别是最近一次密码修改日期、最小修改时间间隔、密码有效期、密码到期前的警告天数、密码到期后的宽限天数、账号失效日期（不管密码是否到期）、保留使用。这里不详细介绍每个字段的含义，可通过 man 5 shadow 命令查看各字段的具体含义。

2. 用户组配置文件

用户组的配置文件是 /etc/group，其内容如例 3-22 所示。

例 3-22：/etc/group 文件的内容

[siso@localhost ~]$ cat   /etc/group

root:x:0:

bin:x:1:

…省略部分输出…

siso:x:1000:siso

和 /etc/passwd 文件的结构类似，/etc/group 的每一行代表一个用户组，包含用"："分隔的 4 个字段，每个字段的含义解释如下。

（1）组名：和用户名一样，给每个用户组设置一个易于理解和记忆的名称。

（2）组密码：组密码本来是要指定给组管理员使用的，但这个功能现在很少使用，因此这里全用"x"替代。

（3）GID：这是每个用户组的数字标识符，和 /etc/passwd 文件中第 4 个字段的 GID 相对应。

V3-6　用户和组配置文件之间的关系

（4）组内用户：每个组包含的用户，列出了具体的用户名。

3.2.3　用户和用户组的常规管理

下面先来了解一下用户和用户组的关系，再分别介绍用户管理和用户组管理的具体方法，最后介绍几个和用户相关的命令。

1. 用户和用户组的关系

一个用户可以只属于一个用户组，也可以属于多个用户组。一个用户组可以只包含一个用户，也可以包含多个用户。因此，用户和用户组存在一对一、一对多、多对一和多对多 4 种对应关系。当一个用户属于多个用户组时，就有了初始组（又称主组）和附加组的概念。

用户的初始组指的是只要用户登录到系统，就自动拥有这个组的权限。一般来说，当添加新用户时，如果没有明确指定用户所属的组，那么系统会默认创建一个和用户名同名的用户组，这个用户组就是新用户的初始组。用户的初始组是可以修改的，但每个用户只能属于一个初始组。除了初始组外，用户加入的其他组称为附加组。一个用户可以同时加入多个附加组，并且拥有每个附加组的权限。需要注意的是，*/etc/passwd* 文件中第 4 个字段的 GID 指的是用户初始组的 GID。

2. 用户管理

（1）新增用户

使用 useradd 命令可以非常方便地新增一个用户。useradd 命令的基本语法如下。

> useradd [*选项*] *用户名*

虽然 useradd 提供了非常多的选项，但其实不使用任何选项就可以创建一个新用户，因为 useradd 定义了很多默认值。当不使用选项时，useradd 默认会执行以下操作。

① 在*/etc/passwd* 文件中新增一行与新用户相关的数据，包括 UID、GID、主目录等。

② 在*/etc/shadow* 文件中写入一行与新用户相关的密码数据，但此时密码为空。

③ 在*/etc/group* 文件中新增一行与新用户同名的用户组。

④ 在*/home* 目录中创建与新用户同名的目录，并将其作为新用户的主目录。

useradd 命令的基本用法如例 3-23 所示。

例 3-23：useradd 命令的基本用法——不加任何选项

```
[root@localhost ~]# useradd   zys
[root@localhost ~]# grep  zys  /etc/passwd
zys:x:1001:1001::/home/zys:/bin/bash
[root@localhost ~]# grep  zys  /etc/shadow
zys:!!:18083:0:99999:7:::
[root@localhost ~]# grep  zys  /etc/group
zys:x:1001:          <== 创建一个同名的用户组
[root@localhost ~]# ls  -ld  /home/zys
drwx------.  3  zys  zys  78  7 月 6 20:02  /home/zys
```

显然，useradd 帮助用户指定了新用户的 UID、GID 及初始组等信息。如果不想使用这些默认值，则要利用选项加以明确指定。useradd 命令的常用选项及其功能如表 3-6 所示。

表 3-6 useradd 命令的常用选项说明

选项	功能说明
-d *homedir*	指定用户的主目录，必须是绝对路径
-u *uid*	指定用户的 UID
-g *gid* 或-g *gname*	指定用户初始组的 GID 或组名，必须是已经存在的组
-G *groups*	指定用户的附加组，如果有多个附加组，则用 "," 分隔
-m	强制建立用户的主目录，这是普通用户的默认值
-M	不要建立用户的主目录，这是系统用户的默认值
-s *shell*	指定用户的默认 Shell
-c *comment*	关于用户的简短描述，即*/etc/passwd* 文件第 5 个字段的内容
-r	创建一个系统用户（UID 在 1000 以内）
-e *expiredate*	指定账号失效日期，即*/etc/shadow* 文件的第 8 个字段，格式为 *YYYY-MM-DD*
-f *inactive*	用户密码到期后的宽限天数，即*/etc/shadow* 文件的第 7 个字段。0 表示立即失效，-1 表示永远不失效

例如，要创建一个名为 sjx 的新用户，手动指定其主目录、UID 和初始组，方法如例 3-24 所示。

例 3-24：useradd 命令的基本用法——不使用默认值

```
[root@localhost ~]# useradd -d /home/sjx1 -u 1111 -g zys sjx
[root@localhost ~]# grep sjx /etc/passwd
sjx:x:1111:1001::/home/sjx1:/bin/bash    <== 1001 是 zys 用户组的 GID
[root@localhost ~]# grep sjx /etc/group    // 未创建同名用户组
[root@localhost ~]# ls -ld /home/sjx1
drwx------. 3 sjx zys 78 7月 6 20:05 /home/sjx1
```

V3-7 useradd
命令常用选项

（2）设置用户密码

使用 useradd 命令创建用户时并没有为用户设置密码，因此用户无法登录系统。可以使用 passwd 命令为用户设置密码。passwd 命令的基本语法如下。

passwd [*选项*] [*用户名*]

passwd 命令的常用选项及其功能如表 3-7 所示。

表 3-7 passwd 命令的常用选项及其功能

选项	功能说明
-l	锁定用户，即 "lock"。在*/etc/shadow* 文件第 1 个字段前加 "！"使密码无效，只有 root 用户能够使用这个选项
-u	解锁用户，即 "unlock"。作用与-l 选项相反，同样只有 root 用户能够使用
-S	查询用户密码的相关信息，即查询*/etc/shadow* 文件的内容
-n *mindays*	密码修改后 mindays 天内不能再修改密码，即*/etc/shadow* 文件第 4 个字段的内容
-x *maxdays*	密码有效期，即*/etc/shadow* 文件第 5 个字段的内容
-w *warndays*	密码过期前的警告天数，即*/etc/shadow* 文件第 6 个字段的内容
-i *inactivedays*	密码失效日期，即*/etc/shadow* 文件第 7 个字段的内容

root 用户可以为所有普通用户修改密码，如例 3-25 所示。

例 3-25：passwd 命令的基本用法——root 用户为普通用户修改密码

```
[root@localhost ~]# passwd zys    // 以 root 用户身份修改 zys 用户的密码
更改用户 zys 的密码。
新的 密码：          <== 在这里输入 zys 用户的密码
无效的密码： 密码少于 8 个字符    <== 提示密码太简单，但只是提示
重新输入新的 密码：      <== 确定新密码
passwd：所有的身份验证令牌已经成功更新。
```

如果输入的密码太简单，则系统会给出提示，但是可以忽略这个提示继续向下操作。在实际的生产环境中，强烈建议大家设置相对复杂的密码以增加系统的安全性。当然，每个用户都可以修改自己的密码，如例 3-26 所示。

例 3-26：passwd 命令的基本用法——普通用户修改自己的密码

```
[zys@localhost ~]$ passwd    // 为自己修改密码
更改用户 zys 的密码。
为 zys 更改 STRESS 密码。
（当前）UNIX 密码：        <== 在这里输入原密码
```

新的 密码：	<==	在这里输入新密码
无效的密码： 密码少于 8 个字符	<==	提示密码太简单，不满足复杂性要求
新的 密码：	<==	重新输入新密码
重新输入新的 密码：	<==	再次输入新密码

passwd：所有的身份验证令牌已经成功更新。

可以看到普通用户修改密码与 root 用户修改密码有几点不同。第一，普通用户只能修改自己的密码，因此在 passwd 命令后不用输入用户名；第二，普通用户修改密码前必须输入自己的原密码，这是为了验证用户的身份，防止密码被其他用户恶意修改；第三，普通用户修改密码时必须满足密码复杂性要求，这是强制的要求而非普通的提示。要使用特定选项修改用户密码信息，方法如例 3-27 所示。

例 3-27：passwd 命令的基本用法——使用特定选项修改用户密码信息

```
[root@localhost  ~]# passwd  -n  10  -x  30  -w  5  zys
调整用户密码老化数据 zys。
passwd: 操作成功
```

本例表示 zys 用户的密码 10 天内不允许修改，但 30 天内必须修改，而且密码到期前 5 天会有提示。

（3）修改用户信息

如果在使用 useradd 命令新建用户时指定了错误的参数，或者因为其他某些原因想修改一个用户的信息，则可以使用 usermod 命令。usermod 命令主要用来修改一个已经存在的用户的信息，它的参数和 useradd 命令非常相似，可以通过 man 命令进行学习，这里不再赘述。下面给出一个修改用户信息的例子，如例 3-28 所示。

例 3-28：usermod 命令的基本用法修改用户信息

```
[root@localhost  ~]# grep  sjx  /etc/passwd
sjx:x:1111:1001::/home/sjx1:/bin/bash
[root@localhost  ~]# usermod  -d  /home/sjx2  -u  1234  -g  root  sjx
[root@localhost  ~]# grep  sjx  /etc/passwd
sjx:x:1234:0::/home/sjx2:/bin/bash        <== GID 为 0，表示 root 组
```

请仔细观察使用 usermod 命令修改 sjx 用户的信息后，*/etc/passwd* 文件中相关数据的变化，并思考：如果在 usermod 命令中指定的用户主目录 */home/sjx2* 事先不存在，那么 usermod 命令会自动创建它吗？请读者动手验证。

（4）删除用户

使用 userdel 命令可以删除一个用户。前面说过，使用 useradd 命令新建用户的主要操作是在几个文件中添加用户信息，并创建用户主目录。userdel 就是要删除这几个文件中的用户信息，但要使用-r 选项才能同时删除用户主目录，如例 3-29 所示。

例 3-29：userdel 命令的基本用法删除用户

```
// 下面 4 条命令用于显示删除用户前的文件内容
[root@localhost  ~]# grep  zys  /etc/passwd
zys:x:1001:1001::/home/zys:/bin/bash
[root@localhost  ~]# grep  zys  /etc/shadow
zys:!!:18083:0:99999:7:::
```

```
[root@localhost ~]# grep   zys   /etc/group
zys:x:1001:
[root@localhost ~]# ls   -d   /home/zys
/home/zys
[root@localhost ~]# userdel   -r   zys              // 删除用户账户，并删除用户主目录
// 下面显示删除用户后的文件内容
[root@localhost ~]# grep   zys   /etc/passwd        // 从 /etc/passwd 文件中进行删除
[root@localhost ~]# grep   zys   /etc/shadow        // 从 /etc/shadow 文件中进行删除
[root@localhost ~]# grep   zys   /etc/group         // 从 /etc/group 文件中进行删除
[root@localhost ~]# ls   -d   /home/zys
ls: 无法访问/home/zys: 没有那个文件或目录       <== 用户主目录一同被删除
```

3. 用户组管理

前面已经介绍了管理用户的命令，现在开始介绍几个和用户组相关的命令。

（1）groupadd 命令

groupadd 命令用于新增用户组，用法比较简单，在命令后加上组名即可。其最常用的选项有两个：–r 选项，用来创建系统群组；–g 选项，手动指定用户组 ID，即 GID。groupadd 命令的基本用法如例 3-30 所示。

例 3-30：groupadd 命令的基本用法

```
[root@localhost ~]# groupadd   sie
[root@localhost ~]# grep   sie   /etc/group
sie:x:1001:                                      <== 在/etc/group 文件中添加用户组信息
[root@localhost ~]# groupadd   -g   1100   ict    // 指定用户组 GID
[root@localhost ~]# grep   ict   /etc/group
ict:x:1100:
```

（2）groupmod 命令

groupmod 命令用于修改用户组信息，可以通过使用–g 选项修改 GID，或者通过使用–n 选项修改组名。groupmod 命令的基本用法如例 3-31 所示。

例 3-31：groupmod 命令的基本用法

```
[root@localhost ~]# grep   ict   /etc/group
ict:x:1100:
[root@localhost ~]# groupmod   -g   1101   ict          // 修改 GID
[root@localhost ~]# grep   ict   /etc/group
ict:x:1101:
[root@localhost ~]# groupmod   -n   newict   ict        // 修改用户组名
[root@localhost ~]# grep   ict   /etc/group
newict:x:1101:
```

如果随意修改用户名、用户组名或者 UID、GID，则很容易对系统管理造成混乱。建议在做好规划的前提下修改这些信息，或者先删除旧的用户和用户组，再建立新的用户和用户组。

（3）groupdel 命令

groupdel 命令的作用与 groupadd 命令正好相反，用于删除已有的用户组。groupdel 命令的

基本用法如例 3-32 所示。

例 3-32：groupdel 命令的基本用法

```
[root@localhost ~]# grep  zys  /etc/passwd
zys:x:1235:1235::/home/zys:/bin/bash
[root@localhost ~]# tail  -2  /etc/group
newict:x:1101:
zys:x:1235:
[root@localhost ~]# groupdel  newict
[root@localhost ~]# grep  newict  /etc/group      // 删除 newict 成功
[root@localhost ~]# groupdel  zys
groupdel: 不能移除用户"zys"的主组          <== 删除 zys 失败
```

可以看到，删除 newict 组是没有问题的，但删除 zys 组却没有成功。其实提示信息解释得非常清楚，因为 zys 组是 zys 用户的初始组，所以不能删除。也就是说，待删除的组不能是任何用户的初始组。此时，必须将 zys 用户的 GID 修改成其他组，才能删除 zys 组，请大家自己动手练习，这里不再演示。

4．其他用户相关命令

下面再介绍几个和用户相关的命令。

（1）id 命令和 groups 命令

id 命令用于查看用户的 UID、GID 和附加组信息。id 命令的用法非常简单，只要在命令后面加上用户名即可；groups 命令主要用于显示用户的组信息，其效果与 id -Gn 命令相同。id 和 groups 命令的基本用法如例 3-33 所示。

例 3-33：id 和 groups 命令的基本用法

```
[root@localhost ~]# id  siso                 // 查看 siso 用户的相关信息
uid=1000(siso) gid=1000(siso) 组=1000(siso)
[root@localhost ~]# usermod  -G  sie  siso      // 将 siso 用户添加到 sie 组中
[root@localhost ~]# id  siso
uid=1000(siso) gid=1000(siso) 组=1000(siso),1001(sie)
[root@localhost ~]# groups  siso
siso : siso sie
```

（2）groupmems 命令

groupmems 命令可以把一个用户添加到一个附加组中，也可以从一个组中移除一个用户。groupmems 命令的常用选项及其功能如表 3-8 所示。

表 3-8　groupmems 命令的常用选项及其功能

选项	功能说明
-a *username*	把用户添加到组中
-d *username*	从组中移除用户
-g *grpname*	目标用户组
-l	显示组成员
-p	删除组中所有用户

groupmems 命令的基本用法如例 3-34 所示。

例 3-34：groupmems 命令的基本用法

```
[root@localhost ~]# groupmems  -l  -g  sie
siso      <== sie 组中当前只有 siso 一个用户
[root@localhost ~]# groupmems  -a  zys  -g  sie    // 向 sie 组中添加 zys 用户
[root@localhost ~]# groupmems  -l  -g  sie
siso  zys
[root@localhost ~]# groupmems  -d  zys  -g  sie    // 从 sie 组中移除 zys 用户
[root@localhost ~]# groupmems  -l  -g  sie
siso
```

（3）su 命令

不同的用户有不同的权限，有时需要在不同的用户之间进行切换，此时可以借助 su 命令来实现。su 命令的基本用法如例 3-35 所示。

例 3-35：su 命令的基本用法

```
[siso@localhost ~]$ su  -  root   // 从 siso 用户切换到 root 用户
密码：                      <== 在这里输入 root 用户的密码
上一次登录: 六 7 月 6 22:11:21 CST 2019pts/0 上
[root@localhost ~]# su  -  zys    // 从 root 用户切换到普通用户，不需要输入密码
[zys@localhost ~]$ exit         // 退出 zys 用户，回到 root 用户
登出
[root@localhost ~]# exit        // 退出 root 用户，回到 siso 用户
登出
[siso@localhost ~]$
```

从普通用户切换到 root 用户时，需要提供 root 用户的密码。但是从 root 用户切换到普通用户时，不需要输入普通用户的密码。另外，su 和用户名之间有一个减号 "–"，这表示切换到新用户后，环境变量信息随之改变。虽然这个符号可以省略，但是强烈建议在切换用户时使用它。

（4）chage 命令

前面介绍过带-S 选项的 passwd 命令可以显示用户的密码信息，chage 命令也具有这个功能，而且显示的信息更加详细。chage 命令的基本用法如例 3-36 所示。

V3-8 su 和
sudo 命令

例 3-36：chage 命令的基本用法

```
[root@localhost ~]# passwd  -S  siso
siso PS 1969-12-31 0 99999 7 -1 (密码已设置，使用 SHA512 算法。)
[root@localhost ~]# chage  -l  siso
最近一次密码修改时间              : 从不
密码过期时间                    : 从不
密码失效时间                    : 从不
账户过期时间                    : 从不
两次改变密码之间相距的最小天数      : 0
```

两次改变密码之间相距的最大天数	: 99999
在密码过期之前警告的天数	: 7

chage 命令还可以修改用户的密码信息，可参考 man 命令提供的说明进行练习，这里不再赘述。

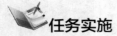任务实施

孙老师所在的信息工程学院有一台公用的 Linux 文件服务器，学院的所有老师都可以把自己的工作资料上传到文件服务器中作为备份。学院下设 4 个系，每个系的老师可以访问本系的公共资源。孙老师是这台 Linux 文件服务器的管理员，她为每位老师建立了不同的用户，还为每个系创建了用户组以方便文件权限管理。最近学院刚来了一位新老师，被安排到网络与通信技术系，其名字的汉语拼音缩写是 ysq。孙老师就以为这位新老师添加用户为例，向学生演示如何进行 Linux 用户和用户组的管理。

第 1 步，登录到文件服务器，打开一个终端窗口，使用 su – root 命令切换到 root 用户。

第 2 步，使用 cat /etc/passwd 命令查看当前系统用户的信息。在这一步，孙老师让学生判断哪些用户是系统用户，哪些是孙老师之前为各位老师手动添加的普通用户。

第 3 步，使用 grep ysq /etc/passwd 命令确认系统中是否已存在 ysq 用户。查询结果显示不存在这个用户，孙老师使用 useradd ysq 命令创建了这个新用户，并使用 passwd ysq 命令为其设置初始密码 123456。

第 4 步，反应迅速的小张同学对孙老师说，现在*/etc/passwd*文件中肯定多了一条关于 ysq 用户的信息，*/etc/shadow* 和*/etc/group* 两个文件也是如此，而且 ysq 用户的默认主目录*/home/ysq*也已被默认创建。其实，这也是孙老师想对学生强调的内容，因为 useradd 命令会使用默认的参数创建新用户。孙老师请小张同学帮忙在终端窗口中验证 ysq 用户的信息。下面是小张使用的命令及输出内容，如例 3-37 所示。

例 3-37：验证 ysq 用户的信息

```
[root@localhost ~]# grep  ysq  /etc/passwd
ysq:x:1001:1002::/home/ysq:/bin/bash
[root@localhost ~]# grep  ysq  /etc/shadow
ysq:!!:18185:0:99999:7:::
[root@localhost ~]# grep  ysq  /etc/group
ysq:x:1002:
[root@localhost ~]# ls  -ld  /home/ysq
drwx------. 3 ysq ysq 78 10 月  16 17:16 /home/ysq
[root@localhost ~]# id  ysq
uid=1001(ysq) gid=1002(ysq) 组=1002(ysq)
```

第 5 步，使用命令 groupmems -a ysq -g sie 将 ysq 用户加入到网络与通信技术系的用户组中，这样做的目的是统一管理组内成员的权限。再使用 id ysq 命令查看 ysq 用户的信息，并让学生对这次的输出内容和第 4 步小张同学所查询出的用户的信息进行比较。

第 6 步，为了进一步演示用户组的管理方法，孙老师假定 ysq 老师要加入新成立的智能机器人系。孙老师要为智能机器人系创建一个用户组，并将 ysq 用户加入到其中，如例 3-38 所示。

例 3-38：使用 groupmems 命令添加用户组成员

```
[root@localhost ~]# groupmems  -d  ysq  -g  sie      // 从 sie 组中移除 ysq 用户
[root@localhost ~]# groupadd  irt                    // 添加智能机器人系用户组 irt
[root@localhost ~]# groupmems  -a  ysq  -g  irt      // 将 ysq 用户添加到 irt 组中
[root@localhost ~]# id  ysq
uid=1001(ysq) gid=1002(ysq) 组=1002(ysq),1003(irt)
```

此时，有位学生想知道用户创建完成后如何修改用户信息。孙老师解释说，修改用户信息使用的命令是 usermod，它和 useradd 命令的用法类似。例如，如果想将 ysq 用户的 UID 修改为 1116，那么可以使用命令 usermod -u 1116 ysq 来实现。

知识拓展

先来回顾一下之前介绍过的 ls -l 命令的输出，如例 3-39 所示。

例 3-39：ls -l 命令的输出

```
[siso@localhost tmp]$ groups  siso         // 当前登录用户是 siso
siso : siso sie ict
[siso@localhost tmp]$ touch  file1
[siso@localhost tmp]$ ls   -l  file1
-rw-rw-r--.  1  siso  siso  0  7月 6 23:51  file1
```

在本例中，siso 用户的初始组是 siso，同时，其属于附加组 sie 和 ict。当用 siso 用户新建一个文件 *file1* 时，通过 ls -l 命令查看可知，*file1* 的所有者（第 3 列）是 siso，属组（第 4 列）是 siso。现在的问题是，当一个用户属于多个附加组时，系统选择哪一个组作为文件的属组呢？其实，被选中的这个组被称为用户的有效组（Effective Group）。默认情况下，用户的初始组就是有效组，但是可以通过 newgrp 命令修改用户的有效组。newgrp 命令的基本用法如例 3-40 所示。

例 3-40：newgrp 命令的基本用法

```
[siso@localhost tmp]$ newgrp  sie      // 设置 sie 为有效组
[siso@localhost tmp]$ touch   file2
[siso@localhost tmp]$ ls   -l
-rw-rw-r--.  1  siso  siso  0  7月 6 23:51  file1
-rw-r--r--.  1  siso  sie   0  7月 7 00:03  file2      <== 注意 file2 的属组
[siso@localhost tmp]$ newgrp  ict      // 设置 ict 为有效组
[siso@localhost tmp]$ touch   file3
[siso@localhost tmp]$ ls   -l
-rw-rw-r--.  1  siso  siso  0  7月 6 23:51  file1
-rw-r--r--.  1  siso  sie   0  7月 7 00:03  file2
-rw-r--r--.  1  siso  ict   0  7月 7 00:03  file3      <== 注意 file3 的属组
```

有效组主要用来确定新建文件或目录时的属组。需要注意的是，使用 newgrp 命令修改用户的有效组时，只能从附加组中选择。

任务实训

本实训的主要任务是综合练习有关用户和用户组的一些命令，在练习中加深对用户和用户组的理解。

【实训目的】

（1）理解用户和用户组的作用及关系。

（2）理解用户的初始组、附加组和有效组的概念。

（3）掌握管理用户和用户组的常用命令。

【实训内容】

本任务主要介绍了用户和用户组的基本概念，以及如何管理用户和用户组。请大家完成以下操作，综合练习本任务中学习到的相关命令。

（1）打开终端窗口，切换到 root 用户。

（2）采用默认设置添加用户 user1，为 user1 用户设置密码。

（3）添加用户 user2，手动设置其主目录、UID，为 user2 用户设置密码。

（4）添加用户组 grp1 和 grp2。

（5）将 user1 的初始组修改为 grp1，并将 user1 和 user2 添加到 grp2 组中。

（6）在 /etc/passwd 文件中查看 user1 和 user2 的相关信息，在 /etc/group 文件中查看 grp1 和 grp2 的相关信息，并将其与 id 和 groups 命令的输出进行比较。

（7）从 grp2 组中删除用户 user1。

任务 3.3　管理文件权限

任务陈述

Linux 是一个支持多用户的操作系统，当多个用户使用同一个系统时，文件权限的管理就显得非常重要了，这也是关系到整个 Linux 操作系统安全性的大问题。在 Linux 操作系统中，每个文件都有很多和安全相关的属性，这些属性决定了哪些用户可以对这个文件执行哪些操作。对于 Linux 初学者来说，文件权限管理是难倒一大批人的"猛兽"，但它又是必须掌握的一个重要知识点。能否合理有效地管理文件权限，是评价一个 Linux 系统管理员是否合格的重要标准。

知识准备

3.3.1　文件的用户和用户组

任务 3.2 中讲解了用户和用户组的基本概念及常规管理方法，其实，文件与用户和用户组有着千丝万缕的联系。文件都是由用户创建的，用户必须以某种"身份"对文件执行操作。Linux 操作系统把用户的身份分成 3 类：所有者（user）、属组（group）和其他人（others）。每种用户对文件都可以进行读、写和执行

V3-9　文件和
用户的关系

操作，分别对应文件的 3 种权限，即读权限、写权限和执行权限。

　　文件的所有者就是创建文件的用户。如果有些文件比较敏感（如工资单），不想被所有者以外的任何人读取或修改，那么就要把文件的权限设置成"所有者可以读取或修改，其他所有人无权这么做"。

　　属组和其他人这两种身份在涉及团队项目的工作环境中特别有用。假设 A 是一个软件开发项目组的项目经理，A 的团队有 5 名成员，成员都是合法的 Linux 用户并且在同一个用户组中。A 创建了关于这个项目的需求分析、概要设计等文件。显然，A 是这些项目文件的所有者，这些文件应该能被其他团队成员访问。当 A 的团队成员访问这些文件时，他们的身份就是"属组"，也就是说，他们是以某个用户组的成员的身份访问这些文件的。如果有另外一个团队的成员也要访问这些文件，由于他们和 A 不属于同一个用户组，那么对于这些文件来说，他们的身份就是"其他人"。

　　需要特别说明的是，只有用户才能对文件拥有权限，用户组本身是无法对文件拥有权限的。当说到某个用户组对文件拥有权限时，其实指的是属于这个用户组的成员对文件拥有权限。这一点请务必牢记。

3.3.2　修改文件的所有者和属组

　　了解了文件与用户和用户组的关系后，下面来学习如何修改文件的所有者和属组。

　　chgrp 命令可以修改文件属组，其最常用的选项是-R，表示对所有的子目录及其所有文件一同进行修改，即所谓的"递归修改"。修改后的用户组必须是已经存在于 /etc/group 文件中的用户组。chgrp 命令的基本用法如例3-41 所示。

V3-10　chgrp 与
chown 命令

例 3-41：chgrp 命令的基本用法

```
[root@localhost tmp]# ls  -l  file1
-rw-rw-r--.  1  siso  siso  15  7月 7 05:35  file1
[root@localhost tmp]# chgrp  sie  file1    // 将 file1 的属组改为 sie
[root@localhost tmp]# ls  -l  file1
-rw-rw-r--.  1  siso  sie  15  7月 7 05:35  file1
```

修改文件所有者的命令是 chown，其基本语法格式如下。

```
chown  [-R] 用户名  文件或目录
```

同样的，这里的-R 选项也表示递归修改。chown 可以同时修改文件的用户名和属组，只要把用户名和属组用 "："分隔即可，其基本语法格式如下。

```
chown  [-R] 用户名:属组名  文件或目录
```

chown 甚至可以代替 chgrp，只修改文件的属组，此时要在用户组的前面加一个 "．"。chown 命令的基本用法如例 3-42 所示。

例 3-42：chown 命令的基本用法

```
[root@localhost tmp]# ls  -l  file1
-rw-rw-r--.  1  siso  sie  15  7月 7 05:35  file1
[root@localhost tmp]# chown  root  file1        // 只修改文件的所有者
```

```
[root@localhost tmp]# ls  -l  file1
-rw-rw-r--. 1  root  sie  15  7月 7 05:35  file1
[root@localhost tmp]# chown  siso:ict  file1      // 同时修改文件的所有者和属组
[root@localhost tmp]# ls  -l  file1
-rw-rw-r--. 1  siso  ict  15  7月 7 05:35  file1
[root@localhost tmp]# chown  .sie  file1          // 只修改文件的属组，注意组名前有"."
[root@localhost tmp]# ls  -l  file1
-rw-rw-r--. 1  siso  sie  15  7月 7 05:35  file1
```

3.3.3 文件权限的分类

1. 文件权限属性

在之前的学习中已多次使用 ls 命令的-l 选项显示文件的详细信息，现在从文件权限的角度重点分析 ls -l 命令的第一列输出的含义，如例 3-43 所示。

例 3-43：ls -l 命令的输出

```
[siso@localhost tmp]$ ls  -l
drwxrwxr-x. 2  siso  siso  6  7月 7 16:56  dir1
-rwxrw-r--. 1  siso  siso  7  7月 6 23:51  file1
-rw-r--r--. 1  siso  sie   9  7月 7 00:03  file2
```

输出的第 1 列共有 10 个字符（暂时不考虑最后的"."），代表文件的类型和权限。第一个字符表示文件的类型，其中，"d"表示目录，"-"表示普通文件，"l"表示链接文件等。因此，在本例中，*dir1* 是目录，*file1* 和 *file2* 是两个普通文件。接下来的 9 个字符表示文件的权限，从左至右以 3 个字符为一组，分别表示文件所有者的权限、文件属组的权限及其他人的权限。每一组的 3 个字符是"r""w""x"3 个字母的组合，分别表示读权限（read，r）、写权限（write，w）和执行权限（execute，x），"r""w""x"的顺序不能改变，如图 3-8 所示。如果没有相应的权限，则用减号"-"代替。

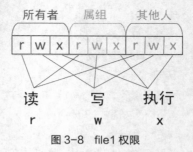

图 3-8 file1 权限

第一组权限"rwx"表示该文件对文件所有者可读、可写、可执行。
第二组权限"rw-"表示该文件对文件属组用户可读、可写，但不可执行。
第三组权限"r--"表示该文件对其他人可读，但不可写，也不可执行。

2. 文件和目录权限的意义

在 Linux 操作系统中，目录本质上也是一种文件。现在已经知道了文件有 3 种权限（读、写、执行），但是这 3 种权限对于普通文件和目录却有不同的含义。普通文件存储文件的实际内容，对于文件来说，这 3 种权限的含义可以解释如下。

（1）读权限：可以读取文件的实际内容，如使用 vim、cat、head、tail 等命令查看文件内容。

（2）写权限：可以新增、修改或删除文件内容（注意是删除文件内容而非删除文件本身）。

（3）执行权限：文件可以作为一个可执行程序被系统执行。

需要特别说明的是文件的写权限。对一个文件拥有写权限意味着可以编辑文件内容，但是不能删除文件本身。

目录作为一种特殊的文件，存储的是其子目录和文件的名称列表。对目录而言，3 种权限的含义和文件有所不同。

（1）读权限：可以读取目录的内容列表。也就是说，对一个目录具有读权限就可以使用 ls 命令查看其中有哪些子目录和文件。

（2）写权限：可以修改目录的内容列表，这对目录来说是非常重要的。对一个目录具有写权限，表示可以执行以下操作。

① 在此目录中新建文件和子目录。

② 删除该目录中已有的文件和子目录。

③ 重命名该目录中已有的文件和子目录。

④ 移动该目录中已有文件和子目录的位置。

（3）执行权限：目录本身并不能被系统执行。对目录具有执行权限表示可

V3-11　文件和目录权限的不同含义

以使用 cd 命令进入这个目录，并将它当作当前工作目录。

结合文件和目录权限的意义，思考这样一个问题：当想删除一个文件时，需要具有什么权限？（其实，此时需要的是对这个文件所在目录的写权限，而不必关心对这个文件本身的权限。）

3.3.4　修改文件权限

修改文件权限所用的命令是 chmod。下面来学习两种修改文件权限的方法，一种是使用符号法修改文件权限，另一种是使用数字法修改文件权限。

1. 使用符号法修改文件权限

符号法指分别用 r、w、x 表示文件的权限，分别用 u（user，所有者）、g（group，属组）、o（others，其他人）表示用户的 3 种身份，同时用 a（all，所有人）来表示所有用户。将操作的类型分成 3 类，即添加权限、移除权限和设置权限，并分别用 "+" "-" "=" 表示。使用符号法修改文件权限的格式如下所示。

V3-12　修改文件权限的两种方法

```
                u        +
chmod  [-R]     g        -    [rwx] 文件或目录
                o        =
                a
```

"[rwx]" 表示 3 种权限的组合，如果没有相应的权限，则直接省略相应字母。可以同时为多种用户设置权限，每种用户权限之间用逗号分隔，逗号前后不能有空格。

假设要对例 3-43 中的 dir1、file1 和 file2 执行下列操作。

（1）*dir1*：移除属组用户的执行权限，移除其他人的读和执行权限。

（2）*file1*：移除所有者的执行权限，将属组和其他人的权限设置为可读。

（3）*file2*：为属组添加写权限，为所有人添加执行权限。

用符号法修改文件权限，如例3-44所示。

例3-44：chmod 命令的基本用法——用符号法修改文件权限

```
[siso@localhost tmp]$ ls   -l
drwxrwxr-x. 2  siso  siso  6  7月 7 16:56   dir1
-rwxrw-r--. 1  siso  siso  0  7月 6 23:51   file1
-rw-r--r--. 1  siso  sie   0  7月 7 00:03   file2
[siso@localhost tmp]$ chmod  g-x,o-rx  dir1    // 注意，逗号前后不能有空格
[siso@localhost tmp]$ chmod  u-x,go=r  file1
[siso@localhost tmp]$ chmod  g+w,a+x  file2
[siso@localhost tmp]$ ls   -l
drwxrw----. 2  siso  siso  6  7月 7 16:56   dir1
-rw-r--r--. 1  siso  siso  0  7月 6 23:51   file1
-rwxrwxr-x. 1  siso  sie   0  7月 7 00:03   file2
```

其中，"+""−"只影响指定位置的权限，没有指定的权限保持不变；而"="相当于先移除文件的所有权限，再为其设置指定的权限。

2．使用数字法修改文件权限

数字法指将文件的3种权限分别用数字表示出来，权限与数字的对应关系如下。

```
       r  :  4    （读）
       w  :  2    （写）
       x  :  1    （执行）
       −  :  0    （表示没有这种权限）
```

设置权限时，把每种用户的3种权限对应的数字加起来。例如，现在要把文件*file1*的权限设置为"rwxr-xr--"，其计算过程如图3-9所示。

图3-9　用数字法设置文件权限的计算过程

3种用户的权限组合后的数字是754。用数字法修改文件权限，如例3-45所示。

例3-45：chmod 命令的基本用法——用数字法修改文件权限

```
[siso@localhost tmp]$ ls   -l   file1
-rw-r--r--. 1  siso  siso  0  7月 6 23:51   file1
[siso@localhost tmp]$ chmod   754   file1   // 相当于 chmod u=rwx,g=rx,o=r file1
```

```
[siso@localhost tmp]$ ls   -l   file1
-rwxr-xr--.  1  siso  siso  0  7月 6 23:51  file1
```

3.3.5　修改文件默认权限

知道了如何修改文件权限，现在来思考这样一个问题：创建文件和目录时，其默认的权限是什么？默认的权限又是如何规定的？

V3-13　了解 umask

3.3.3 节中提到，执行权限对于文件和目录的意义是不同的。普通文件一般用来保存特定的数据，不需要具有执行权限，所以文件的执行权限默认是关闭的。因此，文件的默认权限是 rw-rw-rw-，用数字表示为 666。而对于目录来说，具有执行权限才能进入这个目录，这个权限在大多数情况下是需要的，所以目录的执行权限默认是开放的。因此，目录的默认权限是 rwxrwxrwx，即 777。但是新建的文件和目录的默认权限并不是 666 或 777，如例 3-46 所示。

例 3-46：文件和目录的默认权限

```
[siso@localhost tmp]$ mkdir   dir1
[siso@localhost tmp]$ touch   file1
[siso@localhost tmp]$ ls   -ld   dir1   file1
drwxrwxr-x.  2  siso  siso  6  7月 7 23:52  dir1   <== 默认权限是 775
-rw-rw-r--.  1  siso  siso  0  7月 7 23:52  file1   <== 默认权限是 664
```

这是为什么呢？其实，是 umask 工具在其中"动了手脚"。在 Linux 操作系统中，umask 用来确定新建文件或目录的默认权限。下面先来查看一下 umask 命令的输出，如例 3-47 所示。

例 3-47：查看 umask 命令的输出

```
[siso@localhost tmp]$ umask
0002        <== 注意右边 3 位数字
```

在终端窗口中直接输入 umask 命令就会显示以数值方式表示的权限值，暂时忽略第 1 位数字，只看后面 3 位数字。umask 显示的数字表示要从默认权限中移除的权限。"002"即表示要从文件所有者、属组和其他人的权限中分别移除"0""0""2"对应的部分。可以这样来理解 umask：r、w、x 对应的数字分别是 4、2、1，如果要移除读权限，则写上 4；如果要移除写或执行权限，则分别写上 2 或 1；如果要同时移除写和执行权限，则写上 3。最终，文件和目录的实际权限就是默认权限减去 umask 的结果，如下所示。

文件：　默认权限（666）　　减　　　umask（002）　　　　　（664）

　　　　　(rw- rw- rw-)　　　-　　　(--- --- -w-)　　　=　　(rw- rw- r--)

目录：　默认权限（777）　　减　　　umask（002）　　　　　（775）

　　　　　(rwx rwx rwx)　　　-　　　(--- --- -w-)　　　=　　(rwx rwx r-x)

这就是在例 3-46 中演示的效果。

如果把 umask 的值设置为 245（即-w-r--r-x），那么新建文件和目录的权限应该变为如下内容。

文件：　默认权限（666）　　减　　　umask（245）　　　　　（422）

　　　　　(rw- rw- rw-)　　　-　　　(-w-r--r-x)　　　=　　(r-- -w- -w-)

目录： 默认权限（777） 减 umask（245） （532）
(rwx rwx rwx) － (-w-r--r-x) ＝ (r-x -wx -w-)

其实际效果如例 3-48 所示。

例 3-48：设置 umask 值

```
[siso@localhost tmp]$ umask   245          // 设置 umask 的值
[siso@localhost tmp]$ umask
0245
[siso@localhost tmp]$ mkdir   dir2
[siso@localhost tmp]$ touch   file2
[siso@localhost tmp]$ ls   -ld   dir2   file2
dr-x-wx-w-.2  siso  siso  6  7月 8 00:51   dir2
-r---w--w-.1  siso  siso  0  7月 8 00:51   file2
```

这里请大家思考一个问题：在计算文件和目录的实际权限时，能不能直接用默认权限的数字值减去 umask 的值？例如，777-002=775，或者 666-002=664。（这种方法适用于目录，但对于文件不适用。）

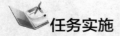

任务实施

孙老师已经在学院的一台 Linux 文件服务器上为学生演示了如何进行用户和用户组管理，学生普遍反映在真实的应用场景中完成任务更容易理解书本知识的实际用处。因此，孙老师决定继续利用这台文件服务器完成文件权限管理的练习。这个练习需要用到文件服务器中的两个用户组——信息工程学院用户组 ito、网络与通信技术系用户组 sie，还会用到孙老师自己的用户 sjx，以及另外两位老师的用户 zys 和 ysq。

第 1 步，登录到文件服务器，打开一个终端窗口，使用 su - root 命令切换到 root 用户。

第 2 步，切换到 /ito/pub 目录，新建示例文件 readme.ito。/ito/pub 目录中保存的是信息工程学院的公共文件，本学院的所有老师都能读取文件的内容，但只有系统管理员孙老师本人可以修改文件。另外，其他学院的老师无法读取文件内容。孙老师把这个文件的所有者和属组分别设置为 sjx 和 ito，同时修改了文件的权限，如例 3-49 所示。

例 3-49：修改 readme.ito 文件的权限和所有者

```
[root@localhost  ~]# cd   /ito/pub
[root@localhost pub]# touch   readme.ito
[root@localhost pub]# ls   -l   readme.ito
-rw-r--r--. 1  root  root  0  10月 16 20:32   readme.ito
[root@localhost pub]# chown   sjx:ito   readme.ito
[root@localhost pub]# chmod   o-r   readme.ito
[root@localhost pub]# ls   -l   readme.ito
-rw-r-----. 1  sjx   ito   0  10月 16 20:32   readme.ito
```

在这一步中，孙老师让学生思考如果使用数字法修改文件权限，则应该如何操作。

第 3 步，使用 su - zys 命令切换到 zys 用户。使用 vim 打开 readme.ito 文件，可以正常打开，但尝试修改时提示只有读权限。使用 exit 命令退出 zys 用户，返回 root 用户。

第 4 步，切换到 */ito/sie/pub* 目录，新建示例文件 *readme.sie*。*/ito/sie/pub* 目录中保存的是网络与通信技术系的公共文件，本系的所有老师都可以读写这些文件，而其他系的老师只能读取文件内容，如例 3-50 所示。

例 3-50：修改 readme.sie 文件的权限和所有者

```
[root@localhost pub]# cd    /ito/sie/pub
[root@localhost pub]# touch   readme.sie
[root@localhost pub]# ls  -l  readme.sie
-rw-r--r--.  1  root  root  0  10月 16 20:46   readme.sie
[root@localhost pub]# chown   sjx:sie  readme.sie
[root@localhost pub]# chmod   660  readme.sie
[root@localhost pub]# ls   -l  readme.sie
-rw-rw----. 1  sjx   sie   0   10月 16 20:46   readme.sie
```

第 5 步，分别切换到 zys 和 ysq 用户，并尝试对 *readme.sie* 进行读和写操作。此时发现 zys 可以正常读写，而 ysq 无法读和写。这是因为 zys 用户属于 sie 组，对 *readme.sie* 有读写权限；但 ysq 属于智能机器人系用户组 irt，对 *readme.sie* 没有读写权限。

第 6 步，孙老师分别在 */ito/pub* 和 */ito/sie/pub* 两个目录中建立了一个子目录，并对其进行不同权限的设置，使用不同的用户进行验证，加深学生对普通文件和目录权限管理的理解。

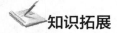

知识拓展

除了上面提到的文件的 3 种权限和默认权限外，在 Linux 操作系统中，一些隐藏的属性也会影响文件的访问。这些隐藏的属性对提高系统的安全性非常重要。chattr 和 lsattr 两个命令分别用于设置和查看文件的隐藏权限。

chattr 命令的基本语法格式如下。

chattr [+-=] [*属性*] *文件或目录*

（1）"+"表示向文件添加属性，其他属性保持不变。

（2）"–"表示移除文件的某种属性，其他属性保持不变。

（3）"="表示为文件设置属性，相当于先清除所有属性，再重新进行属性设置。

常用的文件隐藏属性及功能说明如表 3-9 所示。

表 3-9　常用的文件隐藏属性及功能说明

隐藏属性	功能说明
A	如果设置了 A 属性，则访问文件时，它的访问时间 atime 保存不变
a	如果对文件设置了 a 属性，则只能对文件追加数据，而不能删除数据 如果对目录设置了 a 属性，则只能在目录中新建文件，而不能删除文件
i	如果对文件设置了 i 属性，则这个文件不能被删除、重命名，也不能添加和修改数据 如果对目录设置了 i 属性，则不能在目录中新建和删除文件，只能修改文件的内容
s	如果设置了 s 属性，则对文件执行删除操作时，将从硬盘中彻底删除，不可恢复
u	和 s 属性相反，执行删除操作时文件内容还在磁盘中，可以恢复该文件

使用 lsattr 命令可以查看文件的隐藏属性。lsattr 命令的基本语法格式如下。

lsattr　[-adR]　*文件或目录*

使用-a 选项可以显示所有文件的隐藏属性，包括隐藏文件；使用-d 选项可以查看目录本身的隐藏属性，而不是目录中文件的隐藏属性；-R 选项和-d 选项的作用相反，其会一并显示目录中文件的隐藏属性。

例 3-51 所示为设置和查看文件隐藏属性的方法。

例 3-51：设置和查看文件隐藏属性的方法

```
[root@localhost ~]# cd   /tmp
[root@localhost tmp]# touch   file1
[root@localhost tmp]# lsattr   file1
---------------- file1                       <== 默认没有隐藏属性
[root@localhost tmp]# chattr   +i   file1
[root@localhost tmp]# lsattr   file1
----i----------- file1                       <== 设置了隐藏属性 i
[root@localhost tmp]# echo   "abc"  >file1
-bash: file1: 权限不够                         <== 无法修改文件内容
[root@localhost tmp]# rm   -f   file1
rm: 无法删除"file1": 不允许的操作                <== 无法删除文件，即使是 root 用户也无法删除
[root@localhost tmp]# chattr   -i   file1      <== 移除 i 隐藏属性
[root@localhost tmp]# lsattr   file1
---------------- file1                       <== 隐藏属性被移除
[root@localhost tmp]# echo   "abc"  >file1    // 可以添加内容
[root@localhost tmp]# cat   file1
abc
[root@localhost tmp]# rm   file1
rm: 是否删除普通文件 "file1"? y                 <== 可以删除文件
```

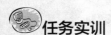 **任务实训**

本实训的主要任务是练习修改文件权限的两种方法，并通过修改 umask 的值观察新建文件和目录的默认权限。结合文件权限与用户和用户组的设置，理解文件的 3 种用户身份及权限对于文件和目录的不同含义。

【实训目的】

（1）掌握文件与用户和用户组的基本概念及关系。

（2）掌握修改文件的所有者和属组的方法。

（3）理解文件和目录的 3 种权限的含义。

（4）掌握使用符号法和数字法设置文件权限的方法。

（5）理解 umask 影响文件和目录默认权限的工作原理。

【实训内容】

文件和目录的访问权限直接关系到整个 Linux 操作系统的安全性，作为一个合格的 Linux 系统

管理员，必须深刻理解 Linux 文件权限的基本概念并能够熟练地进行权限设置。请按照以下步骤完成 Linux 用户管理和文件权限配置的综合练习。

（1）以 siso 用户登录操作系统，打开终端窗口，切换到 root 用户。

（2）创建用户组 sie，将 siso 用户添加到 sie 组中。

（3）添加两个新用户 zys 和 sjx，并分别设置其密码，将 zys 用户添加到 sie 组中。

（4）在 /tmp 目录中创建文件 file1 和目录 dir1，并将其所有者和属组分别设置为 siso 和 sie。

（5）将文件 file1 的权限依次修改为以下 3 种。对于每种权限，分别切换到 siso、zys 和 sjx 3 个用户，验证这 3 个用户能否对 file1 进行读、写、重命名和删除操作。

① rw-rw-rw-。

② rw-r--r--。

③ r---w-rw-。

（6）将目录 dir1 的权限依次修改为以下 4 种。对于每种权限，分别切换到 siso、zys 和 sjx 3 个用户，验证这 3 个用户能否进入 dir1、在 dir1 中新建文件、在 dir1 中删除和重命名文件、修改 dir1 中文件的内容，并分析原因。

① rwxrwxrwx。

② rwxr-xr-x。

③ rwxr-xrw-。

④ r-x-wx--x。

项目小结

本项目分为 3 个相互关联的任务。任务 3.1 主要介绍了磁盘与分区的相关概念和基本操作。其中，磁盘分区的作用和意义、Linux 文件系统的特点、分区格式化的工具是重点。大家要根据这些基础知识理解分区挂载与卸载的概念。任务 3.2 重点介绍了与用户和用户组相关的概念和命令，涉及用户和用户组的新建、修改和删除，以及维护用户和用户组的关系。这部分内容是学习任务 3.3 的基础知识。在任务 3.2 的基础上，任务 3.3 重点介绍了如何对文件进行权限设置。这是本项目的重点，也是本书的重点和难点。熟练掌握文件权限的设置方法对于提高 Linux 操作系统的安全性意义重大，是 Linux 系统管理员必须掌握的基本技能。

项目练习题

1. 选择题

（1）下列关于 /etc/group 文件的描述正确的是（　　）。

　　A. 记录了系统中的每个用户　　　　　　B. 给每个组分配 ID、名称等信息

　　C. 存储了用户的口令　　　　　　　　　D. 详细说明了用户的文件访问权限

（2）用户的密码信息保存在（　　）文件中。

　　A. /etc/fstab　　　　B. /etc/passwd　　　C. /etc/shadow　　　D. /etc/group

（3）下列（　　）命令用于创建用户 ID 是 200、组 ID 是 1000、主目录是 /home/user01 的新用户 user01。

  A. adduser –u:200 –g:1000 –h:/home/user01 user01

  B. adduser –u=200, –g=1000, –d=/home/user01 user01

  C. useradd –u 200 –g 1000 –d /home/user01 user01

  D. useradd –u 200 –g 1000 –h /home/user01 user01

（4）下列（ ）命令能将文件 a.dat 的权限从"rwx------"修改为"rwxr-x---"。

  A. chown rwxr-x--- a.dat   B. chmod rwxr-x--- a.dat

  C. chmod g+rx a.dat   D. chmod 760 a.dat

（5）创建新文件时，（ ）用于定义文件的默认权限。

  A. chmod   B. chown   C. chattr   D. umask

（6）下列（ ）命令可以把 ./dir1 目录中的所有文件和子目录复制到 ./dir2 目录中。

  A. cp –i ./dir1/* ./dir2   B. cp –p ./dir1/* ./dir2

  C. cp –d ./dir1/* ./dir2   D. cp –r ./dir1/* ./dir2

（7）下列（ ）命令可以显示文件和目录占用的磁盘空间大小。

  A. df   B. du   C. ls   D. fdisk

（8）下列（ ）命令可以显示文件系统的磁盘空间大小。

  A. df   B. du   C. mount   D. fdisk

（9）下列（ ）文件可以保存用户的账户信息。

  A. /etc/issue   B. /etc/passwd   C. /etc/shadow   D. /etc/group

（10）一般来说，普通用户创建的新目录的默认权限是（ ）。

  A. rwxr-xr-x   B. rw-rwxrw-   C. rwxrw-rw-   D. rwxrwxrw-

（11）使用 mount –t iso960 /dev/cdrom /media/cdrom 命令将光盘挂载后，应使用（ ）命令对光盘进行卸载。

  A. unmount /media/cdrom   B. umount /media/cdrom

  C. mount –U /media/cdrom   D. unmount –U /media/cdrom

（12）若一个文件的权限是"rw-r--r--"，则说明该文件的所有者的权限是（ ）。

  A. 读、写、执行   B. 读、写   C. 读、执行   D. 执行

（13）在 Linux 操作系统中，新建的普通用户的主目录默认位于（ ）目录中。

  A. /bin   B. /etc   C. /boot   D. /home

（14）小刘在 Linux 操作系统中使用 useradd 命令建立用户账户后，使用该账户仍不能登录 Linux 操作系统，可能的原因是（ ）。

  A. 没有指定用户所属的组

  B. 没有为账户指定 Shell

  C. 没有为账户建立主目录

  D. 没有使用 passwd 命令为账户设置密码

（15）账户及其密码是操作系统的安全基础，在设置密码时，以下（ ）做法是可取的。

  A. 为便于记忆，使用个人信息作为密码，如生日或电话号码

  B. 密码定期更改，为避免遗忘，将所有密码记录在纸上

  C. 密码尽量复杂，如包括大写字母、小写字母、数字和特殊符号

  D. 密码长度可以不加限制，根据个人喜好可长可短

（16）使用 ln 命令将生成一个指向文件 old 的符号链接 new，如果将文件 old 删除了，则（ ）。

A. 无法再访问文件中的数据

B. 仍然可以访问文件中的数据

C. 能否访问文件中的数据取决于文件的所有者

D. 能否访问文件中的数据取决于文件的权限

（17）下列（　　）命令可以用于解压缩.tar.gz 格式的文件。

    A. tar –czvf filename.tar.gz   B. tar –xzvf filename.tar.gz

    C. tar –tzvf filename.tar.gz   D. tar –dzvf filename.tar.gz

（18）下列说法正确的是（　　）。

    A. 普通用户可以查看/etc/passwd 文件   B. 普通用户可以编辑/etc/passwd 文件

    C. A 和 B 都正确   D. A 和 B 都不正确

（19）下列（　　）命令可以找到当前登录的用户。

    A. which   B. whoami   C. top   D. who

（20）如果 umask 的值是 077，则新建文件的默认权限是（　　）。

    A. rwx------   B. rw-rw-r--   C. r--r--r--   D. rw-------

（21）如果新建目录的权限是 rwxr-x---，则 umask 的值是（　　）。

    A. 077   B. 027   C. 227   D. 002

（22）与权限 rw-rw-r--对应的数字是（　　）。

    A. 551   B. 771   C. 664   D. 660

（23）下列关于链接文件的描述中正确的是（　　）。

A. 硬链接就是让链接文件的 inode 指向被链接文件的 inode

B. 硬链接和符号链接都会生成一个新的 inode

C. 链接分为硬链接和符号链接

D. 硬链接不能链接目录文件

（24）使用 ls –l 命令列出了以下文件列表，（　　）表示符号链接文件。

    A. drwxrwxr-x.   2   siso siso 6   6 月   17 03:10   dir1

    B. -rw-rw-r--.   1   siso siso 32   6 月   17 04:29   file1

    C. -rw-rw-r--.   1   siso siso 0   6 月   19 03:43   file2

    D. lrw-rw-r--.   1   siso siso 0   6 月   19 03:43   file3

（25）磁盘管理中将逻辑分区建立在（　　）中。

    A. 从分区   B. 扩展分区   C. 主分区   D. 第二分区

（26）一般使用（　　）工具来建立分区中的文件系统。

    A. mknod   B. fdisk   C. format   D. mkfs

（27）在使用 ln 命令建立文件符号链接时，为了跨越不同的文件系统，需要使用（　　）。

    A. 普通链接   B. 硬链接   C. 软链接   D. 特殊链接

（28）一般来说，使用 fdisk 命令的最后一步是使用（　　）命令将改动写入到硬盘的当前磁盘分区表中。

    A. p   B. r   C. x   D. w

（29）Linux 的根分区系统类型可以设置为（　　）。

    A. FAT16   B. FAT32   C. ext4   D. NTFS

（30）下列说法错误的是（　　　）。

  A．文件一旦创建，所有者就不可改变

  B．一个用户可以属于多个用户组

  C．默认情况下，文件的所有者就是创建文件的用户

  D．文件属组的用户对文件拥有相同的权限

（31）对于目录而言，执行权限意味着（　　　）。

  A．可以对目录执行删除操作   B．可以在目录中创建或删除文件

  C．可以使用 cd 命令进入目录   D．可以查看目录的内容

（32）要想对一个目录中的文件进行重命名操作，必须（　　　）。

  A．对该目录有写权限   B．对该文件有读权限

  C．对该文件有写权限   D．对该文件有执行权限

2．填空题

（1）用于系统管理的用户的 ID 一般在_____之间，而_____以上的 ID 用于普通用户。

（2）_____命令可以从当前用户切换到其他用户。

（3）执行命令时一般需要指定程序所在的目录，命令程序的路径有两种形式：_____和_____。

（4）在相对路径的表示方式中，_____代表当前工作目录，_____代表当前工作目录的上一级目录。

（5）为了保证系统的安全，现在的 Linux 操作系统一般将用户的密码保存在_____文件中。

（6）为了能够把新建的文件系统挂载到系统目录中，需要指定该文件系统在整个目录结构中的位置，这个位置被称为_____。

（7）为了能够使用 cd 命令进入某个目录，并使用 ls 命令列出目录的内容，用户需要拥有对该目录的_____和_____权限。

（8）Linux 默认的系统管理员账号是_____。

（9）创建一个链接文件指向原文件的 inode，这种链接文件称为_____。

（10）创建新用户时会默认创建一个和用户名同名的组，称为_____。

（11）Linux 操作系统把用户的身份分成 3 类：_____、_____和_____。

（12）采用数字法修改文件权限时，读、写、执行对应的数字分别是_____、_____、_____。

3．简答题

（1）为什么要对磁盘进行分区？

（2）一块新硬盘要经过哪几步才能正常使用？每一步常用的命令是什么？

（3）挂载文件系统时有哪些注意事项？

（4）什么是软链接，什么是硬链接？两者的区别是什么？

（5）简述用户和用户组的关系。

（6）简述文件的 3 种权限的含义。

（7）简述目录的 3 种权限的含义。

（8）如何将".tar.gz"和".tar.bz.2"格式的压缩文件解压缩到指定目录中？

项目4
网络与安全服务

04

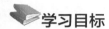学习目标

【知识目标】

（1）了解配置 Linux 操作系统网络的几种常用方法。

（2）熟悉网卡配置文件中配置项的作用。

（3）熟悉防火墙的基本概念。

【技能目标】

（1）熟练掌握使用系统图形界面配置网络的方法。

（2）熟练掌握通过网卡配置文件配置网络的方法。

（3）掌握使用 nmtui 工具配置网络的方法。

（4）掌握使用 nmcli 命令配置网络的方法。

（5）掌握 firewalld 的常用配置规则。

引例描述

经过前段时间的刻苦学习，小张对于 Linux 操作系统的了解突飞猛进。他现在不仅能熟练地管理系统用户，还能为不同的用户分配不同的文件权限。同时，小张越发觉得 Linux 确实是一个十分优秀的操作系统，值得他花更多的时间去研究。虽然小张学习了这么久的 Linux 操作系统，但是他从未使用 Linux 进行过上网、聊天、游戏等活动。要知道，这些可是小张每天的"必修课"。那么，怎样才能让他的 Linux 虚拟机连接网络呢？Linux 的网络配置是否复杂？Linux 中是否有免费的即时聊天软件？能不能在 Linux 中畅快地游戏？带着这些疑问，小张又一次走进了孙老师的办公室，进行配置网络服务的学习，如图 4-1 所示。

图 4-1　配置网络服务

 **任务 4.1** 配置网络

 **任务陈述**

　　有人说 Linux 操作系统就是为网络而生的。配置网络就是让一台 Linux 计算机能够与其他计算机通信，这是一个 Linux 系统管理员必须掌握的基本技能，也是后续进行网络服务配置的前提。本任务将介绍 4 种配置网络的方法，在实际的工作中，大家可以选择适合自己的配置方法，并熟练掌握这种方法。

知识准备

　　由于本书所有的网络配置均基于 VMware Workstation 虚拟化工具上安装的虚拟机，因此必须先确定使用哪些网络连接方式。项目 1 中提到，VMware Workstation 提供了 3 种网络连接方式，分别是桥接模式、NAT 模式和仅主机模式，这 3 种方式有不同的应用场合。桥接模式和 NAT 模式均能满足本任务及后续网络服务配置的要求，这里以 NAT 模式为例说明如何配置网络。

V4-1 虚拟机的三种网络连接方式

　　首先，为当前虚拟机选择 NAT 网络连接方式。在 VMware Workstation 中，选择【虚拟机】→【设置】选项，弹出【虚拟机设置】对话框，如图 4-2 所示。选择【网络适配器】选项，选中【NAT 模式】单选按钮，单击【确定】按钮。

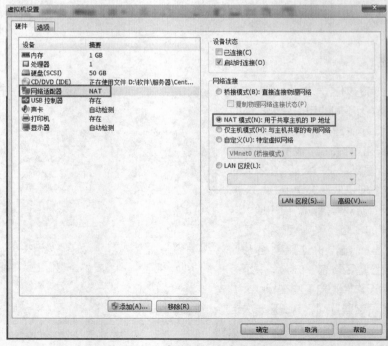

图 4-2 【虚拟机设置】对话框

其次，在 VMware Workstation 中，选择【编辑】→【虚拟网络编辑器】选项，弹出【虚拟网络编辑器】对话框，如图 4-3 所示。选中【NAT 模式】单选按钮，单击【NAT 设置】按钮，弹出【NAT 设置】对话框，查看 NAT 的默认设置，如图 4-4 所示。

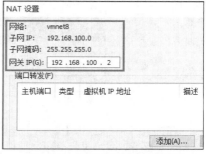

图 4-3 【虚拟网络编辑器】对话框 　　　　　　　图 4-4 　查看 NAT 的默认设置

这里需要记住【NAT 设置】对话框中的子网 IP、子网掩码和网关 IP，之后进行网络配置时会用到这些信息。

4.1.1 　使用图形界面配置网络

Linux 初学者适合使用图形界面配置网络，其操作比较简单、直观。打开 CentOS 7.6 操作系统，单击桌面右上角的快捷启动按钮，即带有声音和电源图标的部分，展开【有线连接】下拉列表，如图 4-5 所示。因为现在还未正确配置网络，因此有线连接处于关闭状态。单击【有线设置】按钮，进入网络系统设置界面，如图 4-6 所示。单击【有线连接】选项组中的齿轮按钮，设置有线网络，如图 4-7 所示。

图 4-5 　展开【有线连接】下拉列表

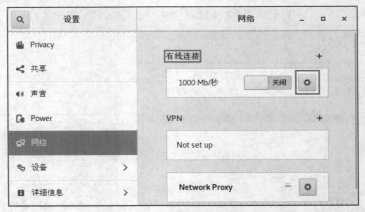

图 4-6　网络系统设置界面

在图 4-7 中，选择【IPv4】选项卡，设置 IP 地址获取方式为【手动】，分别设置地址、子网掩码、网关和 DNS。本任务中将地址设置为 192.168.100.100，子网掩码和网关沿用图 4-4 中的 NAT 的默认设置，DNS 设置为和网关相同的 192.168.100.2，单击【应用】按钮保存设置。

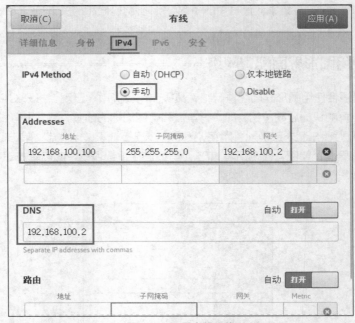

图 4-7　设置有线网络

回到图 4-6 所示的界面，单击【有线连接】选项组中齿轮按钮左侧的开关按钮，开启有线网络。打开一个终端窗口测试网络连通性，如图 4-8 所示。测试时使用的是系统自带的 ping 命令，它是最常用的测试网络连通性的工具之一。ping 命令向目的主机连续发送多个测试数据包，如果能够收到正常响应，则说明网络连接成功，这里把目的主机设为百度公司的官方网站。另外，由于在 Linux 操作系统中 ping 命令会不停地发送数据包，不会自动停止，因此需要手动终止 ping 命令，方法是按 Ctrl+C 组合键。

```
[siso@localhost ~]$ ping www.baidu.com
PING www.a.shifen.com (183.232.231.174) 56(84) bytes of data.
64 bytes from 183.232.231.174 (183.232.231.174): icmp_seq=1 ttl=128 time=36.1 ms
64 bytes from 183.232.231.174 (183.232.231.174): icmp_seq=2 ttl=128 time=37.3 ms
64 bytes from 183.232.231.174 (183.232.231.174): icmp_seq=3 ttl=128 time=36.5 ms
64 bytes from 183.232.231.174 (183.232.231.174): icmp_seq=4 ttl=128 time=37.9 ms
64 bytes from 183.232.231.174 (183.232.231.174): icmp_seq=5 ttl=128 time=36.5 ms
64 bytes from 183.232.231.174 (183.232.231.174): icmp_seq=6 ttl=128 time=38.1 ms
^C
```

图 4-8　测试网络连通性

另一个用来测试网络连通性的常用命令是 traceroute（Windows 操作系统中是 tracert）。traceroute 向目的主机发送一连串特殊的报文，通过对响应报文的分析确定从源主机到目的主机的数据传输路径。

4.1.2　使用网卡文件配置网络

在 Linux 操作系统中，所有的系统设置都保存在特定的文件中，因此，配置网络其实就是修改相应的网卡配置文件。不同的网卡对应不同的配置文件，而配置文件的命名又与网卡的来源有关。自 CentOS 7 开始，"eno"代表由主板 BIOS 内置的网卡，"ens"代表由主板 BIOS 内置的 PCI-E 接口网卡，"eth"是默认的网卡编号。网卡文件以"ifcfg"为前缀，位于 */etc/sysconfig/network-scripts* 目录中。可以通过 ifconfig -a 命令查看当前系统的默认网卡文件，这里网卡文件名为 *ifcfg-ens33*。通过网卡文件配置网络如例 4-1 所示。

例 4-1：通过网卡文件配置网络

```
[root@localhost ~]# cd   /etc/sysconfig/network-scripts/
[root@localhost network-scripts]# ls   ifcfg*
ifcfg-ens33   ifcfg-lo
[root@localhost network-scripts]# vim   ifcfg-ens33      // 以 root 用户打开网卡文件
……
BOOTPROTO=none
ONBOOT=yes
IPADDR=192.168.100.100
PREFIX=24
GATEWAY=192.168.100.2
DNS1=192.168.100.2
……
[root@localhost network-scripts]# systemctl   restart   network    // 手动重启网络服务
```

在本例中，有些参数已经存在，有些参数需要手动添加，IPADDR 表示 IP 地址；PREFIX 表示网络前缀的长度，设置为 24 时表示子网掩码是 255.255.255.0；GATEWAY 和 DNS1 分别表示网关和 DNS 服务器，这里均设置为 192.168.100.2。编辑好网卡配置文件后需要使用 systemctl restart network 命令手动重启网络服务。

现在即可使用 ping 命令验证网络连通性了。

有经验的 Linux 系统管理员可能更喜欢通过修改网卡文件的方式配置网络，因为这种方法最直接。但对于初学者而言，这种方式很容易出错。尤其是在重启网络服务时，如果因为文件配置错误而无法正常重启服务，排查这些错误将非常费时。

V4-2　网卡配置
文件的其他参数

4.1.3 使用 nmtui 工具配置网络

nmtui 是 Linux 操作系统提供的一个具有字符界面的文本配置工具，在终端窗口中，以 root 用户身份运行 nmtui 命令即可进入网络管理器界面，如图 4-9 所示。

在 nmtui 的网络管理器界面中，通过键盘的上下方向键可以选择不同的操作，通过左右方向键可以在不同的功能区之间跳转。在图 4-9 所示的界面中，选择【编辑连接】选项后按 Enter 键，可以看到系统当前已有的网卡及操作列表，如图 4-10 所示。这里选择【ens33】选项并对其进行编辑操作，按 Enter 键后进入 nmtui 的编辑连接界面，如图 4-11 所示。

通过 nmtui 配置网络的主要操作都集中在编辑连接界面中。在图 4-11 所示界面的位置 1 的【自动】按钮处按 Space 键，设置 IP 地址的配置方式为【手动】；在位置 2 的【显示】按钮处按 Space 键，显示和 IP 地址相关的文本输入框，依次配置地址、网关和 DNS 服务器，相关配置信息如图 4-12 和图 4-13 所示。配置完成后，单击【确定】按钮，保存配置并退出 nmtui 工具。

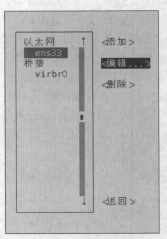

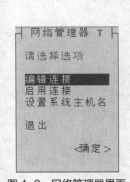

图 4-9 网络管理器界面   图 4-10 网卡及操作列表

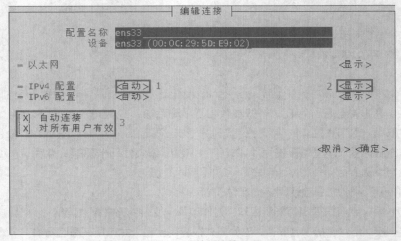

图 4-11 编辑连接界面

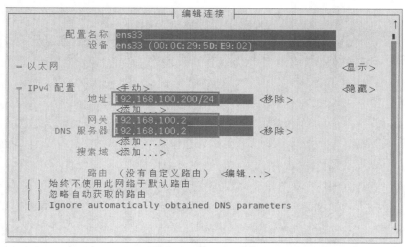

图 4-12 相关配置信息 1

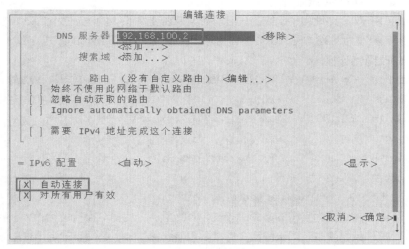

图 4-13 相关配置信息 2

虽然 nmtui 的操作界面不像图形界面那么清晰明了，但是熟练相关操作之后，nmtui 是一个非常方便的网络配置工具。

4.1.4 使用 nmcli 命令配置网络

下面要介绍使用 nmcli 命令如何配置网络。Linux 操作系统通过 NetworkManager 守护进程管理和监控网络设置，而 nmcli 命令可以控制 NetworkManager 守护进程。使用 nmcli 命令可以创建、修改、删除、激活、禁用网络连接，还可以控制和显示网络设备状态。例 4-2 所示为使用 nmcli 命令查看系统已有的网络连接的方法。

例 4-2：使用 nmcli 命令查看系统已有的网络连接

[root@localhost ~]# nmcli connection show   // 查看系统已有的网络连接

123

```
NAME      UUID                                          TYPE       DEVICE
ens33     e1b9ec5f-8c41-44a4-afee-b069bbbf5c0e          ethernet   ens33
virbr0    fbd5eb68-e8aa-4cb5-b608-1a6752de2ebc          bridge     virbr0
[root@localhost ~]# nmcli  connection  show ens33    // 查看指定网络连接
connection.id:                        ens33
connection.uuid:                      e1b9ec5f-8c41-44a4-afee-b069bbbf5c0e
connection.type:                      802-3-ethernet
connection.autoconnect:               否
ipv4.method:                          manual
ipv4.dns:                             192.168.100.2
ipv4.addresses:                       192.168.100.100/24
ipv4.gateway:                         192.168.100.2
......
```

例 4-2 选取了关于 ens33 的一些重要的参数，根据参数的名称和值可以很容易地推断出其代表的含义。例如，ipv4.method 表示 IP 地址的获取方式，当前的设置是 manual（手动）；ipv4.addresses 表示 IP 地址和子网掩码长度。如果现在要将 IP 地址修改为 192.168.100.200，同时将 DNS 服务器改为 192.168.100.254，那么可以采用例 4-3 所示的方式。

例 4-3：修改网络连接

```
[root@localhost ~]# nmcli  connection  modify   ens33  \  // 用"\"换行继续输入
> ipv4.addresses   192.168.100.200  \
> ipv4.dns   192.168.100.254
[root@localhost ~]#
[root@localhost ~]# nmcli  connection   up  ens33
连接已成功激活（D-Bus 活动路径：
/org/freedesktop/NetworkManager/ActiveConnection/17）
```

注意，在例 4-3 中，因为完整的命令比较长，因此用"\"将命令换行继续输入。另外，例 4-3 中的"modify"操作只是修改了网卡配置文件，要想使配置生效，必须手动启用这些设置。下面来查看网卡配置文件，确认配置是否成功写入文件，如例 4-4 所示。

例 4-4：查看网卡配置文件

```
[root@localhost ~]# cd   /etc/sysconfig/network-scripts/
[root@localhost network-scripts]# cat   ifcfg-ens33
......
IPADDR=192.168.100.200
PREFIX=32
GATEWAY=192.168.100.2
DNS1=192.168.100.254
......
```

nmcli 命令的功能比较强大，用法也比较复杂，可以通过 man 命令查看更详细的用法说明。

V4-3　网卡配置
文件与 nmcli

任务实施

最近，孙老师所在的学院购买了一台新的文件服务器，作为原文件服务器的备份使用。孙老师为新文件服务器安装了 CentOS 7.6 操作系统，接下来孙老师准备通过网卡文件配置网络。

第 1 步，登录到文件服务器，打开一个终端窗口，使用 su - root 命令切换到 root 用户。

第 2 步，使用 cd 命令切换到网卡文件的目录*/etc/sysconfig/network-scripts/*。

第 3 步，使用 ifconfig -a 命令查看当前系统的默认网卡文件，这里系统的网卡文件名为 *ifcfg-ens33*。

第 4 步，使用 vim 打开 *ifcfg-ens33* 文件，修改网卡配置文件，添加相应内容，如例 4-5 所示。

例 4-5：修改网卡配置文件

```
BOOTPROTO=none
ONBOOT=yes
IPADDR=192.168.62.235
PREFIX=24
GATEWAY=192.168.62.2
DNS1=192.168.62.2
```

第 5 步，使用 systemctl restart network 命令重启网络服务。

第 6 步，使用 ping 192.168.62.234 命令测试新的文件服务器与原文件服务器的连通性。原文件服务器的 IP 地址是 192.168.62.234。从 ping 命令的执行结果可以看出两台服务器已经实现了连通。

知识拓展

1. 网卡配置文件和 nmcli 的对应关系

可以看到，在 Linux 操作系统中配置网络有多种方式，用户可以选择自己喜欢的方式并熟练掌握。另外，使用网卡文件配置网络和使用 nmcli 命令配置网络非常相似，都是对某些网络参数进行赋值。表 4-1 所示为网卡配置文件参数和 nmcli 命令参数的对应关系。

表 4-1　网卡配置文件参数和 nmcli 命令参数的对应关系

网卡配置文件参数	nmcli 命令参数	功能说明
TYPE=*Ethernet*	connection.type *802-3-ethernet*	网卡类型
BOOTPROTO=*none*	ipv4.method *manual*	手动配置 IP 信息
BOOTPROTO=*dhcp*	ipv4.method *auto*	自动获取 IP 信息
IPADDR=*192.168.100.100* PREFIX=*24*	ipv4.addresses *192.168.100.100/24*	IP 地址和子网掩码
GATEWAY=*192.168.100.2*	ipv4.gateway *192.168.100.2*	网关地址
DNS1=*192.168.100.2*	ipv4.dns *192.168.100.2*	DNS 服务器地址

续表

网卡配置文件参数	nmcli 命令参数	功能说明
DOMAIN=*siso.edu.cn*	ipv4.dns-search *siso.edu.cn*	域名
ONBOOT=*yes*	connection.autoconnect *yes*	是否开机启动网络
DEVICE=*ens33*	connection.interface-name *ens33*	网卡接口名称

2. 使用桥接模式配置网络

前面的内容主要基于 NAT 模式来配置虚拟机网络。在实际的学习和研究中，桥接模式也是经常使用的一种网络连接方式。在这种模式下，物理主机变为一台虚拟交换机，物理主机网卡与虚拟机的虚拟网卡利用虚拟交换机进行通信，物理主机与虚拟主机在同一网段中，虚拟主机可直接利用物理网络访问外网。下面简单介绍如何基于桥接模式为虚拟机配置网络。

在图 4-2 所示的【虚拟机设置】对话框中，选中【桥接模式】单选按钮。由于在桥接模式下物理主机与虚拟机在同一网段中，因此先要查看并确认物理主机的网络参数。本任务的物理主机安装了 Windows 7 操作系统。在物理主机的【控制面板】窗口中依次选择【网络和 Internet】→【网络和共享中心】→【本地连接】→【属性】→【Internet 协议版本】选项，弹出【Internet 协议版本 4（TCP/IPv4）属性】对话框，如图 4-14 所示。

这里需要记住该对话框中显示的 IP 地址、子网掩码、默认网关和首选 DNS 服务器。有了这些信息，即可使用前文介绍的 4 种方法配置虚拟机网络。如果通过修改网卡文件来配置网络，则网卡文件中的相关参数应该如例 4-6 所示。

图 4-14 【Internet 协议版本 4（TCP/IPv4）属性】对话框

例 4-6：修改网卡配置文件——桥接模式

```
[root@localhost network-scripts]# vim   ifcfg-ens33      // 以 root 用户编辑文件
……
BOOTPROTO=none
ONBOOT=yes
```

```
IPADDR=192.168.62.214
PREFIX=24
GATEWAY=192.168.62.254
DNS1=192.168.11.221
……
[root@localhost network-scripts]# systemctl  restart  network    // 重启网络服务
```

需要强调的是，基于桥接模式为虚拟机配置的 IP 地址必须是本网段未被使用的 IP 地址。为保证这一点，推荐的做法是在物理主机上使用 ping 命令测试其到该待定 IP 地址的连通性。如果收不到成功的响应，则说明这个 IP 地址很可能未被使用（也有可能已被使用，但因为其他原因导致 ping 操作不成功）。在物理主机的命令行窗口中进行连通性测试，如图 4-15 所示。

图 4-15　连通性测试

任务实训

为操作系统配置网络并保证计算机的网络连通性是每一个 Linux 系统管理员的主要工作之一。本实训的主要任务是练习通过不同的方式配置虚拟机网络，熟悉各种方式的操作方法。在桥接模式和 NAT 模式下分别为虚拟机配置网络并测试网络连通性。

【实训目的】
（1）掌握 Linux 操作系统中常见的网络配置方法。
（2）理解各种网络配置方法的操作要点及不同参数的含义。
（3）巩固网络配置的学习效果。

【实训内容】
在本实训中，将从安装虚拟机开始，为新安装的虚拟机配置网络。
（1）在 VMware Workstation 中新建虚拟机，并安装 CentOS 7.6 操作系统。
（2）为新建的虚拟机添加用户。
（3）使用任务 4.1 介绍的方法，为新建的虚拟机配置网络。在配置的过程中，要注意比较各种方法的异同。

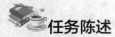

任务 4.2　配置防火墙

任务陈述

防火墙是提升计算机安全级别的重要机制，可以有效防止计算机遭受来自外部的恶意攻击和破坏。用户通过定义一组防火墙规则，对来自外部的网络流量进行匹配和分类，并根据规则决定是允许还是拒绝流量通过防火墙。firewalld 是 CentOS 7 及之后版本默认使用的防火墙。在本任务中，将介绍 firewalld 的基本概念、firewalld 的安装和启停、firewalld 的基本配置与管理。

知识准备

4.2.1　firewalld 的基本概念

firewalld 是一种支持动态更新的防火墙实现机制。firewalld 的动态性是指可以在不重启防火墙的情况下创建、修改和删除规则。firewalld 使用区域和服务来简化防火墙的规则配置。

V4-4　认识
firewalld

1. 区域

区域包括一组预定义的规则。可以把网络接口（即网卡）和流量源指定到某个区域中，允许哪些流量通过防火墙取决于主机所连接的网络及用户为网络定义的安全级别。

计算机有可能通过网络接口与多个网络建立连接。firewalld 引入了区域和信任级别的概念，把网络分配到不同的区域中，并为网络及其关联的网络接口或流量源指定信任级别，不同的信任级别代表默认开放的服务有所不同。一个网络连接只能属于一个区域，但是一个区域可以包含多个网络连接。在区域中定义规则后，firewalld 会把这些规则应用到进入该区域的网络流量上。可以把区域理解为 firewalld 提供的防火墙策略集合（或策略模板），用户可以根据实际的使用场景选择合适的策略集合。

firewalld 预定义了 9 个区域，各个区域的名称和作用分别如下。

（1）丢弃区域：任何进入网络的数据包都被丢弃，并且不给出任何响应，只允许从本网络发出的数据包通过。

（2）阻塞区域：任何进入的网络连接都被拒绝，并返回 IPv4 的 icmp-host-prohibited 报文或 IPv6 的 icmp6-adm-prohibited 报文作为响应，只允许由该系统发起的网络连接接入。

（3）公共区域：在公共区域中使用，仅接受选定的网络连接接入。这是 firewalld 的默认区域。

（4）外部区域：主要应用在启用伪装功能的外部网络中，仅接受选定的网络连接接入。

（5）隔离区域：隔离区（Demilitarized Zone，DMZ）网络中的计算机可以被外部网络有限地访问，仅接受选定的网络连接接入。

（6）工作区域：在工作网络中使用，仅接受选定的网络连接接入。

（7）家庭区域：在家庭网络中使用，仅接受选定的网络连接接入。

（8）内部区域：应用在内部网络中，对网络中的其他计算机的信任度较高，仅接受选定的网络连接接入。

（9）信任区域：对网络中的计算机具有最高的信任级别，接受所有网络连接接入。

2. 服务

服务是端口和协议的组合，表示允许外部流量访问某种服务需要配置的所有规则的集合。使用服务来配置防火墙规则的最大好处就是减少了配置工作量。在 firewalld 中放行一个服务，就相当于打开与该服务相关的端口和协议、启用数据包转发等功能，可以将多步操作集成到一条简单的规则中。

4.2.2　firewalld 的安装和启停

firewalld 在 CentOS 7.6 中是默认安装的。CentOS 7.6 还支持以图形界面的方式配置防火墙，即 firewall-config 工具，也是默认安装的。例 4-7 所示为安装 firewalld 和 firewall-config 工具的方法。

例 4-7：安装 firewalld 和 firewall-config 工具

```
[root@localhost ~]# yum  install  firewalld  -y          // 默认已安装
[root@localhost ~]# yum  install  firewall-config  -y    // 默认已安装
```

firewalld 启动和停止的相关命令及其功能如表 4-2 所示。

表 4-2　firewalld 启动和停止的相关命令及其功能

firewalld 启动和停止的相关命令	功能
systemctl start firewalld.service	启动 firewalld 服务。firewalld.service 可简写为 firewalld，下同
systemctl restart firewalld.service	重启 firewalld 服务（先停止再启动）
systemctl stop firewalld.service	停止 firewalld 服务
systemctl reload firewalld.service	重新加载 firewalld 服务
systemctl status firewalld.service	查看 firewalld 服务的状态
systemctl enable firewalld.service	设置 firewalld 服务为开机自动启动
systemctl list-unit-files|grep firewalld.service	查看 firewalld 服务是否为开机自动启动

4.2.3　firewalld 的基本配置与管理

配置 firewalld 可以使用 firewall-config 工具、firewall-cmd 命令和 firewall-offline-cmd 命令。在终端窗口中输入 firewall-config 命令，或者选择【应用程序】→【杂项】→【防火墙】选项，即可进入防火墙配置界面，如图 4-16 所示。

V4-5　systemctl
管理工具

firewall-cmd 命令是 firewalld 提供的命令行接口，功能十分强大，可以完成各种规则配置。本任务主要介绍如何使用 firewall-cmd 命令配置防火墙规则。

1. 查看 firewalld 的当前状态和当前配置

（1）查看 firewalld 的当前状态

除了使用 systemctl status firewalld 命令查看 firewalld 的具体状态信息外，还可以使用 firewall-cmd 命令快速查看 firewalld 的运行状态，如例 4-8 所示。

V4-6　firewalld
图形配置界面

图 4-16　防火墙配置界面

例 4-8：查看 firewalld 的运行状态

```
[root@localhost ~]# firewall-cmd  --state
running
```

（2）查看 firewalld 的当前配置

使用带--list-all 选项的 firewall-cmd 命令可以查看默认区域的完整配置，如例 4-9 所示。

例 4-9：查看默认区域的完整配置

```
[root@localhost ~]# firewall-cmd  --list-all
public (active)
    target: default
    icmp-block-inversion: no
    interfaces: ens33
    sources:
    services: ssh dhcpv6-client samba dns http ftp amanda-k5-client
    ……
```

如果想查看特定区域的信息，则可以使用--zone 选项指定区域名，也可以专门查看区域某一方面的配置，如例 4-10 所示。

例 4-10：查看区域某一方面的配置

```
[root@localhost ~]# firewall-cmd  --list-all  --zone=work    // 指定区域名
work
    target: default
    ……
    services: ssh dhcpv6-client
    ……
[root@localhost ~]# firewall-cmd  --list-services                    // 只查看服务信息
```

```
ssh dhcpv6-client
[root@localhost ~]# firewall-cmd  --list-services  --zone=public  // 组合使用
ssh dhcpv6-client http
```

2. firewalld 的两种配置模式

firewalld 的配置有运行时配置和永久配置（又称持久配置）之分。运行时配置是指在 firewalld 处于运行状态时生效的配置，永久配置是 firewalld 重载或重启时应用的配置。在运行模式下进行的更改只在 firewalld 运行时有效，如例 4-11 所示。

例 4-11：修改运行时配置

```
[root@localhost ~]# firewall-cmd  --add-service=http   // 只修改运行时配置
success
```

当 firewalld 重启时，其会恢复为永久配置。如果想让更改在 firewalld 下次启动时仍然生效，则需要使用--permanent 选项。但即使使用了--permanent 选项，这些修改也只会在 firewalld 重新启动后生效。使用--reload 选项重载永久配置，可以使永久配置立即生效并覆盖当前的运行时配置，如例 4-12 所示。

例 4-12：修改永久配置

```
[root@localhost ~]# firewall-cmd  --permanent  --add-service=http // 修改永久配置
success
[root@localhost ~]# firewall-cmd  --reload                        // 重载永久配置
success
```

一种常见的做法是先修改运行时配置，验证修改正确后，再把这些修改提交到永久配置中。可以借助--runtime-to-permanent 选项来实现这种需求，如例 4-13 所示。

例 4-13：先修改运行时配置，再提交到永久配置中

```
[root@localhost ~]# firewall-cmd  --add-service=http          // 只修改运行时配置
success
[root@localhost ~]# firewall-cmd  --runtime-to-permanent  // 提交到永久配置中
success
```

3. 基于服务的流量管理

服务是端口和协议的组合，合理地配置服务能够减少配置工作量，避免不必要的错误。

（1）使用预定义服务

使用服务管理网络流量的最直接的方法就是把预定义服务添加到 firewalld 的允许服务列表中，或者从允许服务列表中移除预定义服务，如例 4-14 所示。

V4-7 firewalld 服务配置

例 4-14：添加或移除预定义服务

```
[root@localhost ~]# firewall-cmd  --list-services // 查看当前的允许服务列表
ssh dhcpv6-client
[root@localhost ~]# firewall-cmd  --permanent  --add-service=http // 添加预定义服务
success
[root@localhost ~]# firewall-cmd  --reload         // 重载防火墙的永久配置
success
[root@localhost ~]# firewall-cmd  --list-services
ssh dhcpv6-client http
```

使用--add-service 选项可以将预定义服务添加到 firewalld 的允许服务列表中，如果想从列表中移除某个预定义服务，则可以使用--remove-service 选项。

每个预定义服务都有一个独立的配置文件，配置文件的内容决定了添加/移除服务时要打开或关闭哪些端口和协议。服务配置文件的文件名格式一般是 *service-name.xml*，如 *ssh.xml*、*ftp.xml*、*http.xml*。例 4-15 所示为 HTTP 服务的配置文件 *http.xml* 的内容。

例 4-15：HTTP 服务的配置文件 *http.xml* 的内容

```
[root@localhost ~]# cat /usr/lib/firewalld/services/http.xml
<?xml version="1.0" encoding="utf-8"?>
<service>
  <short>WWW (HTTP)</short>
  <description>...这里是 HTTP 服务的描述，省略...</description>
  <port protocol="tcp" port="80"/>
</service>
```

（2）创建新服务

除了 firewalld 预定义的服务外，用户还可以使用--new-service 选项创建一个服务，此时会在*/etc/firewalld/services/*目录中自动生成相应的服务配置文件，但文件中没有任何有效的配置；使用--delete-service 选项可以删除自定义服务。这两个选项必须在永久配置模式下使用。创建和删除自定义服务如例 4-16 所示。

例 4-16：创建和删除自定义服务

```
[root@localhost ~]# firewall-cmd --permanent --new-service=myservice
success
[root@localhost ~]# ls /etc/firewalld/services/
myservice.xml
[root@localhost ~]# cat /etc/firewalld/services/myservice.xml
<?xml version="1.0" encoding="utf-8"?>
<service>
</service>
```

firewalld 会从*/etc/firewalld/services/*目录中加载服务配置文件，如果这个目录中没有服务配置文件，则到*/usr/lib/firewalld/services/*目录中加载。创建服务的另一种方法是从*/usr/lib/firewalld/services/*目录中复制一个服务配置模板文件到*/etc/firewalld/services/*目录中，并使用服务配置模板文件创建自定义服务，如例 4-17 所示。

例 4-17：使用服务配置模板文件创建自定义服务

```
[root@localhost ~]# cd /etc/firewalld/services/
[root@localhost services]# cp /usr/lib/firewalld/services/http.xml mynewservice.xml
[root@localhost services]# firewall-cmd --permanent \      <== 换行输入
    --new-service-from-file=mynewservice.xml --name=anotherservice
success
```

（3）配置服务端口

每种预定义服务都有相应的监听端口，如 HTTP 服务的监听端口是 80，操作系统根据端口号决定把网络流量交给哪个服务处理。如果想开放或关闭某些端口，则可以采用例 4-18 所示的方法。

例 4-18：开放或关闭端口

```
[root@localhost ~]# firewall-cmd  --list-ports
                         <== 当前没有配置
[root@localhost ~]# firewall-cmd  --add-port=80/tcp
success
[root@localhost ~]# firewall-cmd  --list-ports
80/tcp
[root@localhost ~]# firewall-cmd  --remove-port=80/tcp
success
[root@localhost ~]# firewall-cmd  --list-ports
```

4．基于区域的流量管理

区域关联了一组网络接口和源 IP 地址，可以在区域中配置复杂的规则以管理来自这些网络接口和源 IP 地址的网络流量。

（1）查看可用区域

使用带--get-zones 选项的 firewall-cmd 命令，可以查看系统当前可用的区域，但是不显示每个区域的详细信息。如果想查看所有区域的详细信息，则可以使用--list-all-zones 选项；也可以结合使用--list-all 和--zone 两个选项，查看指定区域的详细信息，如例 4-19 所示。

V4-8 firewalld
区域配置

例 4-19：查看区域的信息

```
[root@localhost ~]# firewall-cmd  --get-zones
block dmz drop external home internal public trusted work
[root@localhost ~]# firewall-cmd  --list-all-zones
block
   target: %%REJECT%%
   icmp-block-inversion: no
   ......
dmz
   ......
[root@localhost ~]# firewall-cmd  --list-all  --zone=home
home
   target: default
   icmp-block-inversion: no
   ......
```

（2）修改指定区域的规则

如果没有特别说明，firewall-cmd 默认将规则修改应用在当前活动区域中。要想修改其他区域的规则，则可以通过--zone 选项指定区域名，如例 4-20 所示，其表示在 work 区域中放行 SSH 服务。

例 4-20：修改指定区域的规则

```
[root@localhost ~]# firewall-cmd  --add-service=ssh  --zone=work
success
```

（3）修改默认区域

如果没有明确地把网络接口和某个区域关联起来，则 firewalld 会自动将其和默认区域关联起来。firewalld 启动时会加载默认区域的配置并激活默认区域，firewalld 的默认区域是 public。也可以修改默认区域，如例 4-21 所示。

例 4-21：修改默认区域

```
[root@localhost ~]# firewall-cmd  --get-default-zone          // 查看当前默认区域
public
[root@localhost ~]# firewall-cmd  --set-default-zone  work    // 修改默认区域
success
[root@localhost ~]# firewall-cmd  --get-default-zone          // 再次查看当前默认区域
work
```

（4）关联区域和网络接口

网络接口关联到哪个区域，进入该网络接口的流量就适用于哪个区域的规则。因此，可以为不同区域制定不同的规则，并根据实际需要把网络接口关联到合适的区域中，如例 4-22 所示。

例 4-22：关联区域和网络接口

```
[root@localhost ~]# firewall-cmd  --get-active-zones     // 查看活动区域的网络接口
public
   interfaces: ens33
[root@localhost ~]# firewall-cmd  --zone=work  --change-interface=ens33
The interface is under control of NetworkManager, setting zone to 'work'.
success
```

也可以直接修改网络接口配置文件，在文件中设置 ZONE 参数，将网络接口关联到指定区域中，如例 4-23 所示。

例 4-23：修改网络接口配置文件，将网络接口关联到指定区域中

```
[root@localhost ~]# vim   /etc/sysconfig/network-scripts/ifcfg-ens33
……
ZONE=work
……
```

（5）创建新区域

除了 firewalld 预定义的 9 个区域外，还可以创建新区域，并像预定义区域一样使用。例 4-24 所示为创建新区域的方法。

例 4-24：创建新区域

```
[root@localhost ~]# firewall-cmd  --get-zones
block dmz drop external home internal public trusted work
[root@localhost ~]# firewall-cmd  --permanent  --new-zone=myzone
success
[root@localhost ~]# firewall-cmd  --reload
success
[root@localhost ~]# firewall-cmd  --get-zones
```

block dmz drop external home internal myzone public trusted work

创建新区域的另一种方法是使用区域配置文件。和服务一样，每个区域都有一个独立的配置文件，文件名格式为 *zone-name.xml*，保存在 */usr/lib/firewalld/zones/* 和 */etc/firewalld/zones/* 目录中。区域配置文件包含区域的描述、服务、端口、协议等相关信息。例 4-25 所示为一个区域配置文件的常见配置，该区域允许两个服务（SSH 和 DHCP）和一个端口范围（TCP 和 UDP 的 1025～65535 端口）通过防火墙。

例 4-25：区域配置文件的常见配置

```
<?xml version="1.0" encoding="utf-8"?>
<zone>
  <short>Myzone</short>
  <description>This is my zone</description>
  <service name="ssh"/>
  <service name="dhcp"/>
  <port port="1025-65535" protocol="tcp"/>
  <port port="1025-65535" protocol="udp"/>
</zone>
```

（6）配置区域默认规则

当数据包与区域的所有规则都不匹配时，可以使用区域的默认规则处理数据包，包括接受（ACCEPT）、拒绝（REJECT）和丢弃（DROP）3 种处理方式。ACCEPT 表示默认接受所有数据包，除非数据包被某些规则明确拒绝；REJECT 和 DROP 默认拒绝所有数据包，除非数据包被某些规则明确接受。REJECT 会向源主机返回响应信息；DROP 则直接丢弃数据包，没有任何响应信息。

可以使用--set-target 选项配置区域的默认规则，如例 4-26 所示。

例 4-26：配置区域的默认规则

```
[root@localhost zones]# firewall-cmd  --permanent  --zone=work  --set-target=ACCEPT
success
[root@localhost zones]# firewall-cmd  --reload
success
[root@localhost zones]# firewall-cmd  --zone=work  --list-all
work
  target: ACCEPT
  icmp-block-inversion: no
  ……
```

（7）添加和删除流量源

流量源是指某一特定的 IP 地址或子网。可以使用--add-source 选项把来自某一流量源的网络流量添加到某个区域中，这样即可将该区域的规则应用在这些网络流量上。例如，在工作区域中允许所有来自 192.168.100.0/24 子网的网络流量通过，删除流量源时只要用--remove-source 选项替换--add-source 即可，如例 4-27 所示。

例 4-27：添加和删除流量源

```
[root@localhost ~]# firewall-cmd  --zone=work  --add-source=192.168.100.0/24
```

```
success
[root@localhost ~]# firewall-cmd  --runtime-to-permanent
success
[root@localhost ~]# firewall-cmd  --zone=work  --remove-source=192.168.100.0/24
success
```

（8）添加和删除源端口

根据流量源端口对网络流量进行分类处理也是比较常见的做法。使用--add-source-port 和 --remove-source-port 两个选项可以在区域中添加和删除源端口，以允许或拒绝来自某些端口的网络流量通过，如例 4-28 所示。

例 4-28：添加和删除源端口

```
[root@localhost ~]# firewall-cmd  --zone=work  --add-source-port=3721/tcp
success
[root@localhost ~]# firewall-cmd  --zone=work  --remove-source-port=3721/tcp
success
```

（9）添加和删除协议

也可以根据协议来决定是接受还是拒绝使用某种协议的网络流量。常见的协议有 TCP、UDP、ICMP 等。在内部区域中添加 ICMP 即可接受对方主机的 ping 测试。例 4-29 所示为添加和删除 ICMP 的方法。

例 4-29：添加和删除 ICMP

```
[root@localhost ~]# firewall-cmd  --zone=internal  --add-protocol=icmp
success
[root@localhost ~]# firewall-cmd  --zone=internal  --remove-protocol=icmp
success
```

对于接收到的网络流量具体使用哪个区域的规则，firewalld 会按照下面的顺序进行处理。

① 网络流量的源地址。

② 接收网络流量的网络接口。

③ firewalld 的默认区域。

也就是说，如果按照网络流量的源地址可以找到匹配的区域，则交给相应的区域进行处理；如果没有匹配的区域，则查看接收网络流量的网络接口所属的区域；如果没有明确配置，则交给 firewalld 的默认区域进行处理。

任务实施

到目前为止，孙老师所在学院新购买的文件服务器已经可以提供基础的文件存储功能了。为了提高文件服务器的安全性，保证文件资源不被非法获取和恶意破坏，孙老师决定使用 CentOS 7.6 自带的 firewalld 防火墙"加固"文件服务器，下面是孙老师的具体操作步骤。

第 1 步，登录到文件服务器，打开一个终端窗口，使用 su - root 命令切换到 root 用户。

第 2 步，把 firewalld 的默认区域修改为工作区域，如例 4-30 所示。

例 4-30：查看并修改默认区域

```
[root@localhost ~]# firewall-cmd  --get-default-zone          // 查看当前默认区域
```

```
public
[root@localhost ~]# firewall-cmd --set-default-zone work  // 修改默认区域
success
```

第 3 步，关联文件服务器的网络接口和工作区域，并把工作区域的默认处理规则设为拒绝，如例 4-31 所示。

例 4-31：关联文件服务器的网络接口和工作区域

```
[root@localhost ~]# firewall-cmd --zone=work --change-interface=ens33
The interface is under control of NetworkManager, setting zone to 'work'.
success
[root@localhost zones]# firewall-cmd --permanent --zone=work --set-target=REJECT
success
```

第 4 步，在防火墙中放行 FTP 服务，如例 4-32 所示。有关 FTP 服务的相关知识会在项目 5 中详细介绍。

例 4-32：放行 FTP 服务

```
[root@localhost ~]# firewall-cmd --list-services
ssh dhcpv6-client
[root@localhost ~]# firewall-cmd --zone=work --add-service=ftp  // 放行 FTP 服务
success
[root@localhost ~]# firewall-cmd --list-services
ssh dhcpv6-client ftp
```

第 5 步，允许源于 192.168.62.0/24 子网的流量通过，即添加流量源，如例 4-33 所示。

例 4-33：添加流量源

```
[root@localhost ~]# firewall-cmd --zone=work --add-source=192.168.100.0/24
success
```

第 6 步，将运行时配置添加到永久配置中，如例 4-34 所示。

例 4-34：将运行时配置添加到永久配置中

```
[root@localhost ~]# firewall-cmd --runtime-to-permanent
success
```

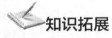

知识拓展

下面简单介绍几个 firewalld 的其他功能。

1. IP 伪装和端口转发

IP 伪装和端口转发都是 NAT 的具体实现方式。一般来说，内网的主机或服务器使用私有 IP 地址，使用私有 IP 地址时无法与互联网中的其他主机进行通信。通过 IP 伪装，NAT 设备将数据包的源地址从私有地址转换为公有地址并转发到目的主机中。当收到响应报文时，再把响应报文中的目的 IP 地址从公有地址转换为原始的私有地址并发送到源主机中。开启 IP 伪装功能的防火墙就相当于一台 NAT 设备，能够使公司局域网中的多个私有地址共享一个公有地址实现与外网的通信。例 4-35 所示为启用 firewalld 的 IP 伪装功能的方法。

例 4-35：启用 firewalld 的 IP 伪装功能

```
[root@localhost ~]# firewall-cmd --query-masquerade    // 查看是否启用了 IP 伪装功能
no
[root@localhost ~]# firewall-cmd --add-masquerade       // 启用 IP 伪装功能
success
```

端口转发又称为目的地址转换或端口映射。通过端口转发，可以将指定 IP 地址及端口的流量转发到相同计算机的不同端口或者不同计算机的端口上。例如，把本地 80/TCP 端口的流量转发到主机 100.0.0.30 的 8080 端口上，如例 4-36 所示。

例 4-36：配置端口转发

```
[root@localhost ~]# firewall-cmd \       // 换行输入
--add-forward-port=port=80:proto=tcp:toport=8080:toaddr=100.0.0.30
```

2. 富规则

在前面的介绍中，用户都是通过简单的单条规则来配置防火墙的。当单条规则的功能不能满足要求时，可以使用 firewalld 的富规则。富规则的功能很强大，表达能力更强，能够实现允许或拒绝流量、IP 伪装、端口转发、日志和审计等功能。例 4-37 所示为一些富规则的实例。

例 4-37：富规则的实例

```
// 允许来自 192.168.62.213 的所有流量通过
[root@localhost ~]# firewall-cmd --add-rich-rule='rule family="ipv4" \  // 换行
  source address="192.168.62.213" accept'

// 使用富规则配置端口转发
[root@localhost ~]# firewall-cmd --add-rich-rule='rule family=ipv4 destination address=
100.0.0.0/24 forward-port port=443 protocol=tcp to-addr=192.168.100.100'

// 放行 FTP 服务并启用日志和审计功能，一分钟审计一次
[root@localhost ~]#firewall-cmd --add-rich-rule='rule service name=ftp log limit value=1/m
audit accept'
```

任务实训

随着计算机网络技术的迅速发展和普及，计算机受到的安全威胁越来越多，信息安全也越来越被人们重视。防火墙是提高计算机安全等级，减少外部恶意攻击和破坏的重要手段。

【实训目的】

（1）理解防火墙的重要作用和意义。

（2）熟悉 firewalld 的基本概念和常用配置命令。

【实训内容】

在本实训中，将对一台安装了 CentOS 7.6 操作系统的虚拟机配置 firewalld 防火墙，具体要求如下。

（1）将 firewalld 的默认区域设为内部区域。

（2）关联虚拟机的网络接口和默认区域，并把默认区域的默认处理规则设为接受。

（3）在防火墙中放行 DNS 和 HTTP 服务。

（4）允许所有 ICMP 类型的网络流量通过。

（5）允许源端口是 2046 的网络流量通过。

（6）将运行时配置添加到永久配置中。

项目小结

　　Linux 操作系统为计算机网络而生，具有十分强大的网络功能和丰富的网络实用工具。作为 Linux 系统管理员，在日常工作中经常会遇到和网络相关的问题，因此必须熟练掌握 Linux 操作系统的网络配置和网络排错方法。本项目介绍了 4 种网络配置方法，每种方法有不同的特点。防火墙是提高计算机安全性的重要机制。CentOS 7 之后的版本中使用的防火墙是 firewalld。firewalld 引入了信任级别和区域的概念，支持规则的动态更新，可以基于服务和区域灵活地设置各种防火墙规则。

项目练习题

1. 选择题

（1）在 VMware Workstation 中，物理主机与虚拟机在同一网段中，虚拟机可直接利用物理网络访问外网，这种网络连接方式属于（　　）。

　　A. 桥接模式　　　　　B. NAT 模式　　　　　C. 仅主机模式　　　　D. DHCP 模式

（2）在 VMware Workstation 中，物理主机为虚拟机分配了不同于自己网段的 IP 地址，虚拟机必须通过物理主机才能访问外网，这种网络连接方式属于（　　）。

　　A. 桥接模式　　　　　B. NAT 模式　　　　　C. 仅主机模式　　　　D. DHCP 模式

（3）在 VMware Workstation 中，虚拟机只能与物理主机相互通信，这种网络连接方式属于（　　）。

　　A. 桥接模式　　　　　B. NAT 模式　　　　　C. 仅主机模式　　　　D. DHCP 模式

（4）有两台运行 Linux 操作系统的计算机，主机 A 的用户能够通过 ping 命令测试到与主机 B 的连接，但主机 B 的用户不能通过 ping 命令测试到与主机 A 的连接，可能的原因是（　　）。

　　A. 主机 A 的网络设置有问题

　　B. 主机 B 的网络设置有问题

　　C. 主机 A 与主机 B 的物理网络连接有问题

　　D. 主机 A 有相应的防火墙设置，阻止了来自主机 B 的 ping 命令测试

（5）在计算机网络中，唯一标识一台计算机身份的是（　　）。

　　A. 子网掩码　　　　　B. IP 地址　　　　　C. 网络地址　　　　　D. DNS 服务器

（6）可以测试两台计算机之间连通性的命令是（　　）。

　　A. fdisk　　　　　　　B. nmcli　　　　　　C. ping　　　　　　　D. nmtui

（7）要想测试两台计算机之间的报文传输路径，可以使用的命令是（　　）。

　　A. ping　　　　　　　B. tracert　　　　　　C. nmcli　　　　　　D. nmtui

2. 填空题

（1）在 Windows 环境中，使用 ipconfig 命令可以查看 IP 地址配置，释放 IP 地址使用_____命令，申请 IP 地址使用_____命令。

（2）VMware Workstation 的网络连接方式有_____、_____和_____。

（3）CentOS 7.6 的网卡配置文件保存在_____目录中。

（4）重启网络服务的命令是_____。

（5）nmcli connection show 命令的作用是_____。

3. 简答题

（1）简述 VMware Workstation 的 3 种网络连接方式。

（2）简述在 Linux 操作系统中配置网络的方法。

项目5
网络服务器配置与管理

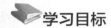
学习目标

【知识目标】
（1）了解 Samba 服务的基本原理与文件结构。
（2）理解 DHCP 服务的基本原理。
（3）理解 DNS 服务的基本概念、功能和域名解析过程。
（4）理解 Web 服务的基本原理与工作过程。
（5）理解 FTP 服务的基本原理、工作模式和认证模式。

【技能目标】
（1）熟练掌握在 CentOS 7.6 中配置 yum 源的方法。
（2）熟练掌握 Samba 服务器的配置和验证方法。
（3）熟练掌握 DHCP 服务器的配置和验证方法。
（4）熟练掌握 DNS 服务器的配置和验证方法。
（5）熟练掌握 Apache 服务器的配置和验证方法。
（6）熟练掌握 FTP 服务器的配置和验证方法。

引例描述

　　SISO 学院最近正在建设一间新的学生实训室，计划配备 60 台安装了 Windows 10 和 CentOS 7.6 操作系统的计算机，专门用于计算机网络专业学生的职业资格认证考试。孙老师是这间实训室的管理员，她需要完成实训室的基础网络配置，还要在实训室的一台服务器上配置常用的网络服务，包括 Samba、DHCP、DNS、Apache 和 FTP 等，对外提供文件共享、动态 IP 地址分配、域名解析、Web 服务和文件传输等服务。孙老师把小张同学叫到办公室，向他说明了这次任务。小张对这些服务既熟悉又陌生。虽然小张之前经常使用这些服务，但是他从来没有想过有一天自己要搭建一台服务器供他人使用。对小张来说，这是一个完全未知的领域，但是他觉得这个任务非常有意义，于是决定接受这个挑战。小张迫不及待地开始了网络服务器配置与管理的学习，如图 5-1 所示。

图 5-1　网络服务器配置与管理

任务 5.1　Samba 服务器配置与管理

任务陈述

在实际的工作环境中，经常需要在 Windows 和 Linux 操作系统之间共享文件或打印机。虽然传统的文件传输协议（File Transfer Protocol，FTP）可以用来共享文件，但是它不能直接修改远程服务器中的文件。Linux 操作系统中有一款免费的 Samba 软件可以完美地解决这个问题。下面开始学习 Samba 服务的安装和配置。

知识准备

5.1.1　Samba 服务概述

Samba 主要用来在不同的操作系统之间提供文件和打印机共享服务。在正式讲解 Samba 服务的配置方式之前，先来了解一下 Samba 的发展历史、工作原理，以及 Samba 的两种联机模式。

V5-1　认识
Samba 服务

1. Samba 的发展历史

在计算机网络发展的早期，想在两台主机之间共享文件，使用最多的就是使用 FTP 服务。但 FTP 服务有一个缺点，即用户不能直接在 FTP 服务器中修改文件，必须先从 FTP 服务器上把文件下载到自己的计算机中，修改后再上传到 FTP 服务器。如果修改文件后忘记了上传，则一段时间后很可能已经无法分清哪一份文件是最新的，这就涉及文件的"版本控制"问题。

为了解决这个问题，Windows 和类 UNIX 操作系统分别给出了自己的解决方案。在 Windows 操作系统中，通用网络文件系统（Common Internet File System，CIFS）可以让用户直接访问并修改服务器中的文件。Windows 操作系统中经常使用的"网上邻居"其实就是 CIFS 的具体应用。

网络文件系统（Network File System，NFS）则在类 UNIX 操作系统间提供了访问并修改文件的通道。无论是 CIFS 还是 NFS，都只能在同类的操作系统间使用。如果想在 Windows 和类 UNIX 操作系统间完成这种操作，就必须借助 Samba 服务。

1991 年，一个名为 Andrew Tridgell（中译名安德鲁·特里吉尔）的大学生就有这样的困扰。他手上的 DOS 计算机及 DEC 公司的 Digital UNIX 计算机可以共享数据，但 Sun 公司的 UNIX 计算机无法和这两台机器共享数据。为了解决这个问题，他自己编写了一款软件来探测这两台计算机通信时发送的数据包，通过对数据包的分析开发了服务器信息块（Server Message Block，SMB）协议。利用这个协议可以让 3 台计算机相互共享数据。Tridgell 本想用"SMBServer"这个名称来申请商标，但是这个名称没有实际意义，无法完成注册，因此，他选用了"SAMBA"来注册商标。"SAMBA"既含有 S、M、B 这 3 个字母，又能让人联想到热情的桑巴舞，这就是今天我们使用的 Samba 名称的由来。

2. Samba 的工作原理

要想了解 Samba 的工作原理，必须介绍网络基本输入/输出系统（Network Basic Input/Output System，NetBIOS）协议，因为 Samba 就是基于 NetBIOS 协议实现的。NetBIOS 最早是由 IBM 公司开发的，用于在小型局域网内部进行网络通信。Microsoft 公司的网络架构也是基于 NetBIOS 协议开发的。由于 Samba 在发展之初是为了让 Linux 操作系统加入到 Windows 操作系统中进行通信，因此 Samba 也采用了 NetBIOS 协议。最早的 NetBIOS 协议只能在局域网内部使用，无法跨越多个网络。虽然现在的 NetBIOS over TCP/IP 技术可以跨网络使用 Samba 服务，但实际应用中更多的还是在一个局域网中使用 Samba 服务。

根据 NetBIOS 协议的规定，在一个局域网中进行通信的主机必须有一个唯一的名称，这个名称被称为 NetBIOS Name。NetBIOS Name 就像是计算机的"身份证号码"，用于在通信过程中标识通信双方的身份信息。在 NetBIOS 协议下，两台主机的通信一般要经历以下两个步骤。

（1）登录对方主机。要想登录某台对方主机，必须将对方主机和自己的主机加入到相同的群组（Workgroup）中。在这个群组中，每台主机都有唯一的 NetBIOS Name，通过 NetBIOS Name 定位对方主机。

（2）访问共享资源。根据对方主机提供的权限访问共享资源。有时候，即使能够登录对方主机，也不代表可以访问其所有资源，这取决于对方主机开放了哪些资源及每种资源的访问权限。

Samba 服务通过两个后台守护进程来支持以上两个步骤。

（1）nmbd：用来处理和 NetBIOS Name 相关的名称解析服务及文件浏览服务。可以把它看作 Samba 自带的域名解析服务。默认情况下，nmbd 守护进程绑定到 UDP 的 137 和 138 端口上。

（2）smbd：提供文件和打印机共享服务，以及用户验证服务，这是 Samba 服务的核心功能。默认情况下，smbd 守护进程绑定到 TCP 的 139 和 445 端口上。

V5-2　Samba
如何工作

正常情况下，当启动 Samba 服务后，主机就会启用 137、138、139 和 445 端口，并启用相应的 TCP/UDP 监听服务。

3. Samba 的两种联机模式

根据通信双方的网络连接及账户验证方式的不同，可将 Samba 的联机模式分为两种：对等模式和主控模式。

（1）对等模式

所谓对等模式，是指网络中的各台主机之间没有主从关系，彼此独立，只是通过网络将其连接在一起。每台主机都可以独立地运行各种软件，管理自己的各种资源。特别的，每台主机都独立地管理自己的账号和密码。如图 5-2 所示，在对等模式下，假设某个用户想通过主机 A 访问主机 B 的共享资源，则其必须在主机 A 上输入主机 B 的账号和密码，并交由主机 B 进行账户验证。主机 B 根据账户验证结果授予用户相应的权限。同样，主机 B 也必须输入主机 A 的账号和密码，在主机 A 验证通过后才能访问主机 A 的资源。

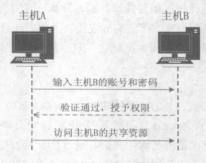

图 5-2　对等模式

对等模式适用于小型的网络环境，数据共享需求不高，每个用户都拥有对计算机的所有权。

（2）主控模式

如果在一个网络环境中有多台主机是公用的，而且使用者不止一人，那么对等模式就不再适用了。如果仍然采用对等模式，则必须在每台主机中保存所有用户的账号和密码以供用户登录。如果一个用户要修改密码，则必须到每台主机中执行修改密码的操作，否则很可能因为记错主机和密码的对应关系而导致无法登录。

主控模式可以完美地解决这个问题。在主控模式下，所有主机的账号和密码都保存在一台称为主域控制器（Primary Domain Controller，PDC）的主机中。当用户在一台主机中输入账号和密码后，这台主机会请求主域控制器进行用户验证，并根据验证结果授予用户适当的访问权限，如图 5-3 所示。主控模式使系统管理员可以高效地管理账户信息。

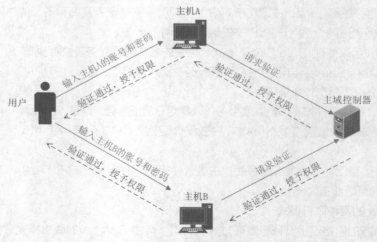

图 5-3　主控模式

4. Samba 服务器的搭建步骤

Samba 服务基于客户机/服务器模式运行。一般来说，搭建 Samba 服务器需要经过以下几个步骤。

（1）安装 Samba 软件。Samba 本身是一款免费软件，但并不是所有的 Linux 发行版都会提供完整的 Samba 软件套件，需要安装一些额外的 Samba 软件包才能使用 Samba 服务。

（2）配置 Samba 服务端。Samba 服务的主配置文件中有许多参数需要配置，包括全局参数与共享参数等。这是搭建 Samba 服务器的过程中最关键的一步。

（3）创建共享目录。在 Samba 服务端创建作为共享资源对外发布的目录，并设置适当的访问权限。

（4）添加 Samba 用户。Samba 用户不同于 Linux 操作系统用户，必须单独添加，但是添加 Samba 用户前必须先创建同名的 Linux 系统用户。

（5）启动 Samba 服务。配置好 Samba 服务端后即可启动 Samba 服务，也可以将其设置为开机自动启动。

（6）在 Samba 客户端访问共享资源。可以通过 Windows 或 Linux 客户端访问 Samba 服务。为了提高系统安全性，一般要求在 Samba 服务端输入 Samba 用户名和密码。

下面介绍如何安装 Samba 软件。

5.1.2 Samba 服务的安装与启停

Samba 作为一款免费软件，基本上所有的 Linux 发行版都会提供。CentOS 7.6 操作系统中也默认安装了一些 Samba 软件包，但是还需要有其他软件包才能使用 Samba 服务。如果手动安装这些软件包，则既费时费力，又非常容易出错。一般来说，可以在虚拟机中配置一个本地 yum 源，以实现一键式软件安装。

1. 配置 yum 源

yum 是一个在 Fedora、Red Hat 及 SUSE 等操作系统中广泛使用的 Shell 前端软件包管理器。它能从指定的服务器上下载软件包、自动处理软件包之间的依赖关系，并且一次性地安装所有依赖的软件包。使用 yum 安装软件的前提是配置好 yum 源，即配置好 yum 下载软件的来源。yum 源可以是本地的，也可以是网络的。下面介绍如何搭建一个本地 yum 源。

在项目 1 中安装 CentOS 7.6 操作系统时使用的安装源是 ISO 镜像文件，其实这个镜像文件中包含了很多常用的软件包，完全可以作为一个本地 yum 源使用。

首先，保证 ISO 镜像文件已加载到系统中并处于连接状态。如果其处于未连接状态，则可以右键单击系统桌面右下角的 CD/DVD 图标，在弹出的快捷菜单中选择【连接】选项，连接 ISO 镜像文件即可，如图 5-4（a）所示。连接成功后会在桌面上出现一个 CD/DVD 的图标，如图 5-4（b）所示。

V5-3　配置本地 yum 源

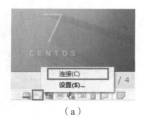
（a）

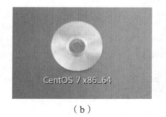
（b）

图 5-4　连接 ISO 镜像文件及 CD/DVD 图标

145

其次，右键单击桌面上的 CD/DVD 图标，在弹出的快捷菜单中选择【在终端打开】选项，打开一个终端窗口并自动切换到 ISO 镜像文件的挂载目录，可以使用 pwd 命令查看这个目录，如例 5-1 所示。

例 5-1：查看 ISO 镜像文件的挂载目录

```
[siso@localhost CentOS 7 x86_64]$ pwd
/run/media/siso/CentOS 7 x86_64      <== 注意路径中有空格
```

再次，配置本地 yum 源文件。在*/etc/yum.repos.d* 目录中，有几个以 ".repo" 作为扩展名的文件，对应不同类型 yum 源的参考配置文件。这里需要保留名为 *CentOS-Media.repo* 的文件，这是本地 yum 源的参考文件，然后删除其他 yum 源配置文件，或者修改它们的扩展名，如例 5-2 所示。

例 5-2：修改 yum 源配置文件的扩展名

```
[root@localhost  ~]# cd   /etc/yum.repos.d/
[root@localhost yum.repos.d]# mv   CentOS-Base.repo   CentOS-Base.repo.bak
// 对其他文件执行类似操作
```

最后，修改 CentOS-Media.repo 文件，如例 5-3 所示。

例 5-3：修改 CentOS-Media.repo 文件

```
[root@localhost  ~]# vim   /etc/yum.repos.d/CentOS-Media.repo
[c7-media]
name=CentOS-$releasever – Media
baseurl=file:///run/media/siso/CentOS\ 7\ x86_64    <== 修改为 ISO 镜像文件所在目录
#       file:///media/cdrom/                        <== 注释这一行
#       file:///media/cdrecorder/                   <== 注释这一行
gpgcheck=0        <== 修改为 0
enabled=1         <== 修改为 1
gpgkey=file:///etc/pki/rpm-gpg/RPM-GPG-KEY-CentOS-7
```

这样，本地 yum 源文件就配置完成了。利用这个 yum 源可以非常方便地安装各种软件。

2. 安装 Samba 软件

在安装 Samba 软件之前，可以先查看系统中已安装的 Samba 软件包，如例 5-4 所示。

例 5-4：安装 Samba 软件

```
[root@localhost  ~]# rpm  -qa  |  grep  samba  // 查看已安装的 Samba 软件包
samba-common-libs-4.8.3-4.el7.x86_64
samba-common-4.8.3-4.el7.noarch
samba-client-libs-4.8.3-4.el7.x86_64
[root@localhost  ~]# yum  clean  all            // 清除 yum 安装缓存
[root@localhost  ~]# yum  install  samba  -y    // 一键安装 Samba
已加载插件: fastestmirror, langpacks
Loading mirror speeds from cached hostfile
正在解决依赖关系
--> 正在检查事务
---> 软件包 samba.x86_64.0.4.8.3-4.el7 将被安装
```

```
--> 解决依赖关系完成
......
已安装:
  samba.x86_64 0:4.8.3-4.el7
完毕!
[root@localhost ~]# rpm  -qa  | grep  samba      // 安装后再次查看
......
samba-4.8.3-4.el7.x86_64
samba-client-libs-4.8.3-4.el7.x86_64
```

通过一条简单的 yum 命令，就完成了 Samba 的一键式安装。可以看到，yum 会分析 Samba 软件包的依赖关系并自动下载和安装。

3. Samba 服务的启停

Samba 服务的启动和停止非常简单，这里使用的工具是 systemctl，Samba 服务的启停命令及其功能如表 5-1 所示。

表 5-1　Samba 服务的启停命令及其功能

Samba 服务的启停命令	说明
systemctl start smb.service	启动 Samba 服务。smb.service 可简写为 smb，下同
systemctl restart smb.service	重启 Samba 服务（先停止再启动）
systemctl stop smb.service	停止 Samba 服务
systemctl reload smb.service	重新加载 Samba 服务
systemctl status smb.service	查看 Samba 服务的状态
systemctl enable smb.service	设置 Samba 服务为开机自动启动
systemctl list-unit-files|grep smb.service	查看 Samba 服务是否为开机自动启动

5.1.3　Samba 服务端配置

安装好 Samba 软件后，可以在 */etc/samba/* 目录中看到 *smb.conf* 和 *smb.conf.example* 两个文件。*smb.conf* 是 Samba 服务的主配置文件，而 *smb.conf.example* 文件中有关于各个配置项的详细解释，可以供用户参考使用。

1. Samba 主配置文件

smb.conf 文件中包含 Samba 服务的大部分参数配置，其文件结构如例 5-5 所示。

例 5-5：smb.conf 文件结构

V5-4　Samba
配置文件

```
[global]
        workgroup = SAMBA
        security = user
        ......
[homes]
        comment = Home Directories
```

```
            valid users = %S, %D%w%S
            ......
    [printers]
            comment = All Printers
            path = /var/tmp
            ......
```

Samba 服务参数分为全局参数和共享参数两类，相应的，*smb.conf* 文件也分为全局参数配置和共享参数配置两大部分。参数配置的基本格式是 "*参数名=参数值*"。*smb.conf* 文件中以 "#" 开头的行表示注释，以 ";" 开头的行表示 Samba 服务可以配置的参数，它们都起注释说明的作用，可以忽略。

（1）全局参数

全局参数的配置对整个 Samba 服务器有效。在 *smb.conf* 文件中，"[global]" 之后的部分表示全局参数。根据全局参数的内在联系，可以进一步将其分为网络相关参数、日志相关参数、名称解析相关参数、打印机相关参数、文件系统相关参数等。下面就一些经常使用的全局参数做简单介绍。

① 网络相关参数，如工作组名称、NetBIOS Name 等。其常用参数及含义如下。

a. workgroup = 工作组名称：设置局域网中的工作组名称，如 workgroup = MYGROUP，使用 Samba 服务的主机的工作组名称要相同。

b. netbios name = 主机 NetBIOS Name：同一工作组中的主机拥有唯一的 NetBIOS Name，如 netbios name=MYSERVER，这个名称不同于主机的主机名。

c. server string = 服务器描述信息：默认显示 Samba 版本，如 server string = Samba Server Version %v，建议将其修改为有实际意义的服务器描述信息。

d. interfaces = 网络接口：如果服务器有多个网卡（网络接口），则可以指定 Samba 要监听的网络接口。可以指定网卡名称，也可以指定网卡的 IP 地址，如 interfaces = lo eth0 192.168.12.2/24。

e. hosts allow = 允许主机列表：设置主机 "白名单"，白名单中的主机可以访问 Samba 服务器的资源。主机用其 IP 地址表示，多个 IP 地址之间用空格分隔。可以单独指定一个 IP 地址，也可以指定一个网段，如 hosts allow = 127. 192.168.12. 192.168.62.213。

f. hosts deny = 禁止主机列表：设置主机 "黑名单"，黑名单中的主机禁止访问 Samba 服务器的资源。hosts deny 的配置方式和 hosts allow 相同，如 hosts deny = 127. 192.168.12. 192.168.62.213。

② 日志相关参数，用于设置日志文件的名称和大小。其常用参数及含义如下。

a. log file = 日志文件名：设置 Samba 服务器中日志文件的存储位置和日志文件的名称，如 log file = /var/log/samba/log.%m。

b. max log size = 最大容量：设置日志文件的最大容量，以 KB 为单位，值为 0 表示不做限制。当日志文件的大小超过最大容量时，会对日志文件进行轮转，如 max log size = 50。

③ 安全性相关参数，主要用来设置密码安全性级别。其常用参数及含义如下。

a. security = 安全性级别：此设置会影响 Samba 客户端的身份验证方式，是 Samba 最重要的设置之一，如 security = user；security 可设置为 share、user、server 和 domain。其中，share 表示 Samba 客户端不需要提供账号和密码，安全性较低；user 使用得比较多，Samba 客户端需要提供账号和密码，这些账号和密码保存在 Samba 服务器中并由 Samba 服务器负责验证账号和密码的合法性；server 表示账号和密码交由其他 Windows NT/2000 或 Samba 服务器来验证，是一种代理验证；domain 表示指定由主域控制器进行身份验证。需要说明的是，Samba 4.0 的版本中，share 和 server 的功能已被弃用。

b. passdb backend = 账户密码存储方式：设置如何存储账号和密码，有 smbpasswd、tdbsam 和 ldapsam 3 种方式，如 passdb backend = tdbsam。

c. encrypt passwords = yes|no：设置是否对账户的密码进行加密，一般开启此选项，即 encrypt passwords = yes。

（2）共享参数

共享参数用来设置共享域的各种属性。共享域是指在 Samba 服务器中共享给其他用户的文件或打印机资源。设置共享域的格式是"[共享名]"，共享名表示共享资源对外显示的名称。共享域的属性及功能如表 5-2 所示。

表 5-2　共享域的属性及功能

共享域的属性	功能
comment	共享目录的描述信息
path	共享目录的绝对路径
browseable	共享目录是否可以浏览
public	是否允许用户匿名访问共享目录
read only	共享目录是否只读，当与 writable 发生冲突时，以 writable 为准
writable	共享目录是否可写，当与 read only 发生冲突时，忽略 read only
valid users	允许访问 Samba 服务的用户和用户组，格式为 valid users=*用户名* 或 valid users=@*用户组名*
invalid users	禁止访问 Samba 服务的用户和用户组，格式同 valid users
read list	对共享目录只有读权限的用户和用户组
write list	可以在共享目录中进行写操作的用户和用户组
hosts allow	允许访问该 Samba 服务器的主机 IP 地址或网络
hosts deny	不允许访问该 Samba 服务器的主机 IP 地址或网络

"[home]""[printers]"是两个特殊的共享域。其中，[home]表示共享用户的主目录，当使用者以 Samba 用户身份登录 Samba 服务器后，会看到自己的主目录，目录名称和用户的用户名相同；[printers]表示共享打印机。[home]共享域配置示例如例 5-6 所示。

例 5-6：[home]共享域配置示例

```
[homes]
        comment = SISO's Home Directory
        browseable = no
        writable = yes
        valid users = %S
```

还可以根据需要自定义共享域。例如，要共享 Samba 服务器中的*/ito/pub/*目录，共享名是"ITO"，ito 用户组的所有用户都有访问权限，但只有管理员用户 sjx 具有完全控制权限，如例 5-7 所示。

例 5-7：自定义共享域

```
[ITO]
        comment =ITO's Public Resource
        path = /ito/pub
        browseable = yes
        writable = no
        admin users = sjx
        valid users = @ito
```

在例 5-7 中，虽然共享目录在服务器中的实际路径是*/ito/pub/*，但是使用者看到的名称是 ITO。请读者思考：为什么要为共享资源设置一个不同的共享名？

（3）参数变量

在前面关于全局参数和共享参数的介绍中，使用了"%v""%m"的写法，其实这样是为了简化配置，Samba 为用户提供了参数变量。在 *smb.conf* 文件中，参数变量就像是"占位符"，其会被实际的参数值取代。Samba 常用的参数变量及其功能如表 5-3 所示。

表 5-3　Samba 常用的参数变量及其功能

参数变量	功能
%S	当前服务名
%L	Samba 服务器的 NetBIOS Name
%m	Samba 客户端的 NetBIOS Name
%h	Samba 服务器的主机名
%M	Samba 客户端的主机名
%H	Samba 用户的主目录
%I	Samba 客户端的 IP 地址
%U	当前连接 Samba 服务的用户名
%g	当前用户所属的用户组
%D	当前用户所属的域或工作组名称
%T	Samba 服务器的日期与时间
%v	Samba 服务器的版本

在例 5-6 中，[homes]共享域有一行配置是"valid users = %S"。其中，valid users 表示可以访问 Samba 服务的用户白名单，而%S 表示当前登录的用户，因此此行表示只要能成功登录 Samba 服务器的用户都可以访问 Samba 服务。如果现在的登录用户是 siso，那么[homes]就会自动变为[siso]，siso 用户能看到自己在 Samba 服务器中的主目录。

2. 管理 Samba 用户

为了提高 Samba 服务的安全性，一般要求使用者在 Samba 客户端以某个 Samba 用户的身份登录 Samba 服务器。Samba 用户必须对应一个同名的 Linux 系统用户，也就是说，创建 Samba

用户之前要先创建一个同名的系统用户。不同于 Linux 系统用户的配置文件 */etc/passwd*，Samba 用户的用户名和密码都保存在 */etc/samba/smbpasswd* 文件中。

V5-5 系统用户与
Samba 用户

管理 Samba 用户的命令是 smbpasswd，其基本语法格式如下。

smbpasswd [-axden] *[用户名]*

smbpasswd 命令的常用选项及其功能如表 5-4 所示。

表 5-4 smbpasswd 命令的常用选项及其功能

选项	功能
-a	增加 Samba 用户并设置密码（必须已存在同名的 Linux 系统用户）
-x	删除 Samba 用户
-d	冻结 Samba 用户，使其无法再使用 Samba 服务
-e	解冻（恢复）Samba 用户
-n	将 Samba 用户密码置为空

如果现在要创建一个 Samba 用户 smb1，则可以按照例 5-8 所示的方法进行操作。

例 5-8：创建 Samba 用户

```
[root@localhost ~]# useradd  smb1            // 创建 Linux 系统用户
[root@localhost ~]# passwd  smb1             // 设置 Linux 系统用户密码
更改用户 smb1 的密码 。
新的 密码：                                    <== 输入密码
重新输入新的 密码：                             <== 再次输入密码
passwd：所有的身份验证令牌已经成功更新。
[root@localhost ~]# smbpasswd  -a  smb1      // 创建 Samba 用户并设置密码
New SMB password:                            <== 输入密码
Retype new SMB password:                     <== 再次输入密码
Added user smb1.
```

Samba 服务端的配置主要包括以上内容。在下面的任务实施中将会介绍如何在 Samba 客户端验证 Samba 服务。

任务实施

从本项目开始，编者从最近几年的全国职业院校技能大赛高职组计算机网络应用赛项的试题库中选择了有代表性的网络服务器相关试题，作为项目实施的案例。这样既可以为网络专业的学生备战技能大赛提供专业指导，又能让学生了解在实际业务场景中搭建网络服务器的步骤，提高学生解决实际问题的能力。

本任务选自 2019 年全国职业院校技能大赛高职组计算机网络应用赛项试题库，稍有修改。

某集团总部为了更好地管理各分部数据，促进各分部间的信息共享，需要建立一个小型的数据中心服务器，以达到快速、可靠地交换数据的目的。数据中心服务器安装 CentOS 7.6 操作系统，现要在其上部署 Samba 服务，具体要求如下。

（1）修改工作组为 WORKGROUP。

（2）注释[homes]和[printers]的内容。

（3）共享名为 webdata。

（4）webdata 可浏览、可写。

（5）共享目录为 */data/web_data*，且 apache 用户对该目录有读、写、执行权限，使用 setfacl 命令配置目录权限。

（6）只有 IP 地址为 192.168.100.133 的主机可以访问该目录。

（7）添加一个 apache 用户（密码自定义）并对外提供 Samba 服务。

本任务所用的 Samba 服务网络拓扑结构如图 5-5 所示。3 台主机都是安装在 VMware Workstation 上的虚拟机，虚拟机的网络连接采用了 NAT 模式。

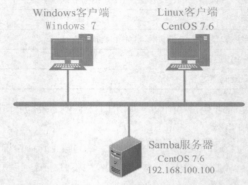

图 5-5　Samba 服务网络拓扑结构

下面是完成本任务的主要步骤。

第 1 步，配置 yum 源并安装 Samba 软件。由于技能大赛提供的操作系统中没有安装 Samba 软件，因此需要配置 yum 源并自行安装，具体步骤详见 5.1.2 节，这里不再赘述。

第 2 步，新建系统用户 apache，并新建同名的 Samba 用户，如例 5-9 所示。

例 5-9：新建系统用户和 Samba 用户

```
[root@localhost tmp]# useradd   apache
[root@localhost tmp]# passwd   apache
更改用户 smbtest1 的密码 。
新的 密码:
重新输入新的 密码:
passwd：所有的身份验证令牌已经成功更新。
[root@localhost tmp]# smbpasswd  -a  apache
New SMB password:
Retype new SMB password:
Added user apache.
```

第 3 步，在 */data* 目录中新建子目录 *web_data* 并设置其权限，如例 5-10 所示。

例 5-10：新建目录并设置其权限

```
[root@localhost tmp]# mkdir  -p  /data/web_data
[root@localhost tmp]# setfacl  -m  u:apache:rwx  /data/web_data/
```

第 4 步，配置 Samba 服务主配置文件 *smb.conf*。在全局参数部分，需要设置 workgroup 和

security 参数的值，其他参数保留默认值即可。在[homes]、[printers]两个共享域的行首加上"#"，如例 5-11 所示。

例 5-11：设置全局参数

```
[global]
        workgroup = WORKGROUP
        security = user


#[homes]
#       comment = Home Directories
#       valid users = %S, %D%w%S
#       ......                    <==  此处省略部分参数


#[printers]
#       comment = All Printers
#       path = /var/tmp
#       ......                    <==  此处省略部分参数
```

第 5 步，添加共享域 web_data。根据题意，需要设置 web_data 共享域的 path、writable、valid users 等属性，以控制用户对共享资源的访问，如例 5-12 所示。

例 5-12：添加共享域

```
[webdata]
        comment = webdata
        path = /data/web_data
        browseable = Yes
        writable = Yes
        valid users = apache
        hosts allow = 192.168.100.133
        hosts deny = all
```

第 6 步，保存对 Samba 主配置文件的修改，使用 systemctl restart smb 命令重启 Samba 服务。

至此，已完成 Samba 服务器的准备工作，接下来要验证 Samba 服务是否可用。可以使用一台 Windows 主机作为客户端来验证 Samba 服务，也可以在 Linux 操作系统中使用 smbclient 工具进行验证。下面分别介绍这两种验证方法。

1. Windows 客户端验证

将 Windows 客户端的 IP 地址设为 192.168.100.133，并使用 ping 命令检查客户端主机和 Samba 服务器之间的网络连通性。

在 Windows 客户端上，依次选择【开始】→【附件】→【运行】选项，弹出【运行】对话框，在【打开】文本框中输入 Samba 服务器的访问路径"\\192.168.100.100"，如图 5-6（a）所示，单击【确定】按钮，弹出【Windows 安全】对话框，输入用户名"apache"及其密码（注意，这里要输入 Samba 用户的密码，而不是 Linux 系统用户的密码），如图 5-6（b）所示。验证通过后可以看到 Samba 服务器的共享资源，如图 5-7 所示。

（a） （b）

图 5-6 输入 Samba 服务器的路径、Samba 用户名及密码

图 5-7 Samba 服务器的共享资源

在 Windows 客户端上，还可以通过映射网络驱动器的方式访问 Samba 服务端的共享资源。右键单击桌面上的【计算机】图标，在弹出的快捷菜单中选择【映射网络驱动器】选项；或者双击【计算机】图标，选择【工具】→【映射网络驱动器】选项。弹出【映射网络驱动器】对话框，输入 Samba 服务器共享资源的路径，如图 5-8（a）所示。单击【完成】按钮，输入用户名"apache"及其密码，验证通过后，计算机中会出现网络驱动器共享目录，如图 5-8（b）所示，这样即可方便地访问共享目录。

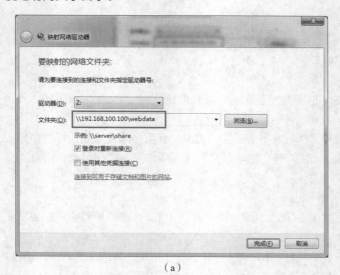

（a）

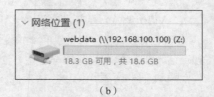

（b）

图 5-8 【映射网络驱动器】对话框和网络驱动器共享目录

2. Linux 客户端验证

关闭 Windows 客户端，防止两台客户端的 IP 地址发生冲突。按照项目 4 中介绍的方法设置

Linux 客户端主机的 IP 地址为 192.168.100.133，并使用 ping 命令检查客户端和 Samba 服务器之间的网络连通性。

在 Linux 客户端验证 Samba 服务需要使用 smbclient 工具。smbclient 工具是 Samba 服务套件的一部分，它在 Linux 终端窗口中为用户提供了一种交互式工作环境，允许用户通过某些命令访问 Samba 共享资源。必须先安装 samba-client 软件包才可以使用 smbclient 工具，配置好 yum 源后，可以使用 yum install samba-client -y 命令进行安装。

smbclient 命令的基本语法格式如下。

smbclient [*服务名*] [*选项*]

服务名就是要访问的共享资源，格式为 *//server/service*。其中，*server* 是 Samba 服务器的 NetBIOS Name 或 IP 地址，*service* 是共享名，这里的服务名就是 *//192.168.100.100/webdata*。smbclient 命令的常用选项及其功能如表 5-5 所示。

表 5-5　smbclient 命令的常用选项及其功能

选项	功能
-L *host*	查看 Samba 服务器的可用资源
-I *ip-address*	指定 Samba 服务器的 IP 地址
-U *username*[%*password*]	指定 Samba 用户名和密码

为了验证 Samba 服务是否可用，可以先使用 smbclient 命令的 -L 选项查看 Samba 服务器的可用资源，如例 5-13 所示。

例 5-13：查看 Samba 服务器的可用资源

```
[siso@localhost ~]$ smbclient  -L  192.168.100.100  -U  apache%123456
    Sharename       Type        Comment
    ---------       ----        -------
    webdata         Disk        webdata
    print$          Disk        Printer Drivers
    IPC$            IPC         IPC Service (Samba 4.8.3)
Reconnecting with SMB1 for workgroup listing.
    Server          Comment
    ---------       -------
    Workgroup       Master
    ---------       -------
```

如果要访问并管理共享资源，则可以在 smbclient 命令中指定具体的服务名，随即进入 smbclient 的交互环境，如例 5-14 所示。可以使用很多命令直接管理共享资源，如 ls、cd、lcd、get、mget、put、mput 等。关于这些命令的详细用法大家可参阅其他相关书籍，这里不再深入讨论。

例 5-14：访问并管理共享资源

```
[siso@localhost ~]$ smbclient  //192.168.100.100/webdata  -U  apache%084032
Try "help" to get a list of possible commands.
smb: \> ls             <== 进入交互环境
```

.		D	0	Wed	Nov 6 16:56:50 2019		
..		D	0	Wed	Nov 6 16:42:58 2019		
file1		N	0	Wed	Nov 6 16:56:50 2019		

```
            19520512 blocks of size 1024. 19291424 blocks available
smb: \>
```

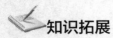

知识拓展

前面介绍了如何配置 Samba 服务端并在 Windows 和 Linux 客户端进行验证。如果按照前面的步骤进行操作，很可能最后并不能顺利地访问 Samba 共享资源。这是因为在 Linux 操作系统的默认设置中，有很多设置会影响 Samba 服务的可用性，最常见的就是防火墙和 SELinux。

1. 防火墙

在项目 4 中已经介绍了 firewalld 防火墙的基本配置方法。为了正常使用 Samba 服务，需要修改防火墙设置以放行 Samba 服务，如例 5-15 所示。

例 5-15：修改防火墙设置以放行 Samba 服务

```
[root@localhost ~]# firewall-cmd  --permanent  --add-service=samba
success
[root@localhost ~]# firewall-cmd  --reload
success
[root@localhost ~]# firewall-cmd  --list-all
public (active)
    ……
    services: ssh dhcpv6-client samba
    ……
```

2. SELinux

安全增强型 Linux（Security-Enhanced Linux，SELinux）是 Linux 操作系统内核的一个子模块，也是专门用于提高 Linux 安全性的子系统。SELinux 的结构和配置非常复杂，而且默认情况下对许多网络服务的使用进行了限制，这里简单介绍如何查看和设置 SELinux 的状态。

可以使用 getenforce 或 sestatus 命令查看 SELinux 的当前状态，如例 5-16 所示。

例 5-16：查看 SELinux 的当前状态

```
[root@localhost ~]# getenforce
Enforcing
[root@localhost ~]# sestatus
SELinux status:                 enabled
SELinuxfs mount:                /sys/fs/selinux
SELinux root directory:         /etc/selinux
Loaded policy name:             targeted
Current mode:                   enforcing
Mode from config file:          enforcing
```

Policy MLS status:	enabled
Policy deny_unknown status:	allowed
Max kernel policy version:	31

SELinux status 的值是 enabled，说明 SELinux 当前处于启用状态。Current mode 表示 SELinux 的安全策略。SELinux 有 3 种安全策略：enforcing、permissive 和 disabled。enforcing 是强制模式，表示违反安全策略的操作都会被禁止；permissive 是允许模式，表示违反安全策略的操作不会被禁止，但是会有警告消息；disabled 表示禁用 SELinux。为了正常使用 Samba 服务，使用 setenforce 命令把 SELinux 的安全策略修改为允许模式，如例 5-17 所示。

例 5-17：修改 SELinux 的安全策略

```
[root@localhost ~]# setenforce  0
[root@localhost ~]# getenforce
Permissive
```

setenforce 命令的参数可以是 1（或 enforcing，表示强制模式），也可以是 0（或 permissive，表示允许模式）。需要提醒大家的是，setenforce 命令只能临时性地修改 SELinux 的安全策略，重启系统后就会失效。如果想让安全策略长期有效，就必须修改*/etc/selinux/config* 文件，把 SELINUX 设置为 1（或 enforcing）或 0（或 permissive）。这个操作比较简单，大家可以自行尝试。

任务实训

本实训的主要任务是在 CentOS 7.6 操作系统中搭建 Samba 服务器，并使用 Windows 和 Linux 客户端分别进行验证。

【实训目的】

（1）理解 Samba 服务的工作原理。

（2）掌握配置本地 yum 源的方法。

（3）掌握 Samba 主配置文件的结构和常用参数的使用。

（4）熟练使用 Windows 和 Linux 客户端分别验证 Samba 服务。

【实训内容】

请根据图 5-5 所示的网络拓扑结构安装 3 台虚拟机，并按照以下步骤完成 Samba 服务器的搭建和验证。

（1）使用系统镜像文件搭建本地 yum 源，安装 Samba 软件，包括 Samba 服务端软件包和客户端软件包。

（2）添加 Linux 系统用户 smbuser1 和 smbuser2，并创建同名的两个 Samba 用户。

（3）在 Samba 服务器中新建目录*/sie/pub*，smbuser1 对其具有读写权限，而 smbuser2 只有读权限。

（4）修改 Samba 主配置文件，具体要求如下。

① 修改工作组为 SAMBAGROUP。

② 注释[homes]和[printers]的内容。

③ 共享目录为*/sie/pub*，共享名为 siepub。

④ siepub 可浏览且可写，禁止匿名访问。

⑤ 只有 smbuser1 和 smbuser2 可以登录 Samba 服务器。

（5）修改防火墙设置，放行 Samba 服务。

（6）修改 SELinux 安全策略为允许模式。

（7）启动 Samba 服务。

（8）在 Windows 客户端上验证 Samba 服务。分别使用 smbuser1 和 smbuser2 登录并在*/sie/pub* 中新建文件。观察两个用户是否都有权限新建文件，如果不能，则查找问题原因并尝试解决。

（9）在 Linux 客户端上验证 Samba 服务。

 任务 5.2　DHCP 服务器配置与管理

 **任务陈述**

作为网络管理员，规划设计网络 IP 地址资源分配方案、保证网络中的计算机都能获取正确的网络参数是其最基本的工作之一。动态主机配置协议（Dynamic Host Configuration Protocol，DHCP）服务是网络管理员在进行网络管理时最常使用的工具，它能极大地提高网络管理员的工作效率。本任务主要介绍 DHCP 服务的基本概念及在 CentOS 7.6 操作系统中搭建 DHCP 服务器的方法。

知识准备

5.2.1　DHCP 服务概述

通过项目 4 的学习可以知道，计算机必须配置正确的网络参数才能和其他计算机进行通信，这些参数包括 IP 地址、子网掩码、默认网关、DNS 服务器等。DHCP 是一种用于简化计算机 IP 地址配置和管理的网络协议，可以自动为计算机分配 IP 地址，减轻网络管理员的工作负担。

1. DHCP 的功能

有两种分配 IP 地址的方式：静态分配和动态分配。静态分配是指由网络管理员为每台主机手动设置固定的 IP 地址。这种方式容易造成主机 IP 地址冲突，只适用于规模较小的网络。如果网络中的主机较多，那么依靠网络管理员手动分配 IP 地址必然非常耗时。另外，在移动办公环境中，为频繁进出公司网络环境的移动设备（主要是笔记本电脑）分配 IP 地址也是一件非常烦琐的事情。

V5-6　认识 DHCP

利用 DHCP 为主机动态分配 IP 地址可以解决这些问题。动态分配 IP 地址具有以下几个优点。

（1）IP 地址分配更加安全可靠。动态分配 IP 地址可以防止 IP 地址冲突，还能避免手动分配引起的配置错误。

（2）非常适合移动办公环境。如果工作环境中移动办公的情况比较多，可能有人经常拿着笔记本电脑来往于不同办公室或楼层，那么网络管理员也不用每次都为这些笔记本电脑分配新的 IP 地址，DHCP 服务器可以代替网络管理员完成这些工作。

（3）减轻网络管理员的管理负担。在 DHCP 的帮助下，网络管理员的工作集中于维护一台或多台 DHCP 服务器。DHCP 服务器能代替网络管理员为其他主机分配 IP 地址等信息。显然，DHCP

让网络管理员从烦琐的工作中解脱出来，可以专注于其他更重要的工作。

（4）缓解 IP 地址资源紧张的问题。一般来说，一个公司可以分配的 IP 地址要小于潜在的用户主机数。如果为每台主机分配固定的 IP 地址，那么到最后很可能造成无 IP 地址可用的局面。DHCP 引入了"租约"的概念，及时回收不用的 IP 地址，可以最大限度地保证所有用户都有 IP 地址可用。

2. DHCP 的工作原理

DHCP 采用客户机/服务器模式运行，采用 UDP 作为网络层传输协议。在 DHCP 服务器上安装和运行 DHCP 软件，DHCP 客户端从 DHCP 服务器获取 IP 地址及其他相关参数。DHCP 动态分配 IP 地址的方式分为以下 3 种。

（1）自动分配，又称永久租用。DHCP 客户端从 DHCP 服务器获取一个 IP 地址后，可以永久使用。DHCP 服务器不会再将这个 IP 地址分配给其他 DHCP 客户端。

（2）动态分配，又称限定租期。DHCP 客户端获得的 IP 地址只能在一定期限内使用，这个期限就是 DHCP 服务器提供的"租约"。一旦租约到期，DHCP 服务器可以收回这个 IP 地址并分配给其他 DHCP 客户端使用。

（3）手动分配，又称保留地址。DHCP 服务器根据网络管理员的设置将指定的 IP 地址分配给DHCP 客户端，一般是将 DHCP 客户端的物理地址（又称 MAC 地址）与 IP 地址绑定起来，确保DHCP 客户端每次都可以获得相同的 IP 地址。

DHCP 客户端在申请租用新的 IP 地址或延长现有 IP 地址的使用期限时，都要和 DHCP 服务器通信。下面分别介绍这两种情形的工作流程。

（1）申请租用新的 IP 地址

DHCP 客户端每次启动时都会向 DHCP 服务器申请新的 IP 地址。在这种情况下，DHCP 客户端和 DHCP 服务器的交互过程如图 5-9 所示。

V5-7　DHCP 如何工作

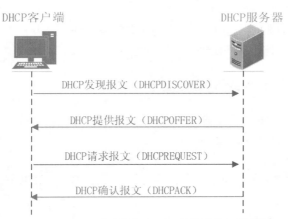

图 5-9　DHCP 客户端和 DHCP 服务器的交互过程

① DHCP 客户端启动后，先以广播方式发送一个 DHCP 发现报文（DHCPDISCOVER），这个报文的主要目的是查找网络中的 DHCP 服务器。DHCP 客户端的发送端口是 UDP 的 68 端口，而 DHCP 服务器的接收端口是 UDP 的 67 端口。

② DHCP 服务器收到 DHCPDISCOVER 报文后，从 IP 地址池中选择一个未租用的 IP 地址，以 DHCP 提供报文（DHCPOFFER）的形式广播发送给 DHCP 客户端。DHCP 服务器会暂时保留这个 IP 地址以免同时将其分配给其他 DHCP 客户端。DHCPOFFER 报文也必须以广播的方式

发送，因为 DHCP 客户端此时还没有自己的 IP 地址。

③ DHCP 客户端收到 DHCPOFFER 报文后，以广播方式向 DHCP 服务器发送 DHCP 请求报文（DHCPREQUEST）。网络中可能有多个 DHCP 服务器，因此 DHCP 客户端可能会收到多个 DHCPOFFER 报文。DHCP 客户端会选择使用最先收到的 DHCPOFFER 报文。DHCP 客户端以广播方式发送 DHCPOFFER 报文的原因在于，除了通知已被选择的 DHCP 服务器外，还要把这一选择结果告诉其他 DHCP 服务器，使其及时解除各自保留的 IP 地址以供其他 DHCP 客户端使用。

④ 被选择的 DHCP 服务器收到 DHCP 客户端的 DHCPREQUEST 报文后，以广播方式向 DHCP 客户端发送一个 DHCP 确认报文（DHCPACK）。DHCPACK 报文中除了已分配的 IP 地址外，还包含默认网关、DNS 服务器等相关网络配置参数。

至此，DHCP 客户端成功地申请到一个 IP 地址，可以在租约期限内正常使用。如果 DHCP 客户端想要在租约到期前主动释放申请到的 IP 地址，可以选择向 DHCP 服务器发送一个 DHCP 释放（DHCPRELEASE）报文，通知 DHCP 服务器回收已分配的 IP 地址。

（2）延长现有 IP 地址的使用期限

DHCP 客户端申请到的 IP 地址有使用期限，如果想延长这个期限，就必须和 DHCP 服务器协商更新租约。当然，更新租约的过程不需要使用者介入，DHCP 客户端会自动处理。

在租约期限超过 50%时，DHCP 客户端以单播方式向最初提供 IP 地址的 DHCP 服务器发送 DHCPREQUEST 报文请求延长租期。如果收到 DHCP 服务器返回的 DHCPACK 报文，则说明 DHCP 服务器同意延长租期；如果收到的是 DHCPNACK 报文，则说明 DHCP 服务器不同意延长租期，但 DHCP 客户端仍可继续使用这个 IP 地址，因为此时租约并未到期。

如果第一次更新租约的请求不成功，则 DHCP 客户端在租约期限超过 87.5%时，会再次发送 DHCPREQUEST 报文请求延长租期。如果 DHCP 服务器同意请求，则按相应时间延长租期；如果这一次仍然不成功，则 DHCP 客户端会继续使用这个 IP 地址，直到租约到期。租约到期后，DHCP 客户端必须发送 DHCPDISCOVER 报文重新申请 IP 地址。

5.2.2　DHCP 服务的安装与启停

有了前面 Samba 服务的学习基础，DHCP 的安装与启停就很简单了。这里仍然使用已经配置好的本地 yum 源一键安装 DHCP 软件。

1. 安装 DHCP 软件

在安装 DHCP 软件之前，可以先查看系统中当前已安装的 DHCP 软件包，再一键式安装 DHCP，如例 5-18 所示。

例 5-18：安装 DHCP 软件

```
[root@localhost ~]# rpm  -qa  |  grep  dhcp      // 检查已安装的 DHCP 软件包
dhcp-common-4.2.5-68.el7.centos.1.x86_64
dhcp-libs-4.2.5-68.el7.centos.1.x86_64
[root@localhost ~]# yum  clean  all             // 清除 yum 安装缓存
[root@localhost ~]# yum  install  dhcp  -y      // 一键安装 DHCP 软件
已加载插件: fastestmirror, langpacks
Loading mirror speeds from cached hostfile
```

```
正在解决依赖关系
--> 正在检查事务
---> 软件包 dhcp.x86_64.12.4.2.5-68.el7.centos.1 将被安装
--> 解决依赖关系完成
......
已安装:
  dhcp.x86_64 12:4.2.5-68.el7.centos.1
完毕!
[root@localhost ~]# rpm  -qa  |  grep  dhcp        //安装后再次检查
dhcp-4.2.5-68.el7.centos.1.x86_64
dhcp-common-4.2.5-68.el7.centos.1.x86_64
dhcp-libs-4.2.5-68.el7.centos.1.x86_64
```

2. DHCP 服务的启停

使用 systemctl 工具启动和停止 DHCP 服务的命令与 Samba 类似，如表 5-6 所示。

表 5-6　DHCP 服务的启停命令及其功能

DHCP 服务启停命令	功能
systemctl start dhcpd.service	启动 DHCP 服务。dhcpd.service 可简写为 dhcpd，下同
systemctl restart dhcpd.service	重启 DHCP 服务（先停止再启动）
systemctl stop dhcpd.service	停止 DHCP 服务
systemctl reload dhcpd.service	重新加载 DHCP 服务
systemctl status dhcpd.service	查看 DHCP 服务的状态
systemctl enable dhcpd.service	设置 DHCP 服务为开机自动启动
systemctl list-unit-files|grep dhcpd.service	查看 DHCP 服务是否为开机自动启动

5.2.3　DHCP 服务端配置

DHCP 服务的主配置文件是 */etc/dhcp/dhcpd.conf*。但在有些 Linux 发行版中，此文件在默认情况下是不存在的，需要手动创建。对于 CentOS 7.6 操作系统而言，在安装好 DHCP 软件之后会生成此文件，打开文件后，其默认内容如例 5-19 所示。

例 5-19：dhcpd.conf 文件的默认内容

```
[root@localhost ~]# cd  /etc/dhcp
[root@localhost dhcp]# cat  -n  dhcpd.conf
    1   #
    2   # DHCP Server Configuration file.
    3   #   see /usr/share/doc/dhcp*/dhcpd.conf.example
    4   #   see dhcpd.conf(5) man page
    5   #
```

其中，第 3 行提示用户可以参考 */usr/share/doc/dhcp*/dhcpd.conf.example* 文件来进行配置。
与 DHCP 服务相关的另一个文件是 */var/lib/dhcpd/dhcpd.leases*。这个文件保存了 DHCP 服

务器动态分配的 IP 地址的租约信息，即租约建立的开始日期和到期日期。

下面以*/usr/share/doc/dhcp*/dhcpd.conf.example* 文件为例，重点介绍
DHCP 主配置文件 *dhcpd.conf* 的基本语法和相关配置。

V5-8　DHCP
主配置文件

1. 基本语法

*dhcpd.conf*文件的结构如例 5-20 所示。

例 5-20：dhcpd.conf 文件的结构

```
#全局配置
参数或选项;

#局部配置
声明 {
    参数或选项;
}
```

*dhcpd.conf*的注释信息以"#"开头，可以出现在文件的任意位置。除了大括号"{""}"之外，
其他每一行都以";"结尾。这一点很重要，不少初学者在配置 *dhcpd.conf*文件时都会忘记在一行
结束时加上";"，导致 DHCP 服务无法正常启动。

*dhcpd.conf*文件由参数、选项和声明 3 种要素组成。

（1）参数。参数主要用来设定 DHCP 服务器和客户端的基本属性，格式是"*参数名 参数值*;"。

（2）选项。选项通常用来配置分配给 DHCP 客户端的可选网络参数，如子网掩码、默认网关、
DNS 服务器等。选项的设定格式和参数类似，只是要以"option"关键字开头，如"option *参数
名 参数值*;"。

（3）声明。声明以某个关键字开头，后跟一对大括号。大括号内部包含一系列参数和选项。声
明主要用来设置具体的 IP 地址空间，以及绑定 IP 地址和 DHCP 客户端 MAC 地址，从而为 DHCP
客户端分配固定的 IP 地址。

*dhcpd.conf*文件的参数和选项分为全局配置和局部配置。全局配置对整个 DHCP 服务器生效，
而局部配置只对某个声明生效。声明外部的参数和选项是全局配置，声明内部的参数和选项是局部
配置。下面来简单了解一下两种（全局/局部）参数和选项。

2. 参数和选项

DHCP 服务常用的全局参数和选项如表 5-7 所示。其中，option domain-name-servers 和
option routers 两个选项也可用于局部配置。

表 5-7　DHCP 服务常用的全局参数和选项

参数和选项	功能
ddns-update-style *类型*	设置 DNS 动态更新的类型，即主机名和 IP 地址的对应关系
default-lease-time *时间*	默认租约时间
max-lease-time *时间*	最大租约时间
log-facility *文件名*	日志文件名
option domain-name *域名*	域名
option domain-name-servers *域名服务器列表*	域名服务器
option routers *默认网关*	默认网关

3. 声明

两种最常用的声明是 subnet 声明和 host 声明。subnet 声明用于定义 IP 地址空间；host 声明用于实现 IP 地址和 DHCP 客户端 MAC 地址的绑定，用于为 DHCP 客户端分配固定的 IP 地址。subnet 声明和 host 声明的格式如例 5-21 所示。

例 5-21：subnet 声明和 host 声明的格式

```
subnet  subnet_id  netmask  netmask {
    ......
}


host  hostname {
    ......
}
```

可以通过不同的参数和选项为这两个声明指定具体的行为。DHCP 服务常用的局部参数和选项如表 5-8 所示。

表 5-8　DHCP 服务常用的局部参数和选项

参数和选项	功能
range	IP 地址池地址范围
default-lease-time 时间	默认租约时间
max-lease-time 时间	最大租约时间
option domain-name 域名	DNS 域名
option domain-name-servers 域名服务器列表	域名服务器
option routers	默认网关
option broadcast-address	子网广播地址
fixed-address	为 DHCP 客户端分配的固定 IP 地址
hardware	DHCP 客户端的 MAC 地址
server-name	DHCP 服务器的主机名

DHCP 服务端配置好之后，可以在 Windows 或 Linux 客户端上进行验证。下面介绍具体的验证方法。

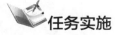

任务实施

小张同学在学习完 DHCP 服务的基本原理和配置后，觉得为新实训室的 60 台计算机设置 IP 地址没有开始想象的那么困难，跃跃欲试。但孙老师还是希望小张能先完成一个简单的 DHCP 实验，提高自己的操作熟练度，再去真实的环境中进行操作。

本任务所用的 DHCP 服务网络拓扑结构如图 5-10 所示。3 台主机都是安装在 VMware Workstation 上的虚拟机，网络连接采用了 NAT 模式。

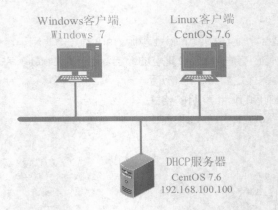

图 5-10　DHCP 服务网络拓扑结构

具体要求如下。

（1）DHCP 服务器的 IP 地址为 192.168.100.100。

（2）把域名和域名服务器两个参数作为全局配置分别设为"example.org"和"ns1.example"。

（3）192.168.100.0/24 网络中有两个 IP 地址空间可以分配，分别是 192.168.100.1～192.168.100.99 和 192.168.100.101～192.168.100.200，默认网关地址设为 192.168.100.254。

（4）为 MAC 地址是 00:0C:29:B3:41:89 的主机分配固定的 IP 地址 192.168.100.188。

（5）分别在 Windows 和 Linux 客户端上验证 DHCP 服务。

下面是小张完成本任务的详细步骤。

第 1 步，在 NAT 模式下，VMnet8 虚拟网卡默认启用了 DHCP 服务。为了保证后续测试的顺利进行，先关闭 VMnet8 的 DHCP 服务，如图 5-11 所示。

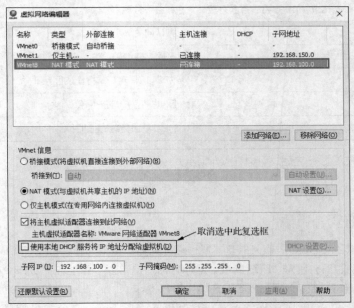

图 5-11　关闭 VMnet8 的 DHCP 服务

第 2 步，修改 DHCP 主配置文件，如例 5-22 所示。

例 5-22:修改 DHCP 主配置文件

```
default-lease-time 600;
max-lease-time 7200;

option domain-name "example.org";
option domain-name-servers ns1.example;

subnet 192.168.100.0 netmask 255.255.255.0 {
    range 192.168.100.1 192.168.100.99;
    range 192.168.100.101 192.168.100.200;
    option routers 192.168.100.254;
}

host client1 {
    hardware ethernet 00:0C:29:B3:41:89;
    fixed-address 192.168.100.188;
}
```

第 3 步,使用 systemctl restart dhcpd 命令重启 DHCP 服务。

第 4 步,在 Windows 客户端上验证 DHCP 服务。先在【Internet 协议版本 4(TCP/IPv4)属性】对话框中选中【自动获得 IP 地址】单选按钮,如图 5-12 所示。

图 5-12　选中【自动获得 IP 地址】单选按钮

在 Windows 命令行窗口中，先使用 ipconfig /release 命令释放 IP 地址，再使用 ipconfig /renew 命令重新获取 IP 地址，如图 5-13 所示。也可以使用 ipconfig /all 命令查看本机所有网络配置的相关信息。

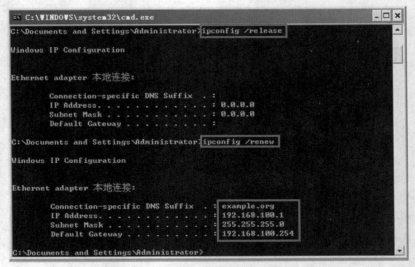

图 5-13　释放和重新获取 IP 地址

第 5 步，在 Linux 客户端上验证 DHCP 服务。打开网卡配置文件*/etc/sysconfig/network-scripts/ifcfg-ens33*，删除或注释 IPADDR、PREFIX、GATEWAY、DNS1 和 HWADDR 等几个条目，并将 BOOTPROTO 的值设为 "dhcp"，如例 5-23 所示。

例 5-23：修改网卡配置文件

```
BOOTPROTO=dhcp
#IPADDR=192.168.100.100
#PREFIX=24
#GATEWAY=192.168.100.2
#DNS1=192.168.100.2
```

修改完成后一定要重启网络服务，否则网络配置不会生效。最后，使用 ifconfig 命令查看获取到的 IP 地址，如例 5-24 所示。

例 5-24：查看获取到的 IP 地址

```
[root@localhost ~]# ifconfig
ens33: flags=4163<UP,BROADCAST,RUNNING,MULTICAST>   mtu 1500
        inet 192.168.100.2   netmask 255.255.255.0   broadcast 192.168.100.255
        ……
```

小张圆满地完成了本任务，并向孙老师做了汇报。孙老师很满意小张的学习效果，让他准备好在新实训室中大展身手。

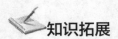**知识拓展**

DHCP 服务端配置错误会导致 DHCP 服务无法正常启动，这时可以使用 dhcpd 命令检测主配

置文件的常见错误，如例 5-25 所示。

例 5-25：使用 dhcpd 命令检测主配置文件的常见错误

```
[root@localhost dhcp]# dhcpd
Internet Systems Consortium DHCP Server 4.2.5
……
/etc/dhcp/dhcpd.conf line 10: semicolon expected.
  option
   ^
Configuration file errors encountered -- exiting
……

[root@localhost dhcp]# cat  -n  dhcpd.conf
    ……
    7      subnet 192.168.100.0 netmask 255.255.255.0 {
    8         range 192.168.100.1 192.168.100.99;
    9         range 192.168.100.101 192.168.100.200        <== 行末缺少分号
    10        option routers 192.168.100.254;
    ……
```

dhcpd 命令提示 DHCP 主配置文件的第 10 行缺少分号，但打开文件后可以发现，其实是第 9 行的行尾缺少分号。这一点请在排查 DHCP 配置文件错误时特别留意。

另外，DHCP 服务同样需要设置防火墙和 SELinux。SELinux 的设置和任务 5.1 的知识拓展部分所介绍的方法完全相同，放行 DHCP 服务的命令如例 5-26 所示。

例 5-26：放行 DHCP 服务

```
[root@localhost ~]# firewall-cmd  --permanent  --add-service=dhcp
success
[root@localhost ~]# firewall-cmd  --reload
success
[root@localhost ~]# firewall-cmd  --list-all
public (active)
  ……
  services: ssh dhcpv6-client dhcp
  ……
```

任务实训

本实训的主要任务是在 CentOS 7.6 操作系统中搭建 DHCP 服务器，并在 Windows 和 Linux 客户端上分别进行验证。

【实训目的】

（1）理解 DHCP 服务的工作原理。

（2）掌握配置本地 yum 源的方法。

（3）掌握 DHCP 主配置文件的语法及常用参数和选项的使用。

（4）掌握在 Windows 和 Linux 客户端中验证 DHCP 服务的方法。

【实训内容】

请根据图 5-10 所示的网络拓扑结构安装 3 台虚拟机，并按照以下步骤完成 DHCP 服务器的搭建和验证。

（1）使用系统镜像文件搭建本地 yum 源并安装 DHCP 软件。

（2）修改 DHCP 主配置文件，具体要求如下。

① 域名和域名服务器作为全局配置，分别设为"siso.edu.cn""ns1.siso.edu.cn"。

② 默认租约时间和最大租约时间作为全局配置，分别设为 1 天和 3 天。

③ 192.168.100.0/24 网络中有两个 IP 地址空间可以分配，分别是 192.168.100.2～192.168.100.50 和 192.168.100.101～192.168.100.150，默认网关地址为 192.168.100.1。

④ 为 MAC 地址是 6C:4B:90:12:BF:4F 的主机分配固定的 IP 地址 192.168.100.50。

（3）使用 dhcpd 命令检查主配置文件是否有误。

（4）修改防火墙设置，放行 DHCP 服务。

（5）修改 SELinux 安全策略为允许模式。

（6）启动 DHCP 服务。

（7）在 Windows 客户端上验证 DHCP 服务。

（8）在 Linux 客户端上验证 DHCP 服务。

任务 5.3　DNS 服务器配置与管理

任务陈述

域名系统（Domain Name System，DNS）服务是互联网中最重要的基础服务之一，主要作用是实现域名和 IP 地址的转换，也就是域名解析服务。有些人可能对 DNS 了解得很少，但其实每天都在使用 DNS 提供的域名解析服务。本任务将从域名解析的历史讲起，详细介绍 DNS 的基本概念、分级结构、查询方式，以及 DNS 服务器的搭建和验证。

知识准备

5.3.1　DNS 服务概述

当人们浏览网页时，一般会在浏览器的地址栏中输入网站的统一资源定位符（Uniform Resource Locator，URL），如"http://www.siso.edu.cn"，浏览器在客户端主机和网站服务器之间建立连接进行通信。但在实际的 TCP/IP 网络中，IP 地址是定位主机的唯一标识，必须知道对方主机的 IP 地址才能相互通信。浏览器是如何根据人们输入的网址得到网站服务器的 IP 地址的？其实，浏览器使用了 DNS 提供的域名解析服务。在深入学习 DNS 的工作原理之前，有必要了解关于主机域名的几个相关概念。

1. 域名解析的历史

IP 地址是连接到互联网的主机的"身份证号码"，但是对于人类来说，记住大量的诸如 192.168.100.100 的 IP 地址太难了。相比较而言，主机名一般具有一定的含义，比较容易记忆。因此，如果计算机能够提供某种工具，让人们可以方便地根据主机名获得 IP 地址，那么这个工具肯定会备受青睐。

V5-9 为什么需要
DNS

在网络发展的早期，一种简单的实现方法就是把域名和 IP 地址的对应关系保存在一个文件中，计算机利用这个文件进行域名解析。在 Linux 操作系统中，这个文件就是*/etc/hosts*，其内容如例 5-27 所示。

例 5-27：*/etc/hosts* 文件的内容

```
[siso@localhost ~]$ cat  /etc/hosts
127.0.0.1     localhost localhost.localdomain
::1           localhost localhost.localdomain
```

这种方式实现起来很简单，但是它有一个非常大的缺点，即内容更新不灵活。每个主机都要配置这样的文件，并及时更新内容，否则就得不到最新的域名信息，因此它只适用于一些规模较小的网络。

随着网络规模的不断扩大，用单一文件实现域名解析的方法显然不再适用，取而代之的是基于分布式数据库的 DNS。DNS 将域名解析的功能分散到不同层级的 DNS 服务器中，这些 DNS 服务器协同工作，提供高可靠、灵活的域名解析服务。

2. 主机名和域名

这里先来举一个日常生活中的常见例子。马路上的汽车都有唯一的车牌号，如果有人说他的车牌号是"630VK"，那么我们无法知道这个号码属于哪个城市，因为不同的城市都可以分配这个号码。现在假设这个号码来自江苏省苏州市，而苏州市在江苏省的城市代码是"E"，现在把城市代码和车牌号码组合在一起，即"E630VK"，是不是就可以确定这个车牌号码的属地了？答案还是否定的，因为其他省份也有代码是"E"的城市。需要把江苏省的简称"苏"也加进去，即"苏 E630VK"，才可以确定车牌号码的属地。

在这个例子中，江苏省代表一个地址区域，定义了一个命名空间，这个命名空间的名称是"苏"。江苏省的各个城市也有自己的命名空间，如"苏 A"表示南京市，"苏 E"表示苏州市，在各个城市的命名空间中才能给汽车分配车牌号码。在 DNS 中，域名空间就是"苏"或"苏 E"这样的命名空间，而主机名就是实际的车牌号码。

与车牌号码的命名空间一样，DNS 的域名空间也是分级的，DNS 域名空间的结构如图 5-14 所示。

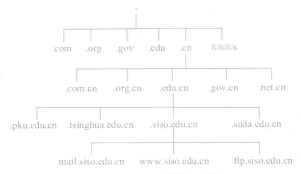

图 5-14 DNS 域名空间的结构

在 DNS 域名空间中，最上面一层被称为"根域"，用"."表示。从根域开始向下依次划分为顶级域、二级域等各级子域，最下面一级是主机。子域和主机的名称分别称为域名和主机名。域名又有相对域名和绝对域名之分，就像 Linux 文件系统中的相对路径和绝对路径一样。如果从下向上，将主机名及各级子域的所有绝对域名组合在一起，用"."分隔，就构成了主机的完全限定域名（Fully Qualified Domain Name，FQDN）。例如，小张同学所在的 SISO 学院有一台 Web 服务器，主机名是"www"，域名是"siso.edu.cn"，那么 FQDN 就是"www.siso.edu.cn"。通过 FQDN 可以唯一地确定互联网中的一台主机。

一个组织如果想在互联网中拥有自己的域名，就必须向负责管理域名的国际互联网络信息中心（Internet Network Information Center，InterNIC）注册。一旦拥有一个域名，就相当于拥有了相应域名空间的使用权，可以规划该域名下的主机名，或者在该域名下进一步划分子域。

V5-10　什么是
域名

5.3.2　DNS 的工作原理

DNS 服务器提供了域名解析服务，那么是不是所有的域名都可以交给一台 DNS 服务器来解析？这显然是不现实的，因为互联网中有不计其数的域名，而且这个数字每天都在不断增长。一种可行的方法是把域名空间划分成若干区域进行独立管理。区域是连续的域名空间，每个区域都由特定的 DNS 服务器来管理。一台 DNS 服务器可以管理多个区域，每个区域都在单独的区域文件中保存域名解析数据。

由于 DNS 域名空间是分级的，因此 DNS 服务器也是分级的。换句话说，每一个 DNS 服务器只管理它的下一级域名的各个 DNS 服务器的 IP 地址。下面来详细介绍 DNS 的分级管理机制和查询流程。

1．DNS 的分级管理与区域委派

在图 5-14 所示的 DNS 域名空间结构中，根域位于最顶层，管理根域的 DNS 服务器称为根域服务器。顶级域位于根域的下一层，常见的顶级域有".com"".org"".gov"及代表国家和地区的".cn"".us"等，顶级域服务器负责管理顶级域名的解析。在顶级域下面还有二级域服务器等。假如现在把解析"www.siso.edu.cn"的任务交给根域服务器。根域服务器并不会直接返回这个主机名的 IP 地址，因为根域服务器只知道各个顶级域服务器的地址，并把解析".cn"顶级域名的权限"授权"给其中一台顶级域服务器（假设是服务器 A）。如果根域服务器收到的请求中包括".cn"顶级域，那么它会直接返回服务器 A 的地址。同样的，服务器 A 返回负责处理".edu.cn"域名的 DNS 服务器的地址。这个过程一直继续下去，直到最后有一台负责处理".siso.edu.cn"的 DNS 服务器直接返回"www.siso.edu.cn"的 IP 地址。

在这个过程中，DNS 把域名的解析权限层层向下授权给下一级 DNS 服务器，这种基于授权的域名解析就是 DNS 的分级管理机制，又称区域委派。负责管理一个区域的 DNS 服务器被称为该区域的授权服务器，又称权威服务器。明白了 DNS 的分级管理机制，下面就来学习 DNS 的查询流程。

2．DNS 的查询流程

不管是 Windows 操作系统还是 Linux 操作系统，都会设置自己的域名服务器，这个域名服务器一般称为本地域名服务器。假设在浏览器地址栏中输入的网址是"www.siso.edu.cn"，下面结合图 5-15 来讲解整个查询流程。

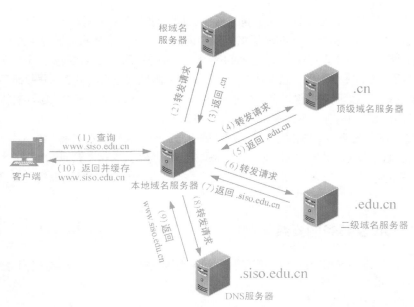

图 5-15　DNS 的查询流程

（1）用户（这里指客户端）向本地域名服务器发出请求，请求查询这个域名的 IP 地址。

（2）收到用户的查询请求后，本地域名服务器先检查本机的缓存中有没有保存所查域名的 IP 地址。如果查到匹配的结果，则直接返回；如果没有，则把请求发送给根域名服务器。

（3）根域名服务器向本地域名服务器返回负责解析".cn"域名的顶级域名服务器的地址。

（4）本地域名服务器向负责解析".cn"的顶级域名服务器发送请求。

（5）顶级域名服务器向本地域名服务器返回负责解析".edu.cn"域名的二级域名服务器的地址。

（6）本地域名服务器向负责解析".edu.cn"的二级域名服务器发送请求。

（7）二级域名服务器向本地域名服务器返回负责解析".siso.edu.cn"域名的 DNS 服务器的地址。

（8）本地域名服务器向负责解析".siso.edu.cn"的 DNS 服务器发送请求。

（9）解析".siso.edu.cn"的 DNS 服务器返回"www.siso.edu.cn"主机名对应的 IP 地址。

（10）本地域名服务器向用户返回收到的 IP 地址，并把它保存在本地缓存中，下次收到同样的查询请求时，就直接返回结果。当然，本地缓存中的数据是有保存期限的，过了期限后，这些数据就会失效，本地域名服务器会通过上述过程重新进行查询。

3. DNS 服务器的类型

按照配置和功能的不同，DNS 服务器可分为不同的类型。常见的 DNS 服务器类型有以下 4 种。

（1）主 DNS 服务器。它对所管理区域的域名解析提供最权威和最精确的响应，是所管理区域域名信息的初始来源。搭建主 DNS 服务器需要准备全套的配置文件，包括主配置文件、正向解析区域文件、反向解析区域文件、高速缓存初始化文件和回送文件等。正向解析是指从域名到 IP 地址的解析，反向解析正好相反。

V5-11　递归和迭代查询

（2）从 DNS 服务器。它从主 DNS 服务器中获得完整的域名信息备份，也可以对外提供权威和精确的域名解析，可以减轻主 DNS 服务器的查询负载。从 DNS 服务器包含的域名信息和主 DNS 服务器完全相同，它是主 DNS 服务器的备份，提供的是冗余的域名解析服务。

（3）高速缓存 DNS 服务器。它将从其他 DNS 服务器处获得的域名信息保存在自己的高速缓存中，并利用这些信息为用户提供域名解析服务。高速缓存 DNS 服务器的信息都有时效性，过期之后便不再可用。高速缓存 DNS 服务器不是权威服务器。

（4）转发 DNS 服务器。它在对外提供域名解析服务时，优先从本地缓存中查找。如果本地缓存没有匹配的数据，则会向其他 DNS 服务器转发域名解析请求，并将从其他 DNS 服务器中获得的结果保存在自己的缓存中。转发 DNS 服务器的特点是可以向其他 DNS 服务器转发自己无法完成的解析请求。

5.3.3　DNS 服务的安装与启停

实现 DNS 协议的软件不止一种，目前互联网中应用最多的是由加州大学伯克利分校开发的一款开源软件——BIND。

1. 安装 BIND 软件

BIND 软件的安装如例 5-28 所示。

例 5-28：BIND 软件的安装

```
[root@localhost ~]# yum  clean  all
已加载插件：fastestmirror, langpacks
正在清理软件源： c7-media
Cleaning up list of fastest mirrors
[root@localhost ~]# yum  install  bind  -y
已加载插件：fastestmirror, langpacks
……
完毕!
[root@localhost ~]# rpm  -qa | grep bind
……
bind-9.9.4-72.el7.x86_64
……
```

2. DNS 服务的启停

BIND 的后台守护进程是 named，因此，在启动和停止 DNS 服务时要以 named 作为参数。DNS 服务的启停命令及其功能如表 5-9 所示。

表 5-9　DNS 服务的启停命令及其功能

DNS 启停命令	功能
systemctl start named.service	启动 DNS 服务。named.service 可简写为 named，下同
systemctl restart named.service	重启 DNS 服务（先停止再启动）
systemctl stop named.service	停止 DNS 服务
systemctl reload named.service	重新加载 DNS 服务

续表

DNS 启停命令	功能
systemctl status named.service	查看 DNS 服务的状态
systemctl enable named.service	设置 DNS 服务为开机自动启动
systemctl list-unit-files|grep named.service	查看 DNS 服务是否为开机自动启动

5.3.4 DNS 服务端配置

搭建主 DNS 服务器的过程很复杂，需要准备全套的配置文件，包括全局配置文件、主配置文件、正向解析区域文件和反向解析区域文件。下面以搭建一台主 DNS 服务器为例，讲解这些配置文件的结构和作用。

V5-12 DNS 配置
文件的关系

1. 全局配置文件

DNS 的全局配置文件是*/etc/named.conf*，其基本结构如例 5-29 所示。

例 5-29：/etc/named.conf 文件的基本结构

```
// named.conf
options {
        listen-on port 53 { 127.0.0.1; };
        directory            "/var/named";
        allow-query          { localhost; };
        forwarders           { };
        forward first;
        ......
};

logging {
        ......
};

zone "." IN {
        type hint;
        file "named.ca";
};

include "/etc/named.rfc1912.zones";
include "/etc/named.root.key";
```

（1）options 配置段的配置项对整个 DNS 服务器有效，下面是一些常用的配置项。

① listen-on port { }：指定 named 守护进程监听的端口和 IP 地址，默认的监听端口是 53。如果 DNS 服务器中有多个 IP 地址要监听，则可以在大括号中分别列出，以分号分隔。

② directory：指定 DNS 守护进程的工作目录，默认的目录是*/var/named*。下面要讲到的正向和反向解析区域文件都要保存在这个目录中。

③ allow-query { }：指定允许哪些主机发起域名解析请求，默认只对本机开放服务。可以对某台主机或某个网段的主机开放服务，也可以使用关键字指定主机的范围。例如，any 匹配所有主机，none 不匹配任何主机，localhost 只匹配本机，localnets 匹配本机所在网络中的所有主机。

④ forward：有 only 和 first 两个值。值为 only 表示将 DNS 服务器配置为高速缓存服务器；值为 first 表示先将 DNS 查询请求转发给 forwarders 定义的转发服务器，如果转发服务器无法解析，则 DNS 服务器自己会尝试解析。

⑤ forwarders { }：指定转发 DNS 服务器，可以将 DNS 查询请求转发给这些转发 DNS 服务器进行处理。

（2）zone 声明用来定义区域，其后面的"."表示根域。一般在主配置文件中定义区域信息，这里保留默认值，不需要改动。

（3）include 指示符用来引入其他相关配置文件，这里通过 include 指定主配置文件的位置。一般不使用默认的主配置文件 /etc/named.rfc1912.zones，而是根据实际需要创建新的主配置文件。

2. 主配置文件

本任务中使用的主配置文件是 /etc/named.zones，并在全局配置文件中通过 include 指示符引入。一般在主配置文件中通过 zone 声明设置区域相关信息，包括正向区域和反向区域。zone 区域声明的格式如例 5-30 所示。

例 5-30：zone 区域声明的格式

```
zone "区域名称" IN {
    type DNS 服务器类型;
    file "区域文件名";
    allow-update { none; };
    masters {主域名服务器地址}
};
```

zone 声明定义了区域的几个关键属性，包括 DNS 服务器类型、区域文件等。

（1）type：其定义了 DNS 服务器的类型，可取 hint、master、slave 和 forward 几个值，分别表示根域名服务器、主域名服务器、从域名服务器及转发服务器。

（2）file：其指定了该区域的区域文件，区域文件包含区域的域名解析数据。

（3）allow-update：其指定了允许更新区域文件信息的从 DNS 服务器地址。

（4）masters：其指定了主域名服务器地址，当 type 的值取 slave 时有效。

正向和反向解析区域的 zone 声明格式相同，但对于反向解析的区域名称有特殊的约定。如果要反向解析的网段是"a.b.c"，那么对应的区域名称应设置为"c.b.a.in-addr.arpa"。

3. 区域文件

DNS 服务器提供域名解析服务的关键就是区域文件。区域文件和传统的 /etc/hosts 文件类似，记录了域名和 IP 地址的对应关系，但是区域文件的结构更复杂，功能也更强大。/var/named 目录中的 named.localhost 和 named.loopback 两个文件是正向区域解析文件和反向区域解析文件的配置模板。一个典型的区域文件如例 5-31 所示。

例 5-31：典型的区域文件

```
[root@localhost ~]# cd   /var/named
[root@localhost named]# cat   named.localhost
```

```
$TTL 1D
@   IN SOA     @   rname.invalid. (
                       0      ; serial
                       1D     ; refresh
                       1H     ; retry
                       1W     ; expire
                       3H )   ; minimum
        NS         @
        A          127.0.0.1
        AAAA       ::1
```

在区域文件中，域名和 IP 地址的对应关系由资源记录（Resource Record，RR）表示。资源记录的基本语法格式如下。

```
name    [TTL]    IN    RR_TYPE    value
```

（1）name 表示当前的域名。

（2）TTL 表示资源记录的生存时间（Time To Live），即资源记录的有效期。

（3）IN 表示资源记录的网络类型是 Internet 类型。

（4）RR_TYPE 表示资源记录的类型。常见的资源记录类型有 SOA、NS、A、AAAA、CNAME、MX 和 PTR。

（5）value 是资源记录的值，具体意义与资源记录类型有关。

下面分别介绍每种资源记录类型的含义。

（1）SOA 资源记录：区域文件的第一条有效资源记录是 SOA（Start Of Authority）。出现在 SOA 记录中的"@"符号表示当前域名，如"siso.edu.cn."或"10.168.192. in-addr.arpa."。SOA 记录的值由 3 部分组成，第一部分是当前域名，即 SOA 资源记录中的第二个"@"；第二部分是当前域名管理员的邮箱地址，但是地址中不能出现"@"，必须要用"."代替；第三部分包含 5 个子属性，具体含义如下。

① serial：表示本区域文件的版本号或序列号，用于从 DNS 服务器和主 DNS 服务器同步时间。每次修改区域文件的资源记录时都要及时修改 serial 的值，以反映区域文件的变化。

② refresh：表示从 DNS 服务器的动态刷新时间间隔。从 DNS 服务器每隔一段时间就会根据区域文件版本号自动检查主 DNS 服务器的区域文件是否发生了变化。如果发生了变化，则更新自己的区域文件。这里的"1D"表示 1 天。

③ retry：表示从 DNS 服务器的重试时间间隔。当从 DNS 服务器未能从主 DNS 服务器成功更新数据时，会在一段时间后再次尝试更新。这里的"1H"表示 1 小时。

④ expire：表示从 DNS 服务器上的资源记录的有效期。如果在有效期内未能从主 DNS 服务器更新数据，那么从 DNS 服务器将不能对外提供域名解析服务。这里的"1W"表示 1 周。

⑤ minimum：如果没有为资源记录指定存活周期，则默认使用 minimum 指定的值。这里的"3H"表示 3 小时。

（2）NS 资源记录：NS 资源记录表示该区域的 DNS 服务器地址，一个区域可以有多个 DNS 服务器，如例 5-32 所示。

例 5-32：NS 资源记录

```
@    IN    NS    ns1.siso.edu.cn.
```

```
@     IN     NS     ns2.siso.edu.cn.
```

（3）A 和 AAAA 资源记录：这两种资源记录就是域名和 IP 地址的对应关系。A 资源记录用于 IPv4 地址，而 AAAA 资源记录用于 IPv6 地址。A 资源记录示例如例 5-33 所示。

例 5-33：A 资源记录示例

```
ns1    IN     A      192.168.100.100
ns2    IN     A      192.168.100.100
www    IN     A      192.168.100.110
mail   IN     A      192.168.100.120
ftp    IN     A      192.168.100.130
```

（4）CNAME 资源记录：CNAME 是 A 资源记录的别名，如例 5-34 所示。

例 5-34：CNAME 资源记录

```
web      IN     CNAME      www.siso.edu.cn.
```

（5）MX 资源记录：其定义了本域的邮件服务器，如例 5-35 所示。

例 5-35：MX 资源记录

```
@    IN     MX     10    mail.siso.edu.cn.
```

需要特别注意的是，在添加资源记录时，以"."结尾的域名表示绝对域名，如"www.siso.edu.cn."。其他的域名表示相对域名，如"ns1""www"分别表示"ns1.siso.edu.cn""www.siso.edu.cn"。

（6）PTR 资源记录：其表示了 IP 地址和域名的对应关系，用于 DNS 反向解析，如例 5-36 所示。

例 5-36：PTR 资源记录

```
100      IN     PTR      www.siso.edu.cn.
```

这里的 100 是 IP 地址中的主机号，因此完整的记录名是 100.100.168.192.in-addr.arpa，表示 IP 地址是 192.168.100.100。

全局配置文件、主配置文件和区域文件对主 DNS 服务器而言是必不可少的。这些文件的关系如图 5-16 所示。

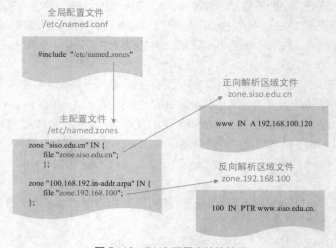

图 5-16　DNS 配置文件的关系

5.3.5 DNS 客户端配置

在 Windows 和 Linux 客户端上配置 DNS 服务器的方法比较简单，而且可以指定多个 DNS 服务器。下面为 Windows 和 Linux 客户端分别设置两个 DNS 服务器，首选 DNS 服务器是 192.168.100.100，备用 DNS 服务器是 192.168.100.101。

在 Windows 客户端上，打开【Internet 协议版本 4（TCP/IPv4）属性】对话框，配置 DNS 服务器的 IP 地址，如图 5-17 所示。

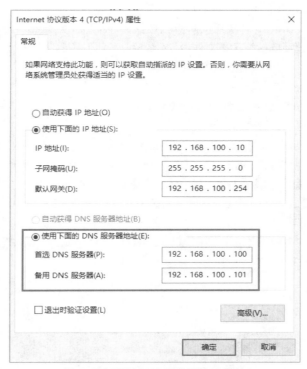

图 5-17　配置 DNS 服务器的 IP 地址

在 Linux 客户端中通过修改 */etc/resolv.conf* 文件来设置 DNS 服务器，如例 5-37 所示。

例 5-37：在 Linux 客户端中设置 DNS 服务器

```
[root@localhost ~]# cat /etc/resolv.conf
nameserver 192.168.100.100
nameserver 192.168.100.101
search siso.edu.cn
```

nameserver 关键字指定了 DNS 服务器的 IP 地址。如果有多个 DNS 服务器，则系统会按照 nameserver 指定的顺序依次进行域名解析，但只有在前一个 DNS 服务器不能完成域名解析时，才会向下一个服务器转发域名解析请求。search 关键字后面是一个域名，表示当查询的主机名没有域名后缀时，自动在主机名后面添加 search 关键字指定的域名。

项目 4 中介绍过 4 种配置 Linux 网络的方法，其实，每一种方法都涉及 DNS 服务器的配置，读者可以参考项目 4 进一步学习 DNS 服务器的配置方法。

任务实施

经过孙老师的讲解，小张同学意识到 DNS 服务确实是互联网中必不可少的一项服务。同时，他觉得 DNS 服务器的配置和管理比 Samba 和 DHCP 服务器复杂一些。为了检查小张的学习效果，孙老师设计了一个搭建 DNS 服务器的任务，具体的要求如下。

（1）使用本地 yum 源安装 DNS 软件。

（2）搭建主 DNS 服务器，IP 地址为 192.168.100.100。

（3）主配置文件设为*/etc/named.zones*。

（4）为域名 siso.edu.cn 创建正向解析区域文件*/var/named/zone.siso.edu.cn*，为网段 192.168.100.0/24 创建反向解析区域文件*/var/named/zone.192.168.100*。

（5）在正向解析区域文件中添加以下资源记录。

① 1 条 SOA 资源记录，保留默认值。

② 2 条 NS 资源记录，主机名分别为 ns1 和 ns2。

③ 1 条 MX 资源记录，主机名为 mail。

④ 5 条 A 资源记录，主机名分别为 ns1、ns2、mail、www 和 ftp，IP 地址分别为 192.168.100.100、192.168.100.101、192.168.100.110、192.168.100.120 和 192.168.100.130。

⑤ 1 条 CNAME 资源记录，为主机名 www 设置别名 web。

（6）在反向解析区域文件中添加与正向解析区域文件对应的 PTR 资源记录。

（7）验证 DNS 服务。

本任务所用的 DNS 服务网络拓扑结构如图 5-18 所示，使用两台安装在 VMware Workstation 上的虚拟机，网络连接采用了 NAT 模式。

图 5-18　DNS 服务网络拓扑结构

下面是小张同学的操作步骤。

第 1 步，设置虚拟机 IP 地址为 192.168.100.100，使用 yum install bind -y 命令一键安装 DNS 软件。

第 2 步，修改全局配置文件*/etc/named.conf*，如例 5-38 所示。

例 5-38：修改全局配置文件/etc/named.conf

```
// named.conf
options {
        listen-on port 53 { any; };
        directory         "/var/named";
        allow-query       { localhost; };
        ......
```

```
};

zone "." IN {
    type hint;
    file "named.ca";
};


include "/etc/named.zones";            <== 修改主配置文件
include "/etc/named.root.key";
```

第 3 步，在*/etc* 目录中根据*/etc/named.rfc1912.zones* 创建主配置文件*/etc/named.zones*
并修改其内容，如例 5-39 所示。

例 5-39：创建并修改主配置文件/etc/named.zones

```
[root@localhost ~]# cd   /etc
[root@localhost etc]# cp  -p  named.rfc1912.zones   named.zones
[root@localhost etc]# vim   named.zones
zone "siso.edu.cn" IN {
    type master;
    file "zone.siso.edu.cn";
    allow-update { none; };
};


zone "100.168.192.in-addr.arpa" IN {
    type master;
    file "zone.192.168.100";
    allow-update { none; };
};
```

第 4 步，在*/var/named* 目录中创建正向解析区域文件 *zone.siso.edu.cn* 和反向解析区域文件
zone.192.168.100，如例 5-40 所示。

例 5-40：创建正向解析区域文件和反向解析区域文件

```
[root@localhost ~]# cd   /var/named
[root@localhost named]# cp  -p  named.localhost   zone.siso.edu.cn
[root@localhost named]# cp  -p  named.loopback   zone.192.168.100
[root@localhost named]# ls  -l  zone*
-rw-r-----.   1   root   named   405   11 月 17 16:11   zone.192.168.100
-rw-r-----.   1   root   named   414   11 月 17 19:42   zone.siso.edu.cn
```

正向解析区域文件的内容如例 5-41 所示。

例 5-41：正向解析区域文件的内容

```
[root@localhost named]# cat   zone.siso.edu.cn
$TTL 1D
@   IN SOA   @ siso.edu.cn. (
```

		0	; serial	
		1D	; refresh	
		1H	; retry	
		1W	; expire	
		3H)	; minimum	
@	IN	NS		ns1.siso.edu.cn.
@	IN	NS		ns2.siso.edu.cn.
@	IN	MX	10	mail.siso.edu.cn.
ns1	IN	A		192.168.100.100
ns2	IN	A		192.168.100.101
mail	IN	A		192.168.100.110
www	IN	A		192.168.100.120
ftp	IN	A		192.168.100.130
web	IN	CNAME		www.siso.edu.cn.

反向解析区域文件的内容如例 5-42 所示。

例 5-42：反向解析区域文件的内容

```
[root@localhost named]# cat   zone.192.168.100
$TTL 1D
@   IN SOA   @ siso.edu.cn. (
```

		0	; serial	
		1D	; refresh	
		1H	; retry	
		1W	; expire	
		3H)	; minimum	
@	IN	NS		ns1.siso.edu.cn.
@	IN	NS		ns2.siso.edu.cn.
@	IN	MX	10	mail.siso.edu.cn.
100	IN	PTR		ns1.siso.edu.cn.
101	IN	PTR		ns2.siso.edu.cn.
110	IN	PTR		mail.siso.edu.cn.
120	IN	PTR		www.siso.edu.cn.
130	IN	PTR		ftp.siso.edu.cn.

第 5 步，使用 systemctl restart named 命令重启 DNS 服务。

第 6 步，配置 DNS 客户端网络，确保两台主机之间网络连接正常。客户端的 DNS 配置如例 5-43 所示。

例 5-43：客户端的 DNS 配置

```
[root@localhost  ~]# cat  /etc/resolv.conf
nameserver 192.168.100.100
search siso.edu.cn
```

接下来要在 DNS 客户端上验证 DNS 服务。BIND 软件包提供了 3 个实用的 DNS 测试工具——nslookup、dig 和 host。host 和 dig 是命令行工具，nslookup 有命令行模式和交互模式两种模式。下面简单介绍这 3 个工具的使用方法。

第 7 步，使用 nslookup 工具验证 DNS 服务，如例 5-44 所示。

在命令行中使用 nslookup 命令会进入交互模式。

例 5-44：使用 nslookup 工具验证 DNS 服务

```
[root@localhost ~]# nslookup
> www.siso.edu.cn                          <== 正向解析
Server:          192.168.100.100           <== 显示 DNS 服务器的 IP 地址
Address:    192.168.100.100#53             <== 后面省略这两行

Name:       www.siso.edu.cn
Address: 192.168.100.120
> 192.168.100.130                          <== 反向解析
130.100.168.192.in-addr.arpa name = ftp.siso.edu.cn.
> set type=NS                              <== 查询区域的 DNS 服务器
> siso.edu.cn                              <== 输入域名
siso.edu.cn      nameserver = ns1.siso.edu.cn.
siso.edu.cn      nameserver = ns2.siso.edu.cn.
> set type=MX                              <== 查询区域的邮件服务器
> siso.edu.cn                              <== 输入域名
siso.edu.cn      mail exchanger = 10 mail.siso.edu.cn.
> exit
[root@localhost ~]#
```

第 8 步，使用 dig 工具验证 DNS 服务，如例 5-45 所示。dig 是一个方便灵活的域名查询工具。其通过-t 选项正向查询资源记录类型，通过-x 选项进行反向查询。

例 5-45：使用 dig 工具验证 DNS 服务

```
[root@localhost ~]# dig  -t  A  www.siso.edu.cn     <== 正向查询 A 资源记录
......
;; ANSWER SECTION:
www.siso.edu.cn.  86400    IN   A    192.168.100.120
...
[root@localhost ~]# dig  -t  NS  siso.edu.cn          <== 正向查询 NS 资源记录
......
;; ANSWER SECTION:
siso.edu.cn.        86400    IN    NS   ns1.siso.edu.cn.
siso.edu.cn.        86400    IN    NS   ns2.siso.edu.cn.
......
[root@localhost ~]# dig  -t  MX  siso.edu.cn          <== 正向查询 MX 资源记录
......
```

```
;; ANSWER SECTION:
siso.edu.cn.            86400    IN    MX   10 mail.siso.edu.cn.
......
[root@localhost ~]# dig  -x  192.168.100.120          <== 反向查询 PTR 资源记录
......
;; ANSWER SECTION:
120.100.168.192.in-addr.arpa. 86400 IN PTR www.siso.edu.cn.
......
```

第 9 步，使用 host 工具验证 DNS 服务，如例 5-46 所示。host 工具可以进行一些简单的主机名和 IP 地址的查询。

例 5-46：使用 host 工具验证 DNS 服务

```
[root@localhost ~]# host  www.siso.edu.cn          <== 正向查询 A 资源记录
www.siso.edu.cn has address 192.168.100.120
[root@localhost ~]# host  192.168.100.130           <== 反向查询 PTR 资源记录
130.100.168.192.in-addr.arpa domain name pointer ftp.siso.edu.cn.
[root@localhost ~]# host  -t  NS  siso.edu.cn      <== 正向查询 NS 资源记录
siso.edu.cn name server ns1.siso.edu.cn.
siso.edu.cn name server ns2.siso.edu.cn.
[root@localhost ~]# host  -t  MX  siso.edu.cn      <== 正向查询 MX 资源记录
siso.edu.cn mail is handled by 10 mail.siso.edu.cn.
[root@localhost ~]# host  -l  siso.edu.cn           <== 列出 DNS 服务器的资源记录
siso.edu.cn name server ns1.siso.edu.cn.
siso.edu.cn name server ns2.siso.edu.cn.
ftp.siso.edu.cn has address 192.168.100.130
mail.siso.edu.cn has address 192.168.100.110
ns1.siso.edu.cn has address 192.168.100.100
ns2.siso.edu.cn has address 192.168.100.101
www.siso.edu.cn has address 192.168.100.120
```

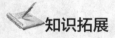

知识拓展

验证 DNS 服务之前需要检查防火墙和 SELinux 的设置。SELinux 的设置和前面所介绍的方法相同，防火墙的设置如例 5-47 所示。

例 5-47：防火墙的设置

```
[root@localhost ~]# firewall-cmd  --permanent  --add-service=dns
success
[root@localhost ~]# firewall-cmd  --reload
success
[root@localhost ~]# firewall-cmd  --list-all
public (active)
```

```
……
services: ssh dhcpv6-client dns
……
```

DNS 服务端的配置比 Samba 和 DHCP 要复杂一些，初学者在修改配置文件时很容易出错。主配置文件要和全局配置文件中通过 include 指示符引入的文件相同，正向和反向区域解析文件要和主配置文件中指定的区域文件相同。在修改区域文件时，要注意主机名和域名的形式，尤其是名称最后的"."。另外，在实际的应用中，一般不使用系统默认的主配置文件和区域文件，而是根据参考文件创建新的文件。因为 BIND 软件的后台守护进程默认以 named 用户的身份运行，所以必须保证 named 用户对新建的文件有读权限。检查 DNS 相关文件权限的示例如例 5-48 所示。

例 5-48：检查 DNS 相关文件权限的示例

```
[root@localhost ~]# ls  -l  /etc/named.zones
-rw-r-----. 1  root  named  199  11 月 17 19:32  /etc/named.zones
[root@localhost ~]# ls  -l  /var/named/zone*
-rw-r-----. 1  root  named  405  11 月 17 16:11  /var/named/zone.192.168.100
-rw-r-----. 1  root  named  414  11 月 17 19:42  /var/named/zone.siso.edu.cn
```

比较好的做法是使用带-p 选项的 cp 命令复制参考文件，这样可以保留源文件的所有者、属组、权限及时间属性。

任务实训

本实训的主要任务是在 CentOS 7.6 操作系统中搭建 DNS 主服务器，并使用 nslookup、dig 和 host 3 个工具分别进行验证。

【实训目的】

（1）理解 DNS 主服务器配置文件之间的关系。

（2）掌握主配置文件和区域文件的结构和用法。

（3）掌握 DNS 服务的基本验证方法。

【实训内容】

本实训的网络拓扑结构如图 5-18 所示，请按照以下步骤完成 DNS 服务器的搭建和验证。

（1）在 DNS 服务器上使用系统镜像文件搭建本地 yum 源并安装 DNS 软件，配置 DNS 服务器和客户端的 IP 地址。

（2）修改全局配置文件，指定主配置文件为*/etc/named.zones*。

（3）创建主配置文件*/etc/named.zones*，为域名"ito.siso.com"创建正向解析区域文件*/var/named/zone.ito.siso.com*，为网段 172.16.128.0/24 创建反向解析区域文件*/var/named/zone.172.16.128*。

（4）在正向解析区域文件中添加以下资源记录。

① 1 条 SOA 资源记录，保留默认值。

② 2 条 NS 资源记录，主机名分别为 dns1 和 dns2。

③ 1 条 MX 资源记录，主机名为 mail。

④ 4 条 A 资源记录，主机名分别为 dns1、dns2、mail、www，IP 地址分别为 172.16.128.10、172.16.128.11、172.16.128.20 和 172.16.128.21。

⑤ 1 条 CNAME 资源记录，为主机名 www 设置别名 web。

（5）在反向解析区域文件中添加与正向解析区域文件对应的 PTR 资源记录。

（6）使用 nslookup、dig 和 host 工具分别验证 DNS 服务。

任务 5.4　Apache 服务器配置与管理

 **任务陈述**

随着互联网的不断发展和普及，Web 服务早已成为人们日常生活和学习中必不可少的组成部分。只要在浏览器的地址栏中输入一个网址，就能进入网络世界，获得几乎所有想要的资源。在本任务中，将完成在 CentOS 7.6 操作系统中搭建简单的 Web 服务器，并通过浏览器验证 Web 服务。本任务要用到的软件是 Apache，整个 Web 服务器的搭建和维护也围绕 Apache 展开。

 知识准备

5.4.1　Web 服务概述

在信息技术高度发达的今天，人们获取和传播信息的主要方式之一就是使用 Web 服务。Web 服务已经成为人们工作、学习、娱乐和社交等活动的重要工具。对于绝大多数的普通用户而言，万维网（World Wide Web，WWW）几乎就是 Web 服务的代名词。Web 服务提供的资源多种多样，可能是简单的文本，也可能是图片、音频和视频等多媒体数据。在互联网发展的早期，人们一般是通过计算机浏览器访问 Web 服务的，浏览器有很多种，如谷歌公司的 Chrome、微软公司的 Edge，以及 Mozilla 基金会的 Firefox 等。如今随着移动互联网的迅猛发展，智能手机逐渐成为人们访问 Web 服务的入口。不管是浏览器还是智能手机，Web 服务的基本原理都是相同的。下面就从 Web 服务的基本原理开始，慢慢走进丰富多彩的 Web 世界。

1. Web 服务的工作原理

和前 3 个任务中介绍的网络服务一样，Web 服务也是采用典型的客户机/服务器模式运行的。Web 服务运行于 TCP 之上。每个网站都对应一台（或多台）Web 服务器，服务器中有各种资源，客户端就是用户面前的浏览器。Web 服务的工作原理并不复杂，一般可分为 4 个步骤，即连接过程、请求过程、应答过程及关闭连接。Web 服务的交互过程如图 5-19 所示。

V5-13　认识 Web 服务

连接过程就是浏览器和 Web 服务器之间建立 TCP 连接的过程。

请求过程就是浏览器向 Web 服务器发出资源查询请求。在浏览器中输入的 URL 表示资源在 Web 服务器中的具体位置。

应答过程就是 Web 服务器根据 URL 把相应的资源返回给浏览器，浏览器则以网页的形式把资源展示给用户。

关闭连接就是在应答过程完成以后，浏览器和 Web 服务器之间断开连接的过程。

浏览器和 Web 服务器之间的一次交互也被称为一次"会话"。

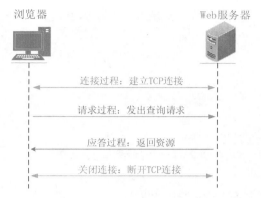

图 5-19　Web 服务的交互过程

2. Web 服务相关技术

（1）超文本传输协议（Hyper Text Transfer Protocol，HTTP）是浏览器和 Web 服务器通信时所使用的应用层协议，运行在 TCP 之上。HTTP 规定了浏览器和 Web 服务器之间可以发送的消息的类型、每种消息的语法和语义、收发消息的顺序等。

HTTP 是一种无状态协议，即 Web 服务器不会保留与浏览器之间的会话状态。这种设计可以减轻 Web 服务器的处理负担，加快响应速度。

HTTP 定义了 9 种请求方法，每种请求方法规定了浏览器和服务器之间不同的信息交换方式，最常用的请求方法是 GET 和 POST。

（2）超文本标记语言（Hyper Text Markup Language，HTML）是由一系列标签组成的一种描述性语言，主要用来描述网页的内容和格式。网页中的不同内容，如文字、图形、动画、声音、表格、超链接等，都可以用 HTML 标签来表示。

"超文本"是一种组织和管理信息的方式，它通过超链接将文本中的文字、图表与其他信息关联起来。这些相互关联的信息可能在 Web 服务器的同一个文件中，也可能在不同的文件中，甚至有可能位于两台不同的 Web 服务器中。通过超文本这种方式可以将分散的资源整合在一起，以方便用户浏览、检索信息。

V5-14　了解
HTML

5.4.2　Apache 服务的安装与启停

Apache 是世界范围内使用量排名第一的 Web 服务器软件，具有出色的安全性和跨平台特性，在常见的计算机平台上几乎都能使用，是目前最流行的 Web 服务器软件之一。下面就来讲解使用 Apache 搭建 Web 服务器的方法。

1. 安装 Apache 软件

Apache 软件的安装如例 5-49 所示。由于本任务要使用 Firefox 浏览器进行测试，因此这里也要安装浏览器。

例 5-49：Apache 软件的安装

```
[root@localhost ~]# yum  clean  all
已加载插件: fastestmirror, langpacks
正在清理软件源：  c7-media
Cleaning up list of fastest mirrors
```

```
[root@localhost ~]# yum install httpd -y        // 安装 Apache 软件
已加载插件：fastestmirror, langpacks
......
完毕！
[root@localhost ~]# yum install firefox -y      // 安装 Firefox 浏览器
已加载插件：fastestmirror, langpacks
Loading mirror speeds from cached hostfile
软件包 firefox-60.2.2-1.el7.centos.x86_64 已安装并且是最新版本
无须任何处理
[root@localhost ~]# rpm -qa | grep httpd
httpd-2.4.6-88.el7.centos.x86_64
httpd-tools-2.4.6-88.el7.centos.x86_64
```

2．Web 服务的启停

Apache 软件的后台守护进程是 httpd，因此在启动和停止 Web 服务时要把 httpd 作为参数使用。Web 服务的启停命令及其功能如表 5-10 所示。

表 5-10　Web 服务的启停命令及其功能

Web 服务启停命令	功能
systemctl start httpd.service	启动 Web 服务。httpd.service 可简写为 httpd，下同
systemctl restart httpd.service	重启 Web 服务（先停止再启动）
systemctl stop httpd.service	停止 Web 服务
systemctl reload httpd.service	重新加载 Web 服务
systemctl status httpd.service	查看 Web 服务的状态
systemctl enable httpd.service	设置 Web 服务为开机自动启动
systemctl list-unit-files|grep httpd.service	查看 Web 服务是否为开机自动启动

为了验证 Apache 服务器是否在正常运行，可以直接在 Linux 终端窗口中使用 firefox http://127.0.0.1 命令启动 Firefox 浏览器；或者在【应用程序】菜单中打开 Firefox 并在其地址栏中输入 http://127.0.0.1。如果 Apache 服务器正常运行，则会进入图 5-20 所示的测试页面。

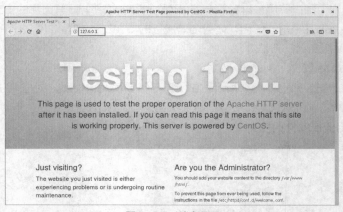

图 5-20　测试页面

5.4.3 Apache 服务端配置

Apache 服务器的主配置文件是*/etc/httpd/conf/httpd.conf*。除了主配置文件外，Apache 服务器的正常运行还需要其他几个相关的辅助文件，如日志文件和错误文件等。下面来学习 Apache 主配置文件的结构和基本用法。

1. Apache 主配置文件

安装 Apache 软件后自动生成的 *httpd.conf* 文件大部分是以"#"开头的说明行或空行。为了保持主配置文件的简洁，降低对于初学者的学习难度，需要先对此文件进行备份，再过滤掉所有的说明行，只保留有效的行，如例 5-50 所示。

例 5-50：过滤 httpd.conf 的说明行

```
[root@www1 ~]# cd   /etc/httpd/conf
[root@localhost conf]# mv   httpd.conf   httpd.conf.bak
[root@localhost conf]# grep   -v   '#'   httpd.conf.bak > httpd.conf
[root@localhost conf]# cat   httpd.conf
ServerRoot "/etc/httpd"          <==  单行指令
Listen 80
……
<Directory />                    <==  配置段
    AllowOverride none
    Require all denied
</Directory>
……
DocumentRoot "/var/www/html"
……
```

httpd.conf 文件中包含一些单行的指令和配置段。指令的基本语法格式是"*参数名　参数值*"，配置段是用一对标签表示的配置选项。下面介绍其常用参数。

（1）ServerRoot：设置 Apache 的服务目录，即 httpd 守护进程的工作目录，默认值是*/etc/httpd*。这个目录中保存了 Apache 的配置文件、日志文件和错误文件等重要内容。如果主配置文件中出现了以相对路径表示的文件路径，则其为相对于 ServerRoot 指定的目录。

（2）DocumentRoot：网站数据的根目录。一般来说，除了虚拟目录外，Web 服务器中存储的网站资源都在这个目录中，默认值是*/var/www/html/*。

V5-15　Directory 选项

（3）Listen：指定 Apache 的监听 IP 地址和端口。Web 服务的默认工作端口是 TCP 的 80 端口。

（4）User 和 Group：指定运行 Apache 服务的用户和组，默认都是 apache。

（5）ServerAdmin：指定网站管理员的邮箱。当网站出现异常状况时，会向管理员邮箱发送错误信息。

（6）ServerName：指定 Apache 服务器的主机名，要保证这个主机名是能够被 DNS 服务器解析的，或者可以在*/etc/hosts* 文件中找到相关记录。

（7）ErrorLog：指定 Apache 的错误日志文件，默认值是 *logs/error_log*。可以为整个 Apache 服务器指定默认的错误日志文件，也可以为每个虚拟主机指定特殊的错误日志文件。有关虚拟主机的具体内容将在 5.4.4 节中详细介绍。

（8）CustomLog：指定 Apache 的访问日志文件，默认值是 *logs/access_log*。可以为整个 Apache 服务器指定默认的访问日志文件，也可以为每个虚拟机指定特殊的访问日志文件。

（9）LogLevel：指定日志信息级别，即在日志文件中写入哪些日志信息。日志级别代表日志信息的详细程度和重要程度。按照重要程度由低到高的顺序排列，日志级别包括 debug、info、notice、warn、error、crit、alert 和 emerg，默认值是 warn。

（10）TimeOut：网页超时时间。Web 客户端在发送和接收数据时，如果连线时间超过这个时间，则会自动断开连接，默认是 300 秒。

（11）Directory：设置服务器中资源目录的路径、权限及其他相关属性。

（12）DirectoryIndex：指定网站的首页，默认的首页文件是 *index.html*。

（13）MaxClients：指定网站的最大连接数，即 Web 服务器可以允许多少客户端同时连接。

下面通过一个简单的实验演示 Apache 主配置文件的基本用法。

2. 设置文档根目录和首页

Web 服务器中的各种资源默认保存在文档根目录中。一般来说，人们会根据实际需求指定文档根目录。这里将网站的文档根目录设定为 */siso/www*，并将网站的首页设为 *default.html*。

第 1 步，创建文档根目录和首页文件，如例 5-51 所示。

例 5-51：创建文档根目录和首页文件

```
[root@localhost ~]# mkdir -p /siso/www
[root@localhost ~]# chmod -R o+rx /siso
[root@localhost ~]# ls -ld /siso /siso/www
drwxr-xr-x. 3 root root 17 11 月 21 15:22 /siso
drwxr-xr-x. 2 root root 6 11 月 21 15:22 /siso/www
[root@localhost ~]# echo "This is my first website..." > /siso/www/default.html
[root@localhost ~]# ls -l /siso/www/default.html
-rw-r--r--. 1 root root 28 11 月 21 15:25 /siso/www/default.html
```

第 2 步，在 Apache 主配置文件中，修改 DocumentRoot 和 DirectoryIndex 参数，并将默认的 Directory 配置段中的路径改为 */siso/www*，如例 5-52 所示。

例 5-52：修改 Apache 主配置文件

```
[root@localhost ~]# cat /etc/httpd/conf/httpd.conf
……
#DocumentRoot "/var/www/html"          <== 默认是/var/www/html
DocumentRoot "/siso/www"

#<Directory "/var/www/html">           <== 默认是/var/www/html
<Directory "/siso/www">
    Options Indexes FollowSymLinks
    AllowOverride None
    Require all granted
```

```
</Directory>

<IfModule dir_module>
    DirectoryIndex default.html index.html          <== 默认只有 index.html
    DirectoryIndex
</IfModule>
......
```

第 3 步，重启 Apache 服务，在 Firefox 浏览器的地址栏中输入 http://127.0.0.1/default.html 进行测试。虽然主配置文件没有问题，但是浏览器没有显示第 1 步设置的首页，而是图 5-21 所示的错误页面。

图 5-21　错误页面

根据页面的提示信息，发现错误原因是没有权限访问 *default.html* 文件。这是因为 SELinux 的设置出现了问题。使用 setenforce 0 命令把 SELinux 的安全策略设为允许模式，再次测试即可进入新的首页，如图 5-22 所示。

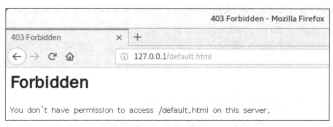

图 5-22　新的首页

所以，在启动 Apache 服务后一定要修改 SELinux 的安全策略。另外，因为这里是直接在 Apache 服务器中访问 Web 服务，所以不涉及防火墙的问题。为了在其他的 Web 客户端上也能访问，就需要修改 Apache 服务器的防火墙设置以放行 HTTP 服务，如例 5-53 所示。

例 5-53：修改防火墙设置以放行 HTTP 服务

```
[root@localhost ~]# firewall-cmd --permanent --add-service=http
success
[root@localhost ~]# firewall-cmd --reload
success
[root@localhost ~]# firewall-cmd --list-all
public (active)
  ......
  services: ssh dhcpv6-client http
  ......
```

需要特别注意的是，由于 Apache 软件的后台守护进程以 apache 用户身份运行，所以必须合理设置 apache 用户对文档根目录和首页文件的访问权限。具体而言，apache 用户对文档根目录要有读和执行权限，对首页文件要有读权限。

3. 设置虚拟目录

有时候，用户希望在网站根目录之外的地方存放网站资源。对于用户来说，访问这些资源的方式和访问根目录内部资源的方式完全相同，实现这种功能的技术称为虚拟目录。虚拟目录有两个显著的优点：一是可以为不同的虚拟目录设置不同的访问权限，实现对网站资源的灵活管理；二是可以隐藏网站资源的真实路径，用户在浏览器中只能看到虚拟目录的名称，可以在一定程度上提高服务器的安全性。

V5-16　配置
Apache 访问列表

每个虚拟目录都对应 Apache 服务器中的一个真实的物理目录，从这个意义上来说，虚拟目录其实就是物理目录的"别名"。创建虚拟目录时，要经过创建物理目录、指定物理目录的访问权限、创建首页、指定物理目录别名等步骤。下面以已搭建好的 Apache 服务器为基础，把一个物理目录*/ito/pub* 以虚拟目录的形式发布出去。虚拟目录的名称是*/doc*，首页使用默认的*index.html*。

第 1 步，创建物理目录和首页文件并修改访问权限，如例 5-54 所示。

例 5-54：虚拟目录——创建物理目录和首页文件并修改访问权限

```
[root@localhost ~]# mkdir  -p  /ito/pub
[root@localhost ~]# chmod  -R  o+rx  /ito
[root@localhost ~]# echo  "we're now in '/ito/pub'" > /ito/pub/index.html
```

第 2 步，修改 Apache 主配置文件。在主配置文件中为物理目录指定别名，并设置目录的访问权限，如例 5-55 所示。

例 5-55：虚拟目录——为物理目录指定别名并设置目录的访问权限

```
[root@localhost conf]# vim  httpd.conf
......
Alias  /doc  "/ito/pub"          // 为/ito/pub 指定别名/doc
<Directory "/ito/pub">           // 这里是物理目录的真实路径
    AllowOverride none
    Require all granted
</Directory>
......
```

第 3 步，重启 Apache 服务，检查防火墙和 SELinux 的设置。

第 4 步，测试虚拟目录，在浏览器的地址栏中输入 http://127.0.0.1/doc/index.html，进入图 5-23 所示的页面。

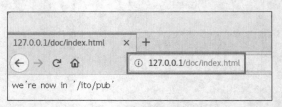

图 5-23　测试虚拟目录的页面

用户在浏览器中确实只能看到为物理目录指定的别名 /doc。

4. 设置用户个人主页

很多网站向用户提供了"个人主页"的功能，允许用户在权限范围内管理自己的主页空间。使用 Apache 软件搭建的 Web 服务器也能够实现个人主页的功能，而且步骤比较简单。用户在浏览器中访问个人主页空间的方法如下。

http:// Web 服务器域名 / ~ username

波浪符号"~"后面的 username 就是用户在 Linux 操作系统中的用户名。因此，要想为一个用户设置个人主页，必须先在系统中建立相应的本地用户。

下面演示在 Apache 服务器中设置个人主页的方法。假设现在要为 zys 用户设置个人主页，zys 用户的主目录是 /home/zys，在主目录中新建子目录 zys_www 作为个人主页空间的根目录，个人首页是 default.html。

第 1 步，在系统中添加 zys 用户。新建个人主页空间根目录和个人首页文件，并合理设置目录和文件的权限，如例 5-56 所示。

例 5-56：添加用户

```
[root@localhost ~]# useradd   zys
[root@localhost ~]# chmod   o+rx   /home/zys
[root@localhost ~]# ls   -ld   /home/zys
drwx---r-x.  3  zys  zys  78  11 月 21 22:40   /home/zys
[root@localhost ~]# mkdir   /home/zys/zys_www
[root@localhost ~]# echo   "hi, I'm zys..."  >  /home/zys/zys_www/default.html
[root@localhost ~]# ls   -l   /home/zys/zys_www
-rw-r--r--.  1  root  root  15  11 月 21 22:41   default.html
```

第 2 步，个人主页功能在默认情况下是禁用的，因此首先要启用此功能。方法是在 /etc/httpd/conf.d/userdir.conf 文件中把含有"UserDir disabled"的那一行注释掉。个人主页空间的默认根目录是 public_html，所以要把 UserDir 参数和 Directory 配置段的路径设为 zys_www，如例 5-57 所示。

例 5-57：修改个人主页配置文件

```
[root@localhost ~]# vim   /etc/httpd/conf.d/userdir.conf
......
<IfModule mod_userdir.c>
    #UserDir disabled                      <== 个人主页功能默认不启用

    #UserDir public_html
    UserDir zys_www                        <== 设置个人主页根目录
</IfModule>

#<Directory "/home/*/public_html">
<Directory "/home/*/zys_www">             <== 设置根目录相关权限
    AllowOverride FileInfo AuthConfig Limit Indexes
    Options MultiViews Indexes SymLinksIfOwnerMatch IncludesNoExec
```

```
        Require method GET POST OPTIONS
</Directory>
......
```
第 3 步，把主配置文件*/etc/httpd/conf/httpd.conf* 中的 DirectoryIndex 参数设置为 *default.*
html，如例 5-52 所示。

第 4 步，重启 Apache 服务，检查防火墙和 SELinux 的设置。

第 5 步，在浏览器的地址栏中输入 http://127.0.0.1/~zys，可以看到 zys 用户的个人主页，
如图 5-24 所示。

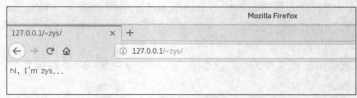

图 5-24　zys 用户的个人主页

5.4.4　配置 Apache 虚拟主机

虚拟主机是在一台物理主机上搭建多个网站的一种技术。使用虚拟主机技术可以减少搭建 Web
服务器的硬件投入，降低网站维护成本。在 Apache 服务器上有 3 种类型的虚拟主机，分别是基于
IP 地址、基于域名和基于端口号的虚拟主机。

1. 基于 IP 地址的虚拟主机

基于 IP 地址的虚拟主机是指先为一台 Web 服务器设置多个 IP 地址，再把每个网站绑定到不
同的 IP 地址上，通过 IP 地址访问网站。

在下面的实验中，要为 Apache 服务器分配两个 IP 地址——192.168.100.100 和 192.168.
100.101，并利用这两个 IP 地址配置两台虚拟主机。

第 1 步，为 Apache 服务器分配两个 IP 地址。在网卡配置文件中添加以下内容并重启网络服
务，如例 5-58 所示。

例 5-58：基于 IP 地址的虚拟主机——分配 IP 地址

```
[root@localhost ~]# vim   /etc/sysconfig/network-scripts/ifcfg-ens33
IPADDR0=192.168.100.100
PREFIX0=24
GATEWAY0=192.168.100.2
IPADDR1=192.168.100.101
PREFIX1=24
GATEWAY1=192.168.100.2
DNS1=192.168.100.100
```
第 2 步，为两台虚拟主机分别创建文档根目录和首页文件，并修改权限，如例 5-59 所示。

例 5-59：基于 IP 地址的虚拟主机——创建文档根目录和首页文件，并修改权限

```
[root@localhost ~]# mkdir  -p  /siso/www1
[root@localhost ~]# mkdir  -p  /siso/www2
```

```
[root@localhost  ~]# chmod   o+rx   /siso/www1
[root@localhost  ~]# chmod   o+rx   /siso/www2
[root@localhost  ~]# echo "we're now in www1's homepage..." > /siso/www1/index.html
[root@localhost  ~]# echo "we're now in www2's homepage..." > /siso/www2/index.html
```

第 3 步，新建和虚拟主机对应的配置文件*/etc/httpd/conf.d/vhost.conf*，添加以下内容，为两台虚拟主机分别指定文档根目录，如例 5-60 所示。

例 5-60：基于 IP 地址的虚拟主机——指定文档根目录

```
[root@localhost  ~]# vim   /etc/httpd/conf.d/vhost.conf
<Virtualhost 192.168.100.100>
    DocumentRoot /siso/www1
    <Directory />
        AllowOverride none
        Require all granted
    </Directory>
</Virtualhost>


<Virtualhost 192.168.100.101>
    DocumentRoot /siso/www2
    <Directory />
        AllowOverride none
        Require all granted
    </Directory>
</ Virtualhost >
```

第 4 步，重启 Apache 服务，检查防火墙和 SELinux 的设置。

第 5 步，在浏览器的地址栏中输入 http://192.168.100.100/index.html 和 http://192.168.100.101/index.html，可以看到两台虚拟主机的首页，如图 5-25 所示。

（a） （b）

图 5-25　基于 IP 地址的虚拟主机

2. 基于域名的虚拟主机

基于域名的虚拟主机只要为 Apache 服务器分配一个 IP 地址即可。各虚拟主机之间共享物理主机的 IP 地址，通过不同的域名进行区分。因此，建立基于域名的虚拟主机需要在 DNS 服务器中建立多条主机资源记录，使不同的域名对应同一个 IP 地址。

现在要在 IP 地址为 192.168.100.100 的虚拟机上同时搭建 DNS 服务器和两台基于域名的虚拟主机。两台虚拟主机的域名分别是 www1.siso.edu.cn 和 www2.siso.edu.cn，其他要求和配置与基于 IP 地址的虚拟主机相同。

第 1 步，在 DNS 服务的正向解析区域文件中添加两条 A 资源记录，如例 5-61 所示。DNS 服务器的具体配置方法请参考任务 5.3。

例 5-61：基于域名的虚拟主机——在正向解析区域文件中添加资源记录

```
[root@localhost named]# cat   zone.siso.edu.cn
......
www1         IN              A                        192.168.100.100
www2         IN              A                        192.168.100.100
......
```

第 2 步，为两个网站分别创建文档根目录和首页文件，并修改权限。这一步与基于 IP 地址的虚拟主机完全相同，如例 5-59 所示。

第 3 步，修改*/etc/httpd/conf.d/vhost.conf*文件的内容，如例 5-62 所示。

例 5-62：基于域名的虚拟主机——修改文件的内容

```
[root@localhost  ~]# vim   /etc/httpd/conf.d/vhost.conf
<Virtualhost 192.168.100.100>
    DocumentRoot /siso/www1
    ServerName www1.siso.edu.cn
    <Directory />
        AllowOverride none
        Require all granted
    </Directory>
</ Virtualhost >

<Virtualhost 192.168.100.100>
    DocumentRoot /siso/www2
    ServerName www2.siso.edu.cn
    <Directory />
        AllowOverride none
        Require all granted
    </Directory>
</ Virtualhost >
```

第 4 步，重启 Apache 服务，检查防火墙和 SELinux 的设置。

第 5 步，在浏览器的地址栏中输入 http://www1.siso.edu.cn/index.html 和 http://www2.siso.edu.cn/index.html，可以看到两台虚拟主机的首页，如图 5-26 所示。

（a）　　　　　　　　　　　　　　　　　（b）

图 5-26　基于域名的虚拟主机

3. 基于端口号的虚拟主机

基于端口号的虚拟主机和基于域名的虚拟主机类似，只要为物理主机分配一个 IP 地址即可，只是各虚拟主机之间通过不同的端口号进行区分，而不是域名。配置基于端口号的虚拟主机需要在 Apache 主配置文件中通过 Listen 指令启用多个监听端口。

假设要在 IP 地址为 192.168.100.100 的虚拟机上搭建两台基于端口号的虚拟主机，监听端口分别是 8080 和 8090，文档根目录分别是*/siso/www8080* 和*/siso/www8090*，其他要求和创建基于 IP 地址的虚拟主机相同。

第 1 步，为两台虚拟主机分别创建文档根目录和首页文件，并修改权限，如例 5-63 所示。

例 5-63：基于端口号的虚拟主机——创建文档根目录和首页文件，并修改权限

```
[root@localhost ~]# mkdir  -p  /siso/www8080
[root@localhost ~]# mkdir  -p  /siso/www8090
[root@localhost ~]# chmod  o+rx  /siso/www8080
[root@localhost ~]# chmod  o+rx  /siso/www8090
[root@localhost ~]# echo "www8080's homepage..." > /siso/www8080/index.html
[root@localhost ~]# echo "www8080's homepage..." > /siso/www8090/index.html
```

第 2 步，在 Apache 主配置文件中启用 8080 和 8090 两个监听端口，如例 5-64 所示。

例 5-64：基于端口号的虚拟主机——启用监听端口

```
Listen 8080
Listen 8090
```

第 3 步，修改*/etc/httpd/conf.d/vhost.conf* 文件的内容，如例 5-65 所示。

例 5-65：基于端口号的虚拟主机——修改文件的内容

```
[root@localhost ~]# vim  /etc/httpd/conf.d/vhost.conf
<Virtualhost 192.168.100.100:8080>
    DocumentRoot /siso/www8080
    <Directory />
        AllowOverride none
        Require all granted
    </Directory>
</ Virtualhost >


<Virtualhost 192.168.100.100:8090>
    DocumentRoot /siso/www8090
    <Directory />
        AllowOverride none
        Require all granted
    </Directory>
</ Virtualhost >
```

第 4 步，重启 Apache 服务，检查防火墙和 SELinux 的设置。

第 5 步，在浏览器的地址栏中输入 http://192.168.100.100:8080/index.html 和 http://192.168.100.100:8090/index.html，可以看到两台虚拟主机的首页，如图 5-27 所示。

（a） （b）

图 5-27 基于端口号的虚拟主机

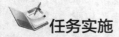 **任务实施**

本任务选自 2019 年全国职业院校技能大赛高职组计算机网络应用赛项试题库，稍有修改。

某集团总部为了促进总部和各分部间的信息共享，需要在总部搭建 Apache 服务器，向总部和各分部提供 Web 服务。Apache 服务器安装了 CentOS 7.6 操作系统，具体要求如下。

（1）使用本地 yum 源安装 Apache 软件。

（2）Apache 服务器 IP 地址为 192.168.100.100，使用域名 www.rj.com 进行访问。

（3）网站根目录为*/data/web_data*。

（4）网站首页为 index.html，内容是 "Welcome to 2019 Computer Network Application contest!"。

下面是具体的操作步骤。

第 1 步，设置虚拟机 IP 地址为 192.168.100.100，使用 yum install httpd -y 命令一键安装 Apache 软件。

第 2 步，参照任务 5.3 配置 DNS 服务，建立 192.168.100.100 和 www.rj.com 的对应关系，确保域名解析正确，如例 5-66 所示。

例 5-66：配置 DNS 服务

```
[root@ns1 named]# nslookup
> www.rj.com
......
Name:    www.rj.com
Address: 192.168.100.100
> 192.168.100.100
......
100.100.168.192.in-addr.arpa name = www.rj.com.
```

第 3 步，创建网站根目录和首页文件，并修改权限，如例 5-67 所示。

例 5-67：创建网站根目录和首页文件，并修改权限

```
[root@localhost  ~]# mkdir  -p  /data/web_data
[root@localhost  ~]# chmod  o+rx  /data/web_data
[root@localhost  ~]# echo "Welcome to 2019 Computer Network Application contest!" > /data/
web_data /index.html
```

第 4 步，修改 Apache 主配置文件，添加以下内容，如例 5-68 所示。

例 5-68：修改 Apache 主配置文件

```
[root@localhost  ~]# cat  /etc/httpd/conf/httpd.conf
......
ServerName www.rj.com
DocumentRoot "/data/web_data"

<Directory "/data/web_data">
    AllowOverride None
    Require all granted
    DirectoryIndex index.html
</Directory>
......
```

第 5 步，重启 Apache 服务，检查防火墙和 SELinux 的设置。

第 6 步，在浏览器的地址栏中输入 http://www.rj.com，验证页面如图 5-28 所示。

图 5-28　验证页面

知识拓展

在前面介绍的内容中，不管是 Apache 主配置文件，还是虚拟主机配置文件，无一例外地使用了 Directory 配置段。Directory 配置段包含一些具体的选项，如 Options、AllowOverride、Order 等，用来控制 Apache 服务器中特定资源的访问特性。例如，用户可以设定允许或拒绝某些主机访问特定资源。Directory 配置段包含的选项及其功能如表 5-11 所示。

表 5-11　Directory 配置段包含的选项及其功能

选项	功能
Options	设置目录具体使用哪些功能特性
AllowOverride	设置是否把 .htaccess 作为配置文件
Order	设置 Apache 服务器的默认访问权限及 Allow 和 Deny 的优先级
Allow	指定允许访问 Apache 服务器的主机列表
Deny	指定禁止访问 Apache 服务器的主机列表

表 5-12 所示为 Options 选项的取值及其功能。

表 5-12　Options 选项的取值及其功能

取值	功能
All	支持除 Multiviews 之外的所有功能，是 Options 的默认值
Indexes	允许目录浏览，即当 DirectoryIndex 参数指定的首页文件在目录中不存在时，会显示目录的详细内容列表
Multiviews	允许使用 mod_negotiation 模块提供的基于内容协商的"多重视图"。如果客户端请求的路径对应多种类型的文件，则服务器将根据具体情况自动选择一个最匹配的文件
FollowSysmLinks	允许在该目录中使用符号链接以访问其他目录
SymLinksIfOwnerMatch	只有在目录文件和目录所属用户相同时才可以使用符号链接
ExecCGI	允许在该目录下执行公共网关接口（Common Gateway Interface，CGI）脚本
Includes	允许在服务器端使用服务器端包含（Server Side Include，SSI）技术
IncludesNoExec	允许在服务器端使用 SSI 技术，但不能执行 CGI 脚本

Order、Allow 和 Deny 3 个选项组合使用，可以设置允许或禁止访问 Apache 服务器的主机列表。Order 语句用于控制 Allow 和 Deny 的处理顺序，Allow 和 Deny 则用于指明具体的访问控制规则。在 Order 语句中，Order、Allow 和 Deny 均不区分大小写，Allow 和 Deny 之间有且只能有一个逗号","，不能有多余的空格。

根据 Allow 和 Deny 在 Order 语句中出现的先后顺序，Order 语句有以下两种形式。

（1）Allow 在前，Deny 在后，如下所示。

```
Order Allow,Deny
```

这种形式表示先检查 Allow 语句的规则，后检查 Deny 语句的规则。如果同时匹配，则以 Deny 语句的规则为准，也就是说，Deny 的优先级高于 Allow。如例 5-69 所示，先检查 Allow 语句，表示允许 192.168.100.0/24 网段的所有主机访问；再检查 Deny 语句，表示禁止 IP 地址为 192.168.100.120 的主机访问。由于 Order 的设置表明 Deny 的优先级高于 Allow，所以最终的规则是允许除 192.168.100.120 之外的所有主机访问。在这个例子中，如果调整 Allow 语句和 Deny 语句的顺序，但是保持 Order 语句中 Allow 和 Deny 的顺序不变，如例 5-70 所示，那么最终的判断规则不会发生变化。

例 5-69：Order、Allow 和 Deny 示例 1

```
Order Allow,Deny
Allow from 192.168.100.0/24
Deny from 192.168.100.120
```

例 5-70：Order、Allow 和 Deny 示例 2

```
Order Allow,Deny
Deny from 192.168.100.120
Allow from 192.168.100.0/24
```

对于这种情形，如果 Order 语句之后没有后续的 Allow 语句和 Deny 语句，则表示默认禁止所有主机访问。

（2）Deny 在前，Allow 在后，如下所示。

```
Order Deny,Allow
```

这种形式表示先检查 Deny 语句的规则，后检查 Allow 语句的规则。如果同时匹配，则以 Allow 语句的规则为准，也就是说，Allow 的优先级高于 Deny。如例 5-71 所示，先检查 Deny 语句，表示禁止所有的主机访问；再检查 Allow 语句，表示允许 IP 地址为 192.168.100.130 的主机访问。由于 Order 的设置表明 Allow 的优先级高于 Deny，所以最终的规则是禁止除 192.168.100.130 之外的所有主机访问。同样的，在这个例子中，如果调整 Allow 语句和 Deny 语句的顺序，但是保持 Order 语句中 Allow 和 Deny 的顺序不变，那么最终的判断规则也不会发生变化。

例 5-71：Order、Allow 和 Deny 示例 3

```
Order Deny,Allow
Deny from all
Allow from 192.168.100.130
```

对于这种情形，如果 Order 语句之后没有后续的 Allow 语句和 Deny 语句，则表示默认允许所有主机访问。

对前面两种形式做一个总结，可以得到下面两个非常重要的结论。

（1）Order 语句中 Allow 和 Deny 出现的顺序非常关键，因为它决定了 Allow 语句和 Deny 语句的处理顺序和优先级。谁先出现就先处理谁，谁后出现谁的优先级就更高。

（2）Order 语句后面的 Allow 语句和 Deny 语句的顺序并不重要，不会影响最终的判断结果。

根据这两个结论，请自行完成例 5-72 所示的几个练习，对于每一种不同的设置，判断最终的访问规则。

例 5-72：Order、Allow 和 Deny 练习

```
Order Deny,Allow
Allow from all
Deny from 192.168.100.130


Order Allow,Deny
Deny from all
Allow from 192.168.100.25


Order Allow,Deny
Allow from all
Deny from 192.168.100.36


Order Deny,Allow
Deny from 192.168.100.11


Order Deny,Allow
Allow from 192.168.100.89
```

任务实训

本实训的主要任务是在 CentOS 7.6 操作系统中搭建 Apache 服务器，练习文档根目录、首页文件、用户个人主页和虚拟主机的配置，并完成相关访问控制规则的配置。

【实训目的】

（1）理解 Apache 服务器主配置文件的结构。

（2）掌握 Apache 服务器常用功能的配置方法。

（3）掌握 Apache 服务器访问控制规则的配置方法。

【实训内容】

本实训的网络拓扑结构如图 5-29 所示，请按照以下步骤完成 Apache 服务器的搭建和验证。

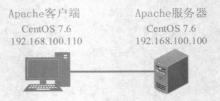

图 5-29　网络拓扑结构

（1）在 Apache 服务器中使用系统镜像文件搭建本地 yum 源并安装 Apache 软件，配置 Apache 服务器和客户端的 IP 地址。

（2）测试 Apache 软件是否安装成功。

（3）将文档根目录设置为*/siso/web*，默认首页文件使用 *default.html*，内容为 "Welcome to SISO!"。

（4）新建系统用户 zys，在 Apache 服务器中启用个人主页功能。

（5）分别以基于 IP 地址、基于域名和基于端口号的形式在 Apache 服务器中搭建虚拟主机。

（6）按照下面的要求分别配置 Apache 服务器访问控制规则。

① 允许所有主机访问。

② 禁止所有主机访问。

③ 允许除 192.168.100.110 之外的所有主机访问。

④ 禁止除 192.168.100.110 之外的所有主机访问。

任务 5.5　FTP 服务器配置与管理

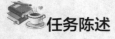

任务陈述

FTP 历史悠久，是计算机网络领域中应用最广泛的应用层协议之一。FTP 基于 TCP 运行，是一种可靠的文件传输协议，具有跨平台、跨系统的特征。FTP 采用客户机/服务器模式，允许用户方便地上传和下载文件。对于每一个网络管理员来说，FTP 服务的配置和管理都是必须掌握的基本技能。本任务从 FTP 的基本概念讲起，内容包括 FTP 的工作原理、传输模式、用户分类，以及 FTP 服务器的搭建和验证。

知识准备

5.5.1 FTP 服务概述

FTP 服务的主要功能是实现 FTP 客户端和 FTP 服务器之间的文件共享。用户可以在客户端主机上使用 FTP 命令连接 FTP 服务器来上传和下载文件，也可以借助一些专门的 FTP 客户端软件，如 FileZilla，更加方便地进行文件传输。下面来学习 FTP 的工作原理。

1. FTP 的工作原理

FTP 服务基于客户机/服务器模式运行，FTP 客户端和 FTP 服务器需要建立 TCP 连接才能进行文件传输。根据建立连接方式的不同，可把 FTP 的工作模式分为主动模式（PORT）和被动模式（PASV）两种。

V5-17　FTP 运行模式

（1）主动模式

FTP 客户端随机选择一个端口（一般大于 1024，这里假设为 *Port A*）与 FTP 服务器的 21 端口建立 TCP 连接，这条 TCP 连接被称为控制信道。FTP 客户端通过控制信道向 FTP 服务器发送指令，如查询、上传或下载等。

当 FTP 客户端需要数据时，先随机启用另一个端口（一般大于 1024，假设为 *Port B*），再通过控制信道向 FTP 服务器发送 PORT 指令，通知 FTP 服务器采用主动模式传输数据，以及客户端接收数据的端口为 *Port B*。最后 FTP 服务器用 20 端口与 FTP 客户端的 *Port B* 端口建立 TCP 连接，这条连接被称为数据信道。FTP 服务器和 FTP 客户端使用数据信道进行实际的文件传输。

FTP 主动模式的工作流程如图 5-30 所示。

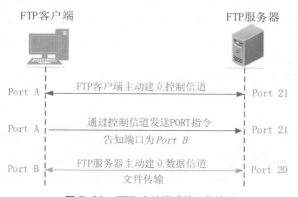

图 5-30　FTP 主动模式的工作流程

在主动模式下，控制信道的发起方是 FTP 客户端，而数据信道的发起方是 FTP 服务器。如果 FTP 客户端有防火墙限制，或者使用了 NAT 服务，那么 FTP 服务器很可能无法与 FTP 客户端建立数据信道。

（2）被动模式

在被动模式下，控制信道的建立和主动模式完全相同，这里假设 FTP 客户端仍然使用 *Port A* 端口。

当 FTP 客户端需要数据时，通过控制信道向 FTP 服务器发送 PASV 指令，通知 FTP 服务器采用被动模式传输数据。FTP 服务器收到 FTP 客户端的被动联机请求后，随机启用一个端口（一般大于 1024，假设为 *Port P*），并通过控制信道将这个端口告知给 FTP 客户端。最后，FTP 客户端随机使用一个 *Port B* 端口（一般大于 1024，假设为 *Port B*）与 FTP 服务器的 *Port P* 建立 TCP连接，这条连接就是数据信道。

FTP 被动模式的工作流程如图 5-31 所示。

图 5-31　FTP 被动模式的工作流程

在被动模式下，数据信道的发起方是 FTP 客户端。由于服务器的安全访问控制一般比较严格，因此 FTP 客户端很可能不能使用被动模式与位于防火墙后方或内网的 FTP 服务器建立数据连接。

不管是主动模式还是被动模式，为了完成文件传输，在 FTP 客户端和 FTP 服务器之间都必须建立控制信道和数据信道两条 TCP 连接。控制连接在整个 FTP 会话过程中始终保持为打开状态，数据连接只有在传输文件时才建立。数据传输完毕，先关闭数据连接，再关闭控制连接。FTP 的控制信息是通过独立于数据连接的控制连接传输的，这种方式被称为"带外传输"，也是 FTP 区别于其他网络协议的显著特征。

2．FTP 的用户分类

一般来说，管理员会根据资源的重要性向不同的用户开放访问权限。FTP 有以下 3 种类型的用户。

（1）匿名用户

如果要在 FTP 服务器中共享一些公开的、没有版权和保密性要求的文件，那么可以允许用户匿名访问。匿名用户在 FTP 服务器中没有对应的系统账户。如果对匿名用户的权限不加限制，则很可能给 FTP 服务器带来严重的安全隐患。关于匿名用户的配置和管理详见 5.5.3 节。

（2）本地用户

本地用户又称实体用户，即实际存在的操作系统用户。以本地用户身份登录 FTP 服务器时，默认目录就是系统用户的主目录，但是本地用户可以切换到其他目录。本地用户能执行的 FTP 操作主要取决于用户在文件系统中的权限。另外，泄露了 FTP 用户的账号和密码，就相当于将操作系统的账号和密码暴露在外，安全风险非常高。因此，既要对本地用户的权限加以控制，又要妥善管理本地用户的账号和密码。

（3）虚拟用户

虚拟用户也称访客用户，是指可以使用 FTP 服务但不能登录操作系统的特殊账户。虚拟用户并不是真实的操作系统用户，因此不能登录操作系统。一般要严格限制虚拟用户的访问权限，如为每个虚拟用户设置不同的主目录，只允许访问自己的主目录而不能访问其他系统资源。

5.5.2 FTP 服务的安装与启停

vsftpd 是一款非常受欢迎的 FTP 软件，vsftpd 突出了 FTP 的安全性，着力于构建一个安全可靠的 FTP 服务器。下面来学习 vsftpd 的安装和启停方法。

1. 安装 vsftpd 软件

vsftpd 软件的安装如例 5-73 所示。

例 5-73：vsftpd 软件的安装

```
[root@localhost ~]# yum   clean   all
已加载插件: fastestmirror, langpacks
正在清理软件源: c7-media
Cleaning up list of fastest mirrors
[root@localhost ~]# yum   install   vsftpd   -y        // 安装 vsftpd 软件
已加载插件: fastestmirror, langpacks
……
完毕!
[root@localhost ~]# rpm   -qa | grep   vsftpd
vsftpd-3.0.2-25.el7.x86_64
```

2. FTP 服务的启停

使用 systemctl 工具可以启动和停止 FTP 服务。FTP 服务的启停命令及其功能如表 5-13 所示。

表 5-13　FTP 服务的启停命令及其功能

FTP 服务启停命令	功能
systemctl start vsftpd.service	启动 FTP 服务。vsftpd.service 可简写为 vsftpd，下同
systemctl restart vsftpd.service	重启 FTP 服务（先停止再启动）
systemctl stop vsftpd.service	停止 FTP 服务
systemctl reload vsftpd.service	重新加载 FTP 服务
systemctl status vsftpd.service	查看 FTP 服务的状态
systemctl enable vsftpd.service	设置 FTP 服务为开机自动启动
systemctl list-unit-files|grep vsftpd.service	查看 FTP 服务是否为开机自动启动

然后修改防火墙设置以放行 FTP 服务，如例 5-74 所示。

例 5-74：修改防火墙设置以放行 FTP 服务

```
[root@localhost ~]# firewall-cmd   --permanent   --add-service=ftp
success
[root@localhost ~]# firewall-cmd   --reload
success
[root@localhost ~]# firewall-cmd   --list-all
public (active)
    ……
```

```
services: ssh dhcpv6-client ftp
......
```

5.5.3　FTP 服务端配置

FTP 服务的登录用户分为 3 种，每种用户的配置方法各不相同。除了主配置文件外，FTP 服务的运行还涉及其他几个配置文件。下面先来介绍 FTP 主配置文件，其他配置文件在用到的时候再详细说明。

1.　FTP 主配置文件

FTP 的主配置文件是*/etc/vsftpd/vsftpd.conf*。由于主配置文件的内容大多是以"#"开头的说明信息，所以这里仍然先对文件进行备份，再过滤掉其所有的说明行，如例 5-75 所示。

V5-18　FTP 基本
配置

例 5-75：过滤掉 vsftpd.conf 的所有说明行

```
[root@www1  ~]# cd   /etc/vsftpd
[root@www1 vsftpd]# mv   vsftpd.conf   vsftpd.conf.bak
[root@www1 vsftpd]# grep   -v   '#'   vsftpd.conf.bak > vsftpd.conf
[root@www1 vsftpd]# cat   vsftpd.conf
anonymous_enable=YES
local_enable=YES
write_enable=YES
local_umask=022
......
```

FTP 主配置文件的结构相对比较简单，以"#"开头的是说明行，其他都是具体的参数，格式为"*参数名=参数值*"，注意，"="前后不能有空格。FTP 的参数中有一些是全局参数，这些参数对 3 种类型的登录用户都适用，还有一些是与实际的登录用户相关的参数。表 5-14 列出了 FTP 主配置文件中的常用全局参数。

表 5-14　FTP 主配置文件中的常用全局参数

参数名	功能
listen	指定 FTP 服务是否以独立方式运行，默认为 NO
listen_address	指定独立方式下 FTP 服务的监听地址
listen_port	指定独立方式下 FTP 服务的监听端口，默认是 21
max_clients	指定最大的客户端连接数，值为 0 表示不限制
max_per_ip	指定同一 IP 地址可以发起的最大连接数，值为 0 表示不限制
port_enable	指定是否允许主动模式，默认为 YES
pasv_enable	指定是否允许被动模式，默认为 YES
write_enable	指定是否允许用户进行上传文件、新建目录、删除文件和目录等操作，默认为 NO
download_enable	指定是否允许用户下载文件，默认为 YES
vsftpd_log_file	vsftpd 进程的日志文件，默认是*/var/log/vsftpd.log*
userlist_enable userlist_deny userlist_file	结合使用以允许或禁止某些用户使用 FTP 服务

下面针对 3 种不同类型的 FTP 用户，分别介绍为其配置 FTP 服务器的方法。3 种用户使用的网络拓扑结构都一样，如图 5-32 所示。两台 CentOS 7.6 虚拟机的网络连接方式均为 NAT 模式，实验前要保证 2 台虚拟机的网络连通性。另外，需要在 FTP 客户端主机上安装 FTP 软件，这样即可在 FTP 客户端上通过 ftp 命令访问 FTP 服务。安装 FTP 软件的命令是 yum install ftp -y。

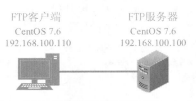

FTP客户端
CentOS 7.6
192.168.100.110

FTP服务器
CentOS 7.6
192.168.100.100

图 5-32　FTP 网络拓扑结构

2. 匿名用户登录 FTP 服务器

对于匿名用户登录 FTP 服务器的情况，要特别注意控制匿名用户的访问权限和根目录，这可以通过设置主配置文件中与匿名用户相关的参数来实现。主配置文件中与匿名用户相关的常用参数如表 5-15 所示。

表 5-15　主配置文件中与匿名用户相关的常用参数

参数名	功能
anonymous_enable	是否允许匿名用户登录，默认为 YES
anon_root	匿名用户登录后使用的根目录。这里的根目录是指匿名用户的主目录，而不是文件系统的根目录"/"
ftp_username	匿名用户登录后具有哪个用户的权限，即匿名用户以哪个用户的身份登录，默认是 ftp
no_anon_password	如果设为 YES，那么 vsftpd 服务不会向匿名用户询问密码，默认为 NO
anon_upload_enable	是否允许匿名用户上传文件，默认为 NO。必须启用 write_enable 参数才能使 anon_upload_enable 生效
anon_mkdir_write_enable	是否允许匿名用户创建目录，默认为 NO。必须启用 write_enable 参数才能使 anon_mkdir_write_enable 生效
anon_umask	匿名用户上传文件时使用的 umask 值，默认为 077
anon_other_write_enable	是否允许匿名用户执行除上传文件和创建目录之外的写操作，如删除和重命名，默认为 NO
anon_max_rate	指定匿名用户的最大传输速率，单位是字节/秒，值为 0 时表示不限制，默认为 0

下面通过一个具体的例子来了解匿名用户登录 FTP 服务器的配置方法。具体要求如下：允许匿名用户登录，根目录是 /var/anon_ftp，只能下载文件，不可以上传文件、创建目录、删除和重命名文件等。

第 1 步，在 FTP 服务器中创建根目录，并在根目录中新建测试文件 file1.100，扩展名".100"

表示其为 FTP 服务器中的文件，如例 5-76 所示。

例 5-76：配置匿名用户登录——创建根目录和测试文件

```
[root@localhost ~]# mkdir  -p  /var/anon_ftp
[root@localhost ~]# ls  -ld  /var/anon_ftp
drwxr-xr-x.  2  root  root  6  11 月 27 19:21  /var/anon_ftp
[root@localhost ~]# touch  /var/anon_ftp/file1.100
```

第 2 步，修改 vsftpd 主配置文件，添加以下内容，如例 5-77 所示。

例 5-77：配置匿名用户登录——修改 vsftpd 主配置文件

```
[root@localhost ~]# vim  /etc/vsftpd/vsftpd.conf
......
anonymous_enable=YES               <==允许匿名登录
anon_root=/var/anon_ftp            <== 匿名用户根目录
write_enable=NO                    <== 全局参数，不允许写操作
......
```

第 3 步，重启 FTP 服务，修改防火墙和 SELinux 设置。

第 4 步，登录 FTP 客户端，在 /home/siso/tmp 目录中新建测试文件 file1.110，扩展名 ".110"
表示其为 FTP 客户端中的文件，如例 5-78 所示。

例 5-78：配置匿名用户登录——新建客户端测试文件

```
[siso@localhost tmp]$ pwd
/home/siso/tmp
[siso@localhost tmp]$ touch  file1.110
```

第 5 步，使用 ftp 命令连接 FTP 服务器并查询服务器端测试文件，如例 5-79 所示。

例 5-79：配置匿名用户登录——连接 FTP 服务器并查询服务器端测试文件

```
[siso@localhost tmp]$ ftp  192.168.100.100
Connected to 192.168.100.100 (192.168.100.100).
220 (vsFTPd 3.0.2)
Name (192.168.100.100:siso): ftp        <== 输入匿名用户的登录身份
331 Please specify the password.
Password:      <== 提示输入密码，这里直接按 Enter 键即可
230 Login successful.
Remote system type is UNIX.
Using binary mode to transfer files.
ftp> pwd       <== 查看当前工作目录
257 "/"
ftp> ls        <== 使用 ls 命令查看文件
227 Entering Passive Mode (192,168,100,100,139,136).
150 Here comes the directory listing.
-rw-r--r--    1 0        0           0 Nov 27 12:09 file1.100
226 Directory send OK.
ftp>
```

ftp 命令后跟 FTP 服务器的 IP 地址，执行后进入交互模式。首先需要输入匿名用户的登录身份，即 ftp_username 参数指定的用户。由于没有在主配置文件中修改 ftp_username 的值，所以这里输入默认值 ftp。系统随后提示输入密码，可以直接按 Enter 键。验证通过后可以使用其他命令执行后续操作，在本任务的知识拓展部分会介绍在 FTP 的交互模式中可以使用的命令。需要特别说明的是，执行 pwd 命令显示的当前工作目录是根目录 "/"，但是这里的根目录并不是 FTP 服务器文件系统的根目录，而是在 vsftpd 主配置文件中通过 anon_root 参数设置的用户的主目录，即 */var/anon_ftp*。如果没有特别说明，则在本项目中提到的根目录都是指用户的主目录。

V5-19　常用 FTP命令

第 6 步，测试匿名用户的文件上传和下载权限。从服务器下载 *file1.100* 文件时操作成功，但上传 *file1.110* 文件时提示 "550 Permission denied"，即没有权限执行上传操作，如例 5-80 所示，符合任务要求。

例 5-80：配置匿名用户登录——测试上传和下载权限

```
ftp> get file1.100
local: file1.100 remote: file1.100
227 Entering Passive Mode (192,168,100,100,105,176).
150 Opening BINARY mode data connection for file1.100 (0 bytes).
226 Transfer complete.
ftp> put    file1.110
local: file1.110 remote: file1.110
227 Entering Passive Mode (192,168,100,100,47,177).
550 Permission denied.
ftp>
```

3. 本地用户登录 FTP 服务器

本地用户就是操作系统的真实用户。推荐的设置是允许本地用户使用 FTP 服务，但是不能登录操作系统，这样可以降低账号和密码泄露带来的系统安全风险。表 5-16 所示为主配置文件中与本地用户相关的常用参数。

表 5-16　主配置文件中与本地用户相关的常用参数

参数名	功能
local_enable	是否允许本地用户登录 FTP 服务器，默认为 NO
local_max_rate	指定本地用户的最大传输速率，单位是字节/秒，值为 0 时表示不限制，默认为 0
local_umask	本地用户上传文件时使用的 umask 值，默认为 077
local_root	本地用户登录后使用的根目录
chroot_local_user	是否将用户锁定在根目录中，默认为 NO
chroot_list_enable	指定是否启用 chroot 用户列表文件，默认为 NO
chroot_list_file	用户列表文件。根据 chroot_list_enable 的设置，文件中的用户可能被 chroot，也可能不被 chroot

在配置本地用户登录 FTP 服务器之前，先来学习 chroot 的意义和用法。如果一个用户被 chroot，那么该用户登录 FTP 服务器后将被锁定在自己的根目录中，只能在根目录及其子目录中进行操作，无法切换到根目录以外的其他目录。和 chroot 相关的参数有 3 个，分别是 chroot_local_user、chroot_list_enable 和 chroot_list_file。

chroot_local_user 用来设置是否将用户锁定在根目录中，默认为 NO，表示不锁定；如果值为 YES，则表示把所有用户锁定在根目录中。还可以通过 chroot_list_enable 和 chroot_list_file 两个参数指定一个文件，文件中的用户作为 chroot_local_user 设置的"例外"而存在。也就是说，如果默认设置是锁定所有用户的根目录，那么文件中的用户将不被锁定，反之亦然。其中，chroot_list_file 用于定义具体的文件名，而 chroot_list_enable 用于指定是否启用例外。chroot 3 个参数的具体关系如表 5-17 所示。

表 5-17　chroot 3 个参数的具体关系

	chroot_local_user=NO	chroot_local_user=YES
chroot_list_enable=NO	所有用户都不被 chroot	所有用户都被 chroot
chroot_list_enable=YES	所有用户都不被 chroot。chroot_list_file 文件指定的用户是例外，被 chroot	所有用户都被 chroot。chroot_list_file 文件指定的用户是例外，不被 chroot

下面来学习配置本地用户登录 FTP 服务器的方法。

假设孙老师所在的信息工程学院在 FTP 服务器中有一个目录/siso/ito，用于保存该学院的日常工作材料。用户 sjx 作为 FTP 服务器的管理员，对目录有全部的读写权限，而且不被 chroot；用户 zys 作为信息工程学院的专任教师，可以执行上传及下载等操作，但是要被 chroot。下面是配置的具体操作步骤。

第 1 步，新建两个本地用户 sjx、zys 及服务器目录/siso/ito，如例 5-81 所示。

例 5-81：配置本地用户登录——新建本地用户及服务器目录

```
[root@localhost ~]# useradd  sjx
[root@localhost ~]# useradd  zys
[root@localhost ~]# passwd  sjx
[root@localhost ~]# passwd  zys
[root@localhost ~]# mkdir  -p  /siso/ito
[root@localhost ~]# ls  -ld  /siso/ito
drwxr-xr-x.  2  root  root  6  11月 28 19:45  /siso/ito
[root@localhost ~]# touch  /siso/ito/file2.100      // 新建服务器端测试文件
[root@localhost ~]# touch  /siso/ito/file3.100      // 新建服务器端测试文件
```

第 2 步，修改 vsftpd 主配置文件，添加以下内容，如例 5-82 所示。

例 5-82：配置本地用户登录——修改 vsftpd 主配置文件

```
[root@localhost ~]# vim  /etc/vsftpd/vsftpd.conf
......
write_enable=YES                    <== 允许用户写入
download_enable=YES                 <== 允许用户下载
local_enable=YES                    <== 允许本地用户登录 FTP 服务器
```

```
local_root=/siso/ito                        <== 本地用户根目录
chroot_local_user=YES                       <== 所有用户默认被 chroot
chroot_list_enable=YES                      <== 启用例外用户
chroot_list_file=/etc/vsftpd/chroot_list    <== 例外用户列表文件
......
```

第 3 步，新建例外用户列表文件*/etc/vsftpd/chroot_list*，在其中添加用户 sjx，如例 5-83 所示。

例 5-83：配置本地用户登录——添加例外用户

```
[root@localhost  ~]# cd  /etc/vsftpd
[root@localhost vsftpd]# touch   chroot_list
[root@localhost vsftpd]# vim   chroot_list
sjx                <== 只添加 sjx 一个用户
```

第 4 步，重启 FTP 服务，并修改防火墙和 SELinux 设置。

第 5 步，在 FTP 客户端中新建测试文件 *file2.110* 和 *file3.110*，如例 5-84 所示。

例 5-84：配置本地用户登录——新建客户端测试文件

```
[siso@localhost tmp]$ pwd
/home/siso/tmp
[siso@localhost tmp]$ touch   file2.110
[siso@localhost tmp]$ touch   file3.110
```

第 6 步，在 FTP 客户端中使用用户 zys 登录 FTP 服务器，测试能否更改目录，如例 5-85 所示。

例 5-85：配置本地用户登录——使用用户 zys 测试更改目录

```
[siso@localhost tmp]$ ftp   192.168.100.100
......
Name (192.168.100.100:siso): zys        <== 输入用户名 zys
331 Please specify the password.
Password:                               <== 输入用户 zys 的密码
230 Login successful.
......
ftp> pwd                                <== 查看当前目录
257 "/"                                 <== 即/siso/ito
ftp> cd   /siso                         <== 更改目录
550 Failed to change directory.
ftp> ls                                 <== 查看目录内容
......
-rw-r--r--    1 0        0               0 Nov 28 11:46 file2.100
-rw-r--r--    1 0        0               0 Nov 28 12:34 file3.100
226 Directory send OK.
ftp>
```

更改目录时出现错误提示"550 Failed to change directory."，说明用户 zys 被锁定在根目录中，无法更改。

第 7 步，继续测试下载和上传操作，如例 5-86 所示。

例 5-86：配置本地用户登录——继续测试下载和上传操作

```
ftp> get   file2.100      <== 下载文件
......
226 Transfer complete.
ftp> put   file2.110      <== 上传文件
......
553 Could not create file.
ftp>
```

用户 zys 可以下载文件，但是上传文件时系统提示 "553 Could not create file"，即无权限创建文件。遇到这样的问题可以从以下两个方面进行排查。一是检查主配置文件中是否开放了相应的权限。在例 5-82 中，已经设置了允许本地用户上传文件，说明不是这方面出现了原因。二是检查本地用户在 FTP 服务器的文件系统中是否有相应的写权限。具体而言，对于例 5-86 要检查用户 zys 对 /siso/ito 目录有没有写权限。在例 5-81 中，/siso/ito 目录的权限是 "rwxr-xr-x"，用户和属组都是 root，没有对用户 zys 开放写权限。这里可以直接赋予用户 zys 写权限，也可以修改 /siso/ito 目录的所有者和属组，如例 5-87 所示。

例 5-87：配置本地用户登录——修改根目录的权限

```
[root@localhost  ~]# chmod  o+w  /siso/ito
[root@localhost  ~]# ls  -ld  /siso/ito
drwxr-xrwx.  2  root  root  40  11 月 28 20:25  /siso/ito
//或者
[root@www1 ]# chown  zys  /siso/ito
[root@www1 siso]# ls  -ld  /siso/ito
drwxr-xr-x.  2  zys  root  74  11 月 29 19:52  /siso/ito
```

第 8 步，修改完成后发现，不仅无法成功上传文件，在登录 FTP 服务器的时候还出现了一个新的错误，如例 5-88 所示。

例 5-88：配置本地用户登录——再次登录 FTP 服务器

```
[siso@localhost tmp]$ ftp 192.168.100.100
......
Name (192.168.100.100:siso): zys
331 Please specify the password.
Password:
500 OOPS: vsftpd: refusing to run with writable root inside chroot()
Login failed.
421 Service not available, remote server has closed connection
ftp>
```

错误提示信息是 "500 OOPS: vsftpd: refusing to run with writable root inside chroot()"。这是因为 vsftpd 在 2.3.5 版本之后增强了安全限制，如果用户被锁定在其主目录中，那么该用户对其主目录就不再具有写权限了！如果登录时发现还有写权限，则会出现例 5-88 所示的错误提示。要解决这个问题，可以在 vsftpd 的主配置文件中设置 allow_writeable_chroot 参数，如例 5-89 所示。

例 5-89：配置本地用户登录——设置 allow_writeable_chroot 参数

```
[root@localhost  ~]# vim   /etc/vsftpd/vsftpd.conf
......
write_enable=YES                    <== 允许用户写入
download_enable=YES                 <== 允许用户下载
local_enable=YES                    <== 允许本地用户登录 FTP 服务器
local_root=/siso/ito                <== 本地用户根目录
chroot_local_user=YES               <== 所有用户默认被 chroot
chroot_list_enable=YES              <== 启用例外用户
chroot_list_file=/etc/vsftpd/chroot_list    <== 例外用户列表文件
allow_writeable_chroot=YES          <== 允许对主目录的写操作
......
```

第 9 步，重启 FTP 服务后重新登录 FTP 服务器，并再次尝试上传客户端测试文件，发现文件上传成功，如例 5-90 所示。

例 5-90：配置本地用户登录——再次上传客户端测试文件

```
[siso@localhost tmp]$ ftp   192.168.100.100
......
Name (192.168.100.100:siso): zys
331 Please specify the password.
Password:
230 Login successful.        <==登录成功
......
ftp> put file2.110
......
226 Transfer complete.       <== 文件上传成功
ftp> ls
......
-rw-r--r--      1 0          0          0 Nov 28 11:46 file2.100
-rw-r--r--      1 1001       1001       0 Nov 28 12:35 file2.110
-rw-r--r--      1 0          0          0 Nov 28 12:34 file3.100
226 Directory send OK.
ftp>
```

第 10 步，在 FTP 客户端中使用用户 sjx 进行以上测试，如例 5-91 所示。

例 5-91：配置本地用户登录——使用用户 sjx 进行测试

```
[siso@localhost tmp]$ ftp   192.168.100.100
......
Name (192.168.100.100:siso): sjx     <== 输入用户名 sjx
331 Please specify the password.
```

```
Password:                    <== 输入用户 sjx 的密码
230 Login successful.
......
ftp> pwd                     <== 查看当前目录
257  "/siso/ito"
ftp> cd  /siso               <== 更改目录
250 Directory successfully changed.          <== 目录更改成功
ftp> pwd                     <== 确认目录是否更改
257  "/siso"
ftp>cd ito                   <== 返回根目录
250 Directory successfully changed.
ftp> get file3.100           <== 上传文件
......
226 Transfer complete.
ftp> put file3.110           <== 下载文件
......
226 Transfer complete.
ftp> ls
......
-rw-r--r--    1 0          0              0 Nov 28 11:46 file2.100
-rw-r--r--    1 1001       1001           0 Nov 28 12:35 file2.110
-rw-r--r--    1 0          0              0 Nov 28 12:34 file3.100
-rw-r--r--    1 1002       1002           0 Nov 28 12:39 file3.110
226 Directory send OK.
ftp>
```

可以看到，用户 sjx 可以上传和下载文件，也可以更改目录，符合任务要求。

4. 虚拟用户登录 FTP 服务器

虚拟用户不是真实的操作系统本地用户，只能使用 FTP 服务，无法访问其他系统资源。使用虚拟用户可以对 FTP 服务器中的文件资源进行更精细的安全管理，还可以防止本地用户密码泄露带来的系统安全风险。表 5-18 所示为主配置文件中和虚拟用户相关的常用参数。

表 5-18　主配置文件中和虚拟用户相关的常用参数

参数名	功能
local_enable	启用虚拟用户时要将此参数设为 YES，默认为 NO
guest_enable	启用虚拟账户功能，默认为 NO
guest_username	虚拟账户对应的本地用户
user_config_dir	用户自定义配置文件所在目录
virtual_use_local_privs	指定虚拟账户是否和本地用户具有相同的权限，默认为 NO
anon_upload_enable	允许虚拟用户上传文件时要将此参数设为 YES，默认为 NO
pam_service_name	vsftpd 使用的可插拔认证模块（Plugable Authentication Module，PAM）的名称

使用虚拟用户登录 FTP 服务器时，虚拟用户会被映射为一个本地用户。默认情况下，虚拟用户和匿名用户具有相同的权限，尤其是在写权限方面，一般倾向于对虚拟用户进行更加严格的访问控制。

可以为每个虚拟用户指定不同的自定义配置文件，放在 user_config_dir 参数指定的目录中，文件名为虚拟用户的用户名。自定义配置文件中的设置具有更高的优先级，因此 vsftpd 将优先使用这些设置。如果某个用户没有自定义配置文件，则直接使用主配置文件 *vsftpd.conf* 中的设置。

下面来学习配置虚拟用户登录 FTP 服务器的方法。

假设要创建两个虚拟用户 vuser1 和 vuser2，根目录分别为 */siso/ito/pub* 和 */var/ftp/vuser*，分别映射到本地用户 itopub 和 ftp；vuser1 可以上传和下载文件，vuser2 只能下载文件。下面是配置的具体操作步骤。

第 1 步，建立保存虚拟用户的用户名和密码的文件，奇数行是用户名，偶数行是密码，并使用 db_load 命令生成本地账号数据库文件，如例 5-92 所示。

例 5-92：配置虚拟用户登录——生成本地账号数据库文件

```
[root@localhost ~]# cd  /etc/vsftpd
[root@localhost vsftpd]# vim   vuser.pwd
vuser1          <== 奇数行是用户名
123456          <== 偶数行是密码
vuser2
abcdef
[root@localhost vsftpd]# db_load  -T  -t  hash  -f  vuser.pwd  vuser.db
[root@localhost vsftpd]# chmod   700   vuser.db
[root@localhost vsftpd]# ls  -ls  vuser*
-rwx------.  1  root  root  12288  11 月 29 10:01  vuser.db
-rw-r--r--.  1  root  root     28  11 月 29 09:58  vuser.pwd
```

第 2 步，为了使用第 1 步中生成的数据库文件对虚拟用户进行验证，需要调用操作系统提供的 PAM。修改 vsftpd 对应的 PAM 配置文件 */etc/pam.d/vsftpd*，将默认配置全部注释掉，并添加以下内容，如例 5-93 所示。

例 5-93：配置虚拟用户登录——修改 PAM 配置文件

```
[root@localhost  ~]# vim  /etc/pam.d/vsftpd
auth         required      pam_userdb.so      db=/etc/vsftpd/vuser
account      required      pam_userdb.so      db=/etc/vsftpd/vuser
```

第 3 步，创建 vuser1 的根目录和测试文件，并修改权限，新建 vuser1 的映射用户 itopub，如例 5-94 所示。

例 5-94：配置虚拟用户登录——创建 vuser1 的根目录和测试文件，并修改权限

```
[root@localhost  ~]# mkdir  -p  /siso/ito/pub
[root@localhost  ~]# chmod   o+w  /siso/ito/pub
[root@localhost  ~]# ls  -ld  /siso/ito/pub
drwxr-xrwx.  2  root  root  6  11 月 29 09:52  /siso/ito/pub
[root@localhost  ~]# touch  /siso/ito/pub/file4.100
[root@localhost  ~]# useradd   itopub
```

```
[root@localhost ~]# passwd    itopub
```

第 4 步，创建 vuser2 的根目录和测试文件，并修改权限，如例 5-95 所示。

例 5-95：配置虚拟用户登录——创建 vuser2 的根目录和测试文件，并修改权限

```
[root@localhost ~]# mkdir   -p   /var/ftp/vuser
[root@localhost ~]# chmod   o+w   /var/ftp/vuser
[root@localhost ~]# ls   -ld   /var/ftp/vuser
drwxr-xrwx. 2   root   root   6   11 月 29 09:54   /var/ftp/vuser
[root@localhost ~]# touch   /var/ftp/vuser/file5.100
```

第 5 步，修改 vsftpd 主配置文件，添加以下内容。通过 user_config_dir 参数指定保存用户自定义配置文件的目录，如例 5-96 所示。

例 5-96：配置虚拟用户登录——修改 vsftpd 主配置文件

```
[root@localhost ~]# vim   /etc/vsftpd/vsftpd.conf
……
anonymous_enable=NO
local_enable=YES
guest_enable=YES
anon_upload_enable=NO
allow_writeable_chroot=YES
user_config_dir=/etc/vsftpd/user_conf       <== 此目录要手动创建
pam_service_name=vsftpd
……
```

第 6 步，创建第 5 步中指定的目录，同时为两个虚拟用户添加自定义配置文件，文件名和虚拟用户名相同，如例 5-97 所示。

例 5-97：配置虚拟用户登录——添加自定义配置文件

```
[root@localhost ~]# cd   /etc/vsftpd
[root@localhost vsftpd]# mkdir   user_conf
[root@localhost vsftpd]# vim   user_conf/vuser1   // 文件名和虚拟用户名相同
guest_username=itopub
write_enable=YES
anon_upload_enable=YES
local_root=/siso/ito/pub
[root@localhost vsftpd]# vim   user_conf/vuser2
guest_username=ftp
write_enable=NO
local_root=/var/ftp/vuser
```

第 7 步，重启 FTP 服务，并修改防火墙和 SELinux 设置。

第 8 步，在 FTP 客户端中创建测试文件，如例 5-98 所示。

例 5-98：配置虚拟用户登录——创建客户端测试文件

```
[siso@localhost tmp]$ pwd
/home/siso/tmp
```

```
[siso@localhost tmp]$ touch    file4.110    file5.110
```

第 9 步，在 FTP 客户端中使用 vuser1 登录 FTP 服务器并测试下载和上传操作，如例 5-99 所示。

例 5-99：配置虚拟用户登录——使用 vuser1 测试下载和上传操作

```
[siso@localhost tmp]$ ftp    192.168.100.100
......
Name (192.168.100.100:siso): vuser1      <== 输入用户名 vuser1
331 Please specify the password.
Password:                 <== 输入用户 vuser1 的密码 123456
230 Login successful.
......
ftp> get file4.100        <== 下载文件
......
226 Transfer complete.
ftp> put file4.110        <== 上传文件
......
226 Transfer complete.
ftp>
```

第 10 步，在 FTP 客户端中使用 vuser2 登录 FTP 服务器并测试下载和上传操作，如例 5-100 所示。

例 5-100：配置虚拟用户登录——使用 vuser2 并测试下载和上传操作

```
[siso@localhost tmp]$ ftp    192.168.100.100
......
Name (192.168.100.100:siso): vuser2      <== 输入用户名 vuser2
331 Please specify the password.
Password:                 <== 输入用户 vuser2 的密码 abcdef
230 Login successful.
......
ftp> get file5.100        <== 下载文件
......
226 Transfer complete.
ftp> put file5.110        <== 上传文件
......
550 Permission denied.
ftp>
```

可以看到，用户 vuser1 可以上传和下载文件，用户 vuser2 只能下载而不能上传文件，符合任务要求。通过这种方法，实现了对不同虚拟用户访问权限的精细控制。

任务实施

本任务选自 2019 年全国职业院校技能大赛高职组计算机网络应用赛项试题库，稍有修改。

　　某集团总部为了促进总部和各分部间的信息共享，需要在总部搭建 FTP 服务器，向总部和各分部提供 FTP 服务。FTP 服务器安装了 CentOS 7.6 操作系统，具体要求如下。

（1）使用本地 yum 源安装 vsftp 软件。

（2）FTP 服务器 IP 地址为 192.168.100.100，采用本地用户模式。

（3）创建本地用户 tom。

（4）设置本地用户的根目录为 /data/ftp_data 并在目录中创建 ftp_test 空文件。

（5）允许用户 tom 上传和下载文件。

（6）将用户 tom 锁定在其根目录中。

　　下面是具体的操作步骤。

　　第 1 步，设置虚拟机 IP 地址为 192.168.100.100，使用 yum install vsftpd -y 命令一键安装 vsftpd 软件。

　　第 2 步，创建普通用户 tom，新建根目录和测试文件，如例 5-101 所示。

例 5-101：创建普通用户，新建根目录和测试文件

```
[root@localhost ~]# useradd    tom
[root@localhost ~]# passwd    tom
[root@localhost ~]# mkdir   -p  /data/ftp_data
[root@localhost ~]# chmod   o+w  /data/ftp_data
[root@localhost ~]# touch   /data/ftp_data/ftp_test
[root@localhost ~]# ls   -ld  /data/ftp_data
drwxr-xrwx.  2  root  root  6  11 月 29 12:41  /data/ftp_data
```

　　第 3 步，修改 vsftpd 主配置文件，添加以下内容，如例 5-102 所示。

例 5-102：修改 vsftpd 主配置文件

```
[root@localhost ~]# vim /etc/vsftpd/vsftpd.conf
write_enable=YES                       <== 允许用户写入
download_enable=YES                    <== 允许用户下载
local_enable=YES                       <== 允许本地用户登录 FTP 服务器
local_root=/data/ftp_data              <== 本地用户根目录
chroot_local_user=YES                  <== 所有用户默认被 chroot
allow_writeable_chroot=YES             <== 允许对主目录的写操作
```

　　第 4 步，重启 FTP 服务，并修改防火墙和 SELinux 设置。

　　第 5 步，以 tom 用户身份登录 FTP 服务器并验证相关功能，如例 5-103 所示。

例 5-103：登录 FTP 服务器并验证相关功能

```
[siso@localhost tmp]$ pwd
/home/siso/tmp
[siso@localhost tmp]$ touch    file6.110          // 新建客户端测试文件
[siso@localhost tmp]$ ftp   192.168.100.100
……
Name (192.168.100.100:siso): tom                  <== 输入用户名 tom
331 Please specify the password.
Password:                                         <== 输入用户 tom 的密码
```

```
230 Login successful.
......
ftp> pwd                    <== 查看当前工作目录
257 "/"
ftp> ls                     <== 查看目录内容
......
-rw-r--r--    1 0   0   0   Nov 29 06:31   ftp_test
226 Directory send OK.
ftp> get   ftp_test         <== 下载文件
......
226 Transfer complete.
ftp> put   file6.110        <== 上传文件
......
226 Transfer complete.
ftp>
```

 知识拓展

通过前面介绍的内容可以发现，在 FTP 命令交互模式中使用的命令和之前学过的 Linux 命令相同或类似，常用的 FTP 命令及其功能如表 5-19 所示。

表 5-19　常用的 FTP 命令及其功能

FTP 命令	功能
ascii	使用 ASCII 传输模式
binary	使用二进制传输模式
bye	退出 FTP 命令交互模式
cd	切换远程 FTP 服务器目录
chmod	修改远程 FTP 服务器中的文件权限
delete	删除远程 FTP 服务器中的文件
mdelete	批量删除远程 FTP 服务器中的文件
dir	显示远程 FTP 服务器中的目录内容
get	下载文件
mget	批量下载文件
put	上传文件
mput	批量上传文件
lcd	切换 FTP 客户端本地目录
ls	同 dir 命令
mkdir	在远程 FTP 服务器中创建目录

续表

FTP 命令	功能
rmdir	删除远程 FTP 服务器中的目录
prompt	设置多个文件传输时的交互提示
quit	同 bye 命令

在 Windows 和 Linux 操作系统中都可以使用 FTP 命令，熟练掌握这些常用命令，可以提高工作效率，达到事半功倍的效果。

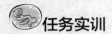**任务实训**

本实训的主要任务是在 CentOS 7.6 操作系统中搭建 FTP 服务器，练习匿名用户、本地用户和虚拟用户的配置方法。

【实训目的】

（1）理解 vsftpd 主配置文件的结构。

（2）掌握匿名用户登录 FTP 服务器的配置方法。

（3）掌握本地用户登录 FTP 服务器的配置方法。

（4）掌握虚拟用户登录 FTP 服务器的配置方法。

【实训内容】

本实训的网络拓扑结构如图 5-32 所示，请按照以下步骤完成 FTP 服务器的搭建和验证。

（1）在 FTP 服务器中使用系统镜像文件搭建本地 yum 源并安装 vsftpd 软件，配置 FTP 服务器和客户端的 IP 地址。

（2）在 FTP 客户端中使用本地 yum 源安装 FTP 软件。

（3）备份 vsftpd 主配置文件，过滤掉以"#"开头的说明行。

（4）配置匿名用户登录 FTP 服务器并进行验证，具体要求如下。

① 启用匿名用户登录功能。

② 匿名用户根目录是/var/anon_ftp。

③ 匿名用户只能下载文件，不能对 FTP 服务器进行任何写操作。

④ 匿名用户的最大数据传输速率是 500 字节/秒。

（5）配置本地用户登录 FTP 服务器并进行验证，具体要求如下。

① 启用本地用户登录功能。

② 本地用户根目录是/var/local_ftp。

③ 新建两个本地用户 local_user1 和 local_user2。

④ 两个用户都可以上传和下载文件、建立目录等。

⑤ local_user1 被锁定在根目录中，local_user2 可以更改目录。

（6）配置虚拟用户登录 FTP 服务器并进行验证，具体要求如下。

① 启用虚拟用户登录功能。

② 新建两个虚拟用户 vir_user1 和 vir_user2，密码均为 123456。

③ 使用 db_load 生成数据库文件，修改 PAM 相关文件。

④ vir_user1 具有自定义配置文件，可以上传和下载文件，不被锁定在根目录中。

⑤ vir_user2 没有自定义配置文件，可以下载但不能上传文件，被锁定在根目录中。

项目小结

本项目主要介绍了几种常见网络服务器的配置与管理，包括 Samba 服务器、DHCP 服务器、DNS 服务器、Apache 服务器和 FTP 服务器。Samba 服务的主要作用是为不同操作系统间的资源共享提供统一的平台；DHCP 服务在大型的网络环境中为大量主机动态分配 IP 地址等网络参数，防止因手动分配 IP 地址可能产生的地址冲突等问题，减轻网络管理员的管理负担；DNS 协议在整个互联网体系中发挥着极其重要的作用，可以把 DNS 看作一个巨大的分布式数据库，其基于分级管理的工作机制，向全世界的主机提供域名解析服务；Apache 是目前最流行的搭建 Web 服务器的软件，具有出色的安全性和跨平台特性；FTP 是计算机网络领域中应用最广泛的应用层协议之一，基于 TCP 运行，是一种可靠的文件传输协议，具有跨平台、跨系统的特征，允许用户方便地上传和下载文件。

项目练习题

一、Samba 练习题

1. 选择题

（1）使用 Samba 共享了目录，但是在 Windows 网络邻居中看不到它，应该在/etc/smb.conf 中进行的设置是（　　）。

    A. Allow Windows Clients= yes　　　　B. Hidden=no

    C. Browseable = yes　　　　　　　　　D. 以上都不是

（2）（　　）命令允许 198.168.100.0/24 访问 Samba 服务器。

    A. hosts enable=198 168.100.　　　　B. hosts allow=198.168.100.

    C. hosts accept=198.168.100.　　　　D. hosts accept=198.168.100.0/24

（3）启动 Samba 服务时，（　　）是必须运行的端口监控程序。

    A. nmbd　　　　B. lmbd　　　　　C. mmbd　　　　　D. smbd

（4）Samba 服务的密码文件是（　　）。

    A. smb.conf　　　B. smbclient　　　C. smbpasswd　　D. samba.conf

（5）可以通过设置（　　）项目来控制访问 Samba 共享服务器的合法主机名。

    A. allow hosts　　B. valid hosts　　C. valid users　　D. hosts allow

（6）Samba 的主配置文件不包括（　　）项目。

    A. global 段　　　　　　　　　　　B. directory shares 段

    C. printers shares 段　　　　　　　D. application shares 段

（7）Samba 服务的默认安全模式等级是（　　）。

    A. user　　　　B. share　　　　　C. server　　　　D. ads

（8）Samba 服务器的配置文件是（　　）。

    A. httpd.conf　　B. inetd.conf　　　C. rc.samba　　　D. smb.conf

（9）在 Linux 中安装 Samba 服务器程序时，可以使（　　）。

A. Windows 访问 Linux 中 Samba 服务器共享的资源

B. Linux 访问 Windows 主机上的共享资源

C. Windows 主机访问 Windows 服务器共享的资源

D. Windows 访问 Linux 中的域名解析服务

（10）改变 Samba 主配置文件后需要（　　　）。

A. 重新启动 Samba 服务，使新的配置文件生效

B. 重新启动系统，使新的配置文件生效

C. 执行"smbadmin reload"命令，使新的配置文件生效

D. 发送 HUP 信号给 smbd 与 nmbd 进程，使新的配置文件生效

（11）某公司使用 Linux 操作系统搭建了 Samba 文件服务器，在用户名为 gtuser 的员工出差期间，为了避免该账号被其他员工冒用，需要临时将其禁用，此时可以使用（　　　）命令。

A. smbpasswd –a gtuser　　　　　　　　B. smbpasswd –d gtuser

C. smbpasswd –e gtuser　　　　　　　　D. smbpasswd –x gtuser

（12）关于 Linux 操作系统用户与 Samba 用户的关系，以下说法正确的是（　　　）。

A. 如果没有建立对应的系统用户，则无法添加或使用 Samba 用户

B. Samba 用户与同名的系统用户的登录密码必须相同

C. 与 Samba 用户同名的系统用户必须能够登录 Shell

D. 使用 smbpasswd 命令可以添加 Samba 用户及与其同名的系统用户

2. 填空题

（1）启动 Samba 服务器的命令是_____。

（2）Samba 服务器一共有 4 种安全等级。使用_____等级，用户不需要账号及密码即可登录 Samba 服务器。

（3）根据通信双方的网络连接及账户验证方式的不同，可将 Samba 的联机模式分为两种：_____和_____。

（4）设置 Samba 服务开机启动的命令是_____。

（5）Samba 用户的用户名和密码保存在_____文件中。

（6）Samba 服务的两个后台守护进程是_____和_____。

3. 简答题

（1）简述 Samba 服务的工作原理。

（2）简述 Samba 服务器的部署流程。

（3）简述 Samba 客户端访问的方式。

（4）简述 Samba 服务器故障排除的方式。

二、DHCP 练习题

1. 选择题

（1）DHCP 租约过程为（　　　）。

A. Discover – Offer – Request – ACK

B. Discover – ACK – Request – Offer

C. Request – Offer – Discover – ACK

D. Request – ACK – Discover – Offer

（2）ipconfig /release 命令的作用是（　　　）。

    A. 获取 IP 地址　　　　B. 释放 IP 地址　　　　C. 查看所有 IP 配置　　D. 查看 IP 地址

（3）ipconfig /renew 命令的作用是（　　　）。

    A. 获取 IP 地址　　　　B. 释放 IP 地址　　　　C. 查看所有 IP 配置　　D. 查看 IP 地址

（4）ipconfig /all 命令的作用是（　　　）。

    A. 获取 IP 地址　　　　B. 释放 IP 地址　　　　C. 查看所有 IP 配置　　D. 查看 IP 地址

（5）创建保留 IP 地址时，主要绑定其（　　　）。

    A. MAC 地址　　　　　B. IP 地址　　　　　　C. 名称　　　　　　　D. 域名

（6）DHCP 使用（　　）端口来监听和接收客户请求消息。

    A. TCP　　　　　　　　B. TCP/IP　　　　　　　C. IP　　　　　　　　　D. UDP

（7）在大型网络中部署网络服务时，至少要有一个（　　　）服务器。

    A. DNS　　　　　　　　B. DHCP　　　　　　　C. 网络主机　　　　　D. 域名

（8）DHCP 服务器向客户机出租地址的（　　　）后，服务器会收回出租地址。

    A. 期满　　　　　　　　B. 限制　　　　　　　　C. 一半　　　　　　　D. 87.5%

（9）当客户机的租约期到（　　　）的时候，会第一次续订租约。

    A. 30%　　　　　　　　B. 50%　　　　　　　　C. 75%　　　　　　　　D. 87.5%

（10）DHCP 简称（　　　）。

    A. 静态主机配置协议　　　　　　　　　B. 动态主机配置协议

    C. 主机配置协议　　　　　　　　　　　D. 域名解析协议

（11）DHCP 可以为网络提供的服务不包括（　　　）。

    A. 自动分配 IP 地址　　　　　　　　　B. 设置网关

    C. 设置 DNS　　　　　　　　　　　　D. 设置 DHCP 服务器的 IP 地址

（12）要实现动态 IP 地址分配，网络中至少要有一台计算机的操作系统中安装（　　　）。

    A. DNS 服务器　　　B. DHCP 服务器　　C. IIS 服务器　　　　D. 主域控制器

（13）DHCP 使用的端口号是（　　　）。

    A. 80　　　　　　　　　B. 20 和 21　　　　　　C. 67 和 68　　　　　　D. 53

（14）客户端向服务器发送自动尝试续订租约的命令是（　　　）。

    A. DHCP Release　　　　　　　　　　B. DHCP Offer

    C. DHCP Request　　　　　　　　　　D. DHCP ACK

（15）通过 DHCP 服务器的 host 声明为特定主机分配保留 IP 地址时，使用（　　　）关键字指定相应的 MAC 地址。

    A. mac-address　　　　　　　　　　　B. hardware ethernet

    C. fixed-address　　　　　　　　　　　D. match-physical-address

2. 填空题

（1）DHCP 是_____的简称，其作用是为网络中的主机分配 IP 地址。

（2）DHCP 工作过程中会产生_____、_____、_____和_____ 4 种报文。

（3）在 Windows 环境中，使用_____命令可以查看 IP 地址配置，使用_____命令可以释放 IP 地址，使用_____命令可以重新获取 IP 地址。

（4）建立一个 DHCP 服务器后，该服务器的 IP 地址一般是_____。

（5）客户机从 DHCP 服务器获取地址有_____、_____和_____ 3 种方式。

（6）DHCP 采用了客户机/服务器结构，因此 DHCP 有两个端口号：服务器为_____，客户端为_____。

（7）DHCP 采用_____协议作为传输协议。

（8）在 Linux 中，DHCP 服务器的配置文件的绝对路径是_____。

3. 简答题

（1）DHCP 分配地址有哪 3 种方式？

（2）简述通过 DHCP 申请 IP 地址的过程。

（3）DHCP 的选项有什么作用？其常用选项有哪些？

（4）动态 IP 地址方案有什么优缺点？简述 DHCP 的工作原理。

三、DNS 练习题

1. 选择题

（1）DNS 服务器配置文件中的 A 记录表示（　　）。

  A. 域名到 IP 地址的映射   B. IP 地址到域名的映射

  C. 官方 DNS   D. 邮件服务器

（2）DNS 指针记录是指（　　）。

  A. A   B. PTR   C. CNAME   D. NS

（3）在（　　）文件中可以修改使用的 DNS 服务器。

  A. /etc/hosts.conf   B. /etc/hosts

  C. /etc/sysconfig/network   D. /etc/resolv.conf

（4）在 Linux 操作系统中，使用 BIND 配置 DNS 服务器，若需要设置 192.168.10.0/24 网段的反向区域，则（　　）是该反向域名的正确表示方式。

  A. 192.168.10.in-addr.arpa   B. 192.168.10.0.in-addr.arpa

  C. 10.168.192.in-addr.arpa   D. 0.10.168.192.in-addr.arpa

（5）在 Linux 操作系统中使用 BIND 配置了 DNS 服务器。若需要在区域文件中指定该域的邮件服务器，则应该添加（　　）记录。

  A. NS   B. MX   C. A   D. PTR

（6）在 gt.edu 域中，有一台主机的 IP 地址为 202.13.157.28，域名为 sales.gt.edu，域名服务器为 BIND，使用 named.157.13.202 文件来记录该域的反向解析库，则关于 sales.gt.edu 主机的正确反向解析记录为（　　）。

  A. 28. IN PTR sales.gt.edu. B. 28 IN PTR sales.gt.edu.

  C. sales. IN PTR 202.13.157.28 D. sales IN PTR 202.13.157.28

（7）在 DNS 服务器的区域配置文件中，PTR 记录的作用是（　　）。

  A. 定义主机的别名

  B. 用于设置主机域名到 IP 地址的对应记录

  C. 用于设置 IP 地址到主机域名的对应记录

  D. 描述主机的操作系统信息

（8）配置文件（　　）用于保存当前主机所使用的 DNS 服务器地址。

  A. /etc/hosts   B. /etc/host.conf

C. /etc/resolv.conf　　　　　　　　　　D. /etc/resolve.conf

（9）关于 DNS 服务器，以下说法正确的是（　　）。

　　A. DNS 服务器不需要配置客户端

　　B. 建立某个分区的 DNS 服务器时，只需要建立一个主 DNS 服务器

　　C. 主 DNS 服务器需要启动 named 进程，而从 DNS 服务器不需要

　　D. DNS 服务器的 root.cache 文件包含了根名称服务器的有关信息

（10）在 DNS 配置文件中，用于表示某主机别名的是（　　）。

　　A. NS　　　　　　　B. CNAME　　　　　　C. NAME　　　　　　D. CN

（11）可以完成域名与 IP 地址的正向解析和反向解析任务的命令是（　　）。

　　A. nslookup　　　　B. arp　　　　　　　C. ifconfig　　　　　D. dnslook

2. 填空题

（1）DNS 实际上是分布在 Internet 中的主机信息的数据库，其作用是实现＿＿＿＿和＿＿＿＿之间的转换。

（2）当 LAN 中没有条件建立 DNS 服务器，但又想让局域网中的用户使用计算机名互相访问时，应配置＿＿＿＿文件。

（3）DNS 默认使用的端口号是＿＿＿＿。

（4）DNS 的后台服务进程是＿＿＿＿。

（5）在 Internet 中，计算机之间直接利用 IP 地址进行寻址，因而需要将用户提供的主机名转换成 IP 地址，人们把这个过程称为＿＿＿＿。

（6）在 DNS 顶级域中，表示商业组织的是＿＿＿＿。

（7）＿＿＿＿表示主机的资源记录，＿＿＿＿表示别名的资源记录。

（8）DNS 服务器有 4 类：＿＿＿＿、＿＿＿＿、＿＿＿＿和＿＿＿＿。

3. 简答题

（1）DNS 服务器主要有哪几种配置类型？

（2）简述 DNS 域名解析过程。

（3）简述 SOA 和 NS 记录的主要作用。

（4）为什么要部署 DNS 转发服务器？它有哪些类型？

（5）为什么要部署辅助 DNS 服务器？它有什么特点？

四、Apache 练习题

1. 选择题

（1）通过调整 httpd.conf 文件的（　　）配置参数，可以更改 Apache 站点默认的首页文件。

　　A. DocumentRoot　　　　　　　　　B. ServerRoot
　　C. DirectoryIndex　　　　　　　　　D. DefaultIndex

（2）当 Apache Web 服务器产生错误时，用来设定在浏览器中显示管理员邮箱地址的参数是（　　）。

　　A. ServerName　　　　　　　　　B. ServerAdmin
　　C. ServerRoot　　　　　　　　　D. DocumentRoot

（3）Apache 服务器提供服务的标准端口是（　　　）。

    A. 10000　　　　　　B. 23　　　　　　　　C. 80　　　　　　　　D. 53

（4）在 Apache 服务器配置文件 httpd.conf 中，设定用户个人主页存放目录的参数是（　　　）。

    A. UserDir　　　　　B. Directory　　　　　C. pubic_html　　　　D. DirectoryIndex

（5）从 Internet 中获得软件最常采用的是（　　　）。

    A. WWW　　　　　　B. Telnet　　　　　　C. FTP　　　　　　　D. DNS

（6）下列选项中，不是 URL 地址中包含信息的是（　　　）。

    A. 主机名　　　　　　B. 端口号　　　　　　C. 网络协议　　　　　D. 软件版本

（7）在默认的安装中，Apache 把自己的配置文件放在了（　　　）目录中。

    A. /etc/httpd/　　　　B. /etc/httpd/conf　　C. /etc/　　　　　　　D. /etc/apache

（8）CentOS 提供的 WWW 服务器软件是（　　　）。

    A. IIS　　　　　　　　B. Apache　　　　　　C. PWS　　　　　　　D. IE

（9）Apache 服务器是（　　　）。

    A. DNS 服务器　　　　　　　　　　　　　B. Web 服务器

    C. FTP 服务器　　　　　　　　　　　　　D. SendMail 服务器

（10）如果要修改默认的 WWW 服务的端口号为 8080，则需要修改配置文件中的（　　　）。

    A. pidfile 80　　　　B. timeout 80　　　　C. keepalive 80　　　D. listen 80

2. 填空题

（1）＿＿＿＿＿＿是实现 WWW 服务器功能的应用程序，即通常所说的"Web 服务器"，在服务器端为用户提供浏览 Web 服务的就是 Apache 应用程序。

（2）Web 服务器在 Internet 中使用最为广泛，它采用的是＿＿＿＿＿结构。

（3）在 Linux 中，Web 服务器 Apache 的主配置文件的绝对路径是＿＿＿＿＿。

（4）Apache 的 httpd 服务程序使用的是＿＿＿＿＿端口。

（5）URL 的英文全称为＿＿＿＿＿，中文名称为＿＿＿＿＿。

3. 简答题

（1）简述 Web 浏览器和 Web 服务器交互的过程。

（2）什么是虚拟目录？它有什么优势？

（3）简述在一台 Apache 服务器上基于不同 IP 地址配置虚拟主机的方式。

（4）简述在一台 Apache 服务器上基于不同端口配置虚拟主机的方式。

（5）简述在一台 Apache 服务器上基于不同域名配置虚拟主机的方式。

五、FTP 练习题

1. 选择题

（1）FTP 服务使用的端口是（　　　）。

    A. 21　　　　　　　　B. 23　　　　　　　　C. 25　　　　　　　　D. 53

（2）可以一次下载多个文件的命令为（　　　）。

    A. mget　　　　　　　B. get　　　　　　　　C. put　　　　　　　　D. mput

（3）（　　　）不是 FTP 用户类型。

A. 本地用户　　　　B. 匿名用户　　　　C. 虚拟用户　　　　D. 普通用户

（4）修改配置文件 vsftpd.conf 的（　　　）参数可以实现独立启动。

A. listen=YES　　　B. listen=NO　　　C. boot=standalone　D. boot=xinetd

（5）在配置文件 vsftpd.conf 中，如果设置 userlist_enable=YES、userlist_deny=NO，则参数 userlist_file 指定的文件中所列的用户（　　　）。

A. 可以访问 FTP 服务　　　　　　　B. 不能够访问 FTP 服务

C. 可以读写 FTP 服务中的文件　　　D. 不可以读写 FTP 服务中的文件

（6）在配置文件 vsftpd.conf 中，允许匿名用户删除文件的权限由（　　　）参数提供。

A. anonymous_enable　　　　　　　B. anon_mkdir_write_enable

C. anon_other_write_enable　　　　D. anon_root

（7）在 vsftpd.conf 文件中增加以下内容，表示对（　　　）用户进行设置。

```
write_enable=YES
anon_world_readable_only=NO
anon_upload_enable=YES
anon_mkdir_write_enable=YES
```

A. 匿名　　　　　　B. 本地　　　　　　C. 虚拟

（8）命令 rpm -qa | grep vsftpd 的功能是（　　　）。

A. 安装 vsftpd 程序　　　　　　　　B. 启动 vsftpd 程序

C. 检查系统是否已安装 vsftpd 程序　D. 运行 vsftpd 程序

（9）在 TCP/IP 模型中，应用层包含了所有的高层协议，在下列应用协议中，（　　　）是实现本地与远程主机之间文件传输的协议。

A. Telnet　　　　　B. FTP　　　　　　C. SNMP　　　　　D. NFS

（10）在 Linux 操作系统中，小张用系统默认的 vsftpd 架设了 FTP 服务器，他新建了一个名为 gtuser 的用户，并修改了/etc/vsftpd/vsftpd.conf 文件，加入了下面两行内容，并把用户 gtuser 加入到了/etc/vsftpd/user_list 文件中，则用户 gtuser 在客户端登录时会被（　　　）。

```
userlist_enable=YES
userlist_deny=NO
```

A. 允许登录　　　B. 拒绝登录　　　C. 不确定　　　D. 以上都对

（11）在 Linux 操作系统中搭建 vsftpd 服务器时，若需要限制本地用户的最大传输速率为 200KB/s，则可以在配置文件中设置（　　　）。

A. max_clients=20　　　　　　　　B. max_per_ip=20

C. local_max_rate=200000　　　　D. local_max_rate=200

（12）在 Linux 操作系统中配置 vsftpd 服务器时，若需要限制最多允许 50 个客户端同时连接，则应该在 vsftpd.conf 文件中设置（　　　）。

A. max_clients=50　　　　　　　　B. max_per_ip=50

C. local_max_rate=50　　　　　　D. anon_max_rate=50

2. 填空题

（1）启动 vsftp 服务的命令是_____。

（2）登录 FTP 服务器的匿名用户的用户名是_____。

（3）FTP 服务用于完成文件下载和上传，FTP 的英文全称是_____。

（4）FTP 服务通过使用一个共同的用户名_____，其密码不限的管理策略，使任何用户都可以方便地从服务器中下载文件。

（5）FTP 的工作模式主要有两种：_____和_____。

（6）默认 root 用户_____访问 FTP 服务。

（7）FTP 使用_____和_____端口工作。

（8）在 FTP 客户端上一次上传多个文件的命令是_____。

3. 简答题

（1）FTP 服务器有哪两种工作模式？它们的基本原理是什么？

（2）简述如何配置匿名用户登录 FTP 服务器。

（3）简述如何配置本地用户登录 FTP 服务器。

（4）简述如何配置虚拟用户登录 FTP 服务器。